专利审查与社会服务丛书

新旧动能
转换新引擎

陈伟 于智勇◎主编

国家知识产权局专利局专利审查协作江苏中心 山东省知识产权局 **组织编写**

高端装备制造产业专利导航

知识产权出版社

全国百佳图书出版单位

图书在版编目（CIP）数据

新旧动能转换新引擎. 高端装备制造产业专利导航/陈伟，于智勇主编. —北京：知识产权出版社，2019.7

（专利审查与社会服务丛书）

ISBN 978 - 7 - 5130 - 6275 - 6

Ⅰ. ①新… Ⅱ. ①陈… ②于… Ⅲ. ①新兴产业—专利—研究报告—山东②装备制造业—新兴产业—专利—研究报告—山东 Ⅳ. ①F279.244.4②F426.4③G306.3

中国版本图书馆 CIP 数据核字（2019）第 124834 号

内容提要

本书以高端装备制造产业为研究对象，从专利申请时间、技术演进过程、专利申请地域、主要申请人等方面入手，对轨道交通、机器人、数控机床、通用航空、发动机、农业机械等具有较好发展前景，以及良好产业基础的本地装备制造业分支进行深入专利数据分析，从中得出总体发展状况、技术分支发展趋势、专利竞争态势等情况。在分析的基础上，尝试给出装备制造产业新旧动能转换的初步建议。

选题策划：黄清明

责任编辑：江宜玲　栾晓航　　　　　　责任校对：谷　洋

封面设计：邵建文　　　　　　　　　　责任印制：刘译文

新旧动能转换新引擎

高端装备制造产业专利导航

国家知识产权局专利局专利审查协作江苏中心　山东省知识产权局　组织编写

陈　伟　于智勇　主编

出版发行：知识产权出版社有限责任公司		网　　址：http://www.ipph.cn	
社　　址：北京市海淀区气象路 50 号院		邮　　编：100081	
责编电话：010 - 82000860 转 8339		责编邮箱：jiangyiling@ cnipr. com	
发行电话：010 - 82000860 转 8101/8102		发行传真：010 - 82000893/82005070/82000270	
印　　刷：三河市国英印务有限公司		经　　销：各大网上书店、新华书店及相关专业书店	
开　　本：787mm×1092mm　1/16		印　　张：17.5	
版　　次：2019 年 7 月第 1 版		印　　次：2019 年 7 月第 1 次印刷	
字　　数：398 千字		定　　价：86.00 元	

ISBN 978-7-5130-6275-6

本书编委会

主　编：陈　伟　于智勇

副主编：闫　娜　崔　峥　张忠强　刘春林

编　委：孙跃飞　瞿晓峰　李　捷　吴献廷　于凌崧

　　　　许肖丽　黄超峰　丁　燕　李林霞　王海峰

　　　　李　检　闵满满　汪煜婷　朱云龙　顾海雷

　　　　颜　胜　王志霞

本书编写组

一、项目指导
国家知识产权局专利局专利审查协作江苏中心　山东省知识产权局

二、项目管理
国家知识产权局专利局专利审查协作江苏中心

三、项目研究组
承担部门：国家知识产权局专利局专利审查协作江苏中心

负责人：陈　伟　闫　娜

组　　长：瞿晓峰

副组长：许肖丽

成　　员：闵满满　汪煜婷　朱云龙　顾海雷　颜　胜　王志霞　李林霞

四、研究分工
数据检索：闵满满　汪煜婷　朱云龙　顾海雷　颜　胜　王志霞　李林霞
　　　　　丁　燕　宋　磊　吴志敏　谢　明

数据清理：闵满满　汪煜婷　朱云龙　顾海雷　颜　胜　王志霞　李林霞

数据标引：闵满满　汪煜婷　朱云龙　顾海雷　颜　胜　王志霞　李林霞

图表制作：闵满满　汪煜婷　朱云龙　顾海雷　颜　胜　王志霞　李林霞
　　　　　曹晓春

执　　笔：瞿晓峰　许肖丽　丁　燕　闵满满　汪煜婷　朱云龙　顾海雷
　　　　　颜　胜　王志霞　李林霞

统　　稿：闫　娜

审　　校：瞿晓峰　许肖丽　李林霞

五、撰写分工
瞿晓峰（第2章第2.3.3节至第2.4节，第5章第5.5节）

许肖丽（第2章第2.1节，第3章第3.3.6节至第3.4节，第4章第
　　　4.4.3节至第4.5节，第6章第6.4节）

丁　燕（第6章第6.5节，第7章第7.2节、第7.6节至第7.7节）

闵满满（第3章第3.1节至第3.3.5节）

汪煜婷（第2章第2.2节至第2.3.2节）

朱云龙（第4章第4.1节至第4.4.2节）

顾海雷（第5章第5.1节至第5.2节、第5.4节）

颜　胜（第6章第6.1节至第6.3节）

王志霞（第7章第7.1节、第7.4节、第7.5节）

李林霞（第1章，第5章第5.3节，第7章第7.3节、第7.8节，第8章及参考文献）

序

　　近年来，以习近平同志为核心的党中央将创新摆在国家发展全局的核心位置，作出了"创新是引领发展的第一动力"的重大判断。党的十八大明确提出，实施创新驱动发展战略。2016年发布的《国家创新驱动发展战略纲要》进一步强调，创新驱动是发展形势所迫，是世界大势所趋，是国家命运所系。

　　嫦娥奔月、蛟龙下海、C919大型飞机横空出世……一项项重大科技工程擦亮"中国名片"，这些创新成果井喷的背后，是知识产权综合运用迸发出不竭动力的写照。国家知识产权局局长申长雨指出："知识产权一头连着创新，一头连着市场，是科技成果向现实生产力转化的桥梁，解决的是科技成果转化为现实生产力'最后一公里'的问题。"因而，加强知识产权运用是发挥知识产权价值的必由之路，促进创新成果知识产权化、知识产权产业化，也是知识产权工作的目的所在。

　　在知识产权助力创新驱动发展的积极探索中，国家知识产权局专利局专利审查协作江苏中心与山东省知识产权局合作，分别对高端装备制造产业、电子信息产业、医养健康产业开展专利导航研究，运用专利信息资源，紧扣产业分析和专利分析两条主线，将专利信息与产业发展、政策环境、市场竞争深度融合，形成了一系列有助于明晰产业发展方向、找准区域产业定位、优化创新资源配置的研究成果。现对这些研究成果予以出版，期望能够为山东省实施新旧动能转换重大工程提供参考依据，推动山东省发展质量效益提升，助力打造山东经济文化强省建设新局面。

陈伟

2018年7月

前　言

近年来，山东省坚持以习近平新时代中国特色社会主义思想为指引，认真贯彻落实新发展理念，加快转变经济发展方式，努力在全面建成小康社会进程中走在前列。省第十一次党代会确定实施新旧动能转换重大工程。2018 年 1 月 3 日，国务院批复同意《山东新旧动能转换综合试验区建设总体方案》，标志着我省新旧动能转换综合试验区建设正式上升为国家战略，成为全国第一个以新旧动能转换为主题的区域发展战略，赋予了山东省在全国新旧动能转换中先行先试、提供示范的历史机遇和重大责任。2018 年 2 月，省政府出台《山东省新旧动能转换重大工程实施规划》，强调指出要发展新兴产业培育形成新动能，提升传统产业改造形成新动能，按照以"四新"（新技术、新产业、新业态、新模式）促"四化"（产业智慧化、智慧产业化、产业融合化、品牌高端化）实现"四提"（传统产业提质效、新兴产业提规模、跨界融合提潜能、品牌高端提价值）的要求，做优做强做大"十强"产业，推动我省走在前列、由大到强、全面求强。

2018 年 2 月 22 日，山东省召开了全面展开新旧动能转换重大工程动员大会，省委书记刘家义同志在会上强调，加快新旧动能转换要着力在做优做强做大"十强"产业上实现新突破，加快培育新一代信息技术、高端装备、新能源新材料、智慧海洋、医养健康五个新兴产业，改造升级绿色化工、现代高效农业、文化创意、精品旅游、现代金融五个传统产业。2018 年 7 月 11 日，山东省召开了招商引资招才引智工作会议。刘家义书记强调，要聚焦"十强"产业集群，"聚天下英才而用之"。龚正省长指出，始终牢记发展是第一要务、人才是第一资源、创新是第一动力，以高水平"双招双引"重塑对内对外开放新优势。

为贯彻落实省委、省政府的决策部署，充分发挥知识产权在支撑创新、助力新旧动能转换重大工程的重要作用，省知识产权局把深入开展专利导航工程，作为服务新旧动能转换的突破口，通过聚焦"十强"产业实施专利导航工程，摸清产业专利布局，逐步建立以专利导航引导推动山东省区域经济、重点产业、重点企业实现精准规划、科学发展的新兴发展模式，建立"政产学研金服用"深度融合的专利导航工作体系。经过调研论证，在广泛吸取行业主管部门意见和满足创新主体需求的情况下，结合全省新旧动能转换"十强"产业实际，确定围绕新能源、新材料、现代海洋、现代农业、新一代信息技术、高端装备、医养健康和高端化工八个产业开展专利导航工作。

专利导航就是通过运用专利信息和专利分析技术引导产业、行业、企业发展的有效工具，可以有效防范和规避发展中面临的知识产权风险，提高创新效率和水平，为创新发展提供专利大数据支撑。据世界知识产权组织统计，全世界每年发明创造成果的90%～95%体现在专利技术中，其中约70%最早体现在专利申请中。在科技创新中充分利用专利信息资源，可以缩短60%的研发时间，并节约40%的研发资金。可以看出，专利导航对支撑创新创造、助力新旧动能转换尤为重要，更加紧迫。

为确保这项工作的实效性，我们积极引入国家知识产权局才智资源，与国家知识产权局专利局专利审查协作江苏中心建立了合作关系。项目开展以来，近百名专利审查员参与项目研究，多次与相关企业对接交流，数易其稿，首期形成三份内容翔实、分析深入、紧扣需求的专利导航报告，共计近百万字，图表数百张。此次相关专利导航研究在深入梳理各产业的专利现状、发展趋势的基础上，从产业政策导向、技术发展方向上给出了相关的产业转型升级建议。从广度上来看，涉及高端装备制造、电子信息、医养健康等产业的各分支；从深度上来看，对龙头企业与跨国公司在专利布局、核心专利、技术发展等进行了对比，给出了企业的技术突破的"点"和研发方向的"线"，深受相关产业企业欢迎，为推动产业企业转型升级、加快新旧动能转换、实现精准招商引资和招才引智提供了路线图和施工图。

本书涉及医养健康，通过针对医养健康的各个分支化学药物、生物制药、中药、医疗器械等深入地进行专利数据分析，得出了其总体发展态势、各个分支的专利态势、各个分支的技术发展趋势等情况。在分析的基础上，尝试给出了医养健康产业新旧动能转换的建议。

在编写的过程中，各项目组虽然对课题报告内容进行了精心细致的总结和提炼，但由于专利文献的数据采集范围和专利分析工具的限制，加之时间仓促、研究人员的水平有限，报告的数据、结论和建议仅供社会各界参考借鉴。

于智勇

2018 年 7 月

目　　录

第1章　绪　　论 ／ 1

第2章　轨道交通装备产业专利导航 ／ 3

　2.1　轨道交通装备产业发展概述 ／ 3

　　2.1.1　轨道交通装备概述 ／ 3

　　2.1.2　轨道交通装备产业发展概况 ／ 3

　　2.1.3　轨道交通装备产业相关政策 ／ 4

　2.2　轨道交通装备产业专利状况 ／ 5

　　2.2.1　专利申请趋势 ／ 5

　　2.2.2　各地区产业水平及专利申请分布 ／ 5

　　2.2.3　本领域重要申请人 ／ 7

　2.3　轨道交通装备关键技术专利分析 ／ 18

　　2.3.1　本领域重要申请人关键技术分布 ／ 19

　　2.3.2　车体技术 ／ 20

　　2.3.3　转向架技术 ／ 26

　　2.3.4　牵引传动与控制技术 ／ 30

　　2.3.5　列车网络控制技术 ／ 36

　　2.3.6　制动技术 ／ 41

　2.4　山东省轨道交通装备产业总结 ／ 46

第3章　机器人产业专利导航 ／ 53

　3.1　机器人产业发展概述 ／ 53

　　3.1.1　全球及国内产业发展概述 ／ 53

　　3.1.2　山东省机器人产业概述 ／ 55

　3.2　机器人基本概念及发展趋势 ／ 56

　　3.2.1　机器人的定义 ／ 56

　　3.2.2　机器人的组成 ／ 57

　　3.2.3　机器人产业链构成 ／ 58

　　3.2.4　机器人发展趋势 ／ 59

　　3.2.5　机器人知名企业 ／ 60

　3.3　山东省机器人专利状况及热点分析 ／ 67

　　3.3.1　山东省机器人专利申请整体状况 ／ 67

3.3.2　山东省专利申请状态分布 / 68

3.3.3　省内主要申请人排名 / 69

3.3.4　各地市申请分布 / 72

3.3.5　省内主要申请方向 / 73

3.3.6　国内重点区域排名 / 74

3.3.7　全球主要申请人重点研发方向 / 75

3.3.8　山东省机器人创新热点分析 / 76

3.4　山东省机器人产业总结 / 83

第4章　高档数控机床产业专利导航 / 88

4.1　高档数控机床产业发展概述 / 88

4.2　山东省高档数控机床专利状况 / 89

4.2.1　山东省高档数控机床相关企业介绍 / 89

4.2.2　山东省高档数控机床历年专利申请趋势 / 91

4.2.3　山东省各地市的专利申请情况及技术热点分布 / 92

4.2.4　山东省内主要申请人专利申请情况 / 95

4.2.5　山东省内主要申请人专利申请技术热点 / 96

4.2.6　山东省内主要发明人情况 / 97

4.3　国内高档数控机床专利状况 / 98

4.3.1　专利申请趋势 / 98

4.3.2　各省市专利申请分析 / 99

4.3.3　国内高档数控机床的技术热点分析 / 100

4.3.4　国内主要申请人专利申请及技术热点分析 / 102

4.4　全球高档数控机床专利状况 / 106

4.4.1　全球专利申请量趋势 / 106

4.4.2　全球主要申请人申请分析 / 107

4.4.3　全球主要申请人授权量分布情况 / 109

4.4.4　全球主要申请人技术热点分析 / 110

4.5　山东省高档数控机床产业总结 / 113

第5章　通用航空产业专利导航 / 121

5.1　通用航空产业发展概述 / 121

5.1.1　通用航空概述 / 121

5.1.2　通用航空产业发展现状与趋势 / 122

5.2　山东省通用航空装备专利状况 / 125

5.2.1　山东省历年专利申请量分析 / 125

5.2.2　山东省专利类型及法律状态分布 / 126

5.2.3　山东省地市及主要申请人分布 / 127

5.2.4　山东省通用航空各技术分支分布 / 129

5.2.5　山东省创新热点分析 / 131

5.3　全国通用航空装备专利状况 / 138
　　5.3.1　全国通用航空装备专利整体情况 / 138
　　5.3.2　通用航空领域主要省份专利对比 / 140
5.4　全球通用航空装备专利状况 / 148
　　5.4.1　全球通用航空装备专利整体情况 / 148
　　5.4.2　山东省创新热点分析 / 148
5.5　山东省通用航空装备产业总结 / 152
第6章　发动机产业专利导航 / 158
6.1　发动机产业概述 / 158
　　6.1.1　发动机基本概念 / 158
　　6.1.2　发动机产业政策 / 160
6.2　发动机领域专利状况 / 163
　　6.2.1　专利申请态势 / 163
　　6.2.2　专利申请区域分布 / 164
　　6.2.3　专利类型组成 / 165
　　6.2.4　专利申请人组成 / 166
　　6.2.5　主要发明人团队 / 169
6.3　全国和全球专利技术构成 / 171
　　6.3.1　技术集中度 / 171
　　6.3.2　技术活跃度 / 173
6.4　发动机关键技术分析 / 180
　　6.4.1　新能源气体发动机 / 180
　　6.4.2　催化反应器 / 182
　　6.4.3　燃料发动机的电气控制 / 184
6.5　山东省发动机产业总结 / 187
第7章　农业机械产业专利导航 / 190
7.1　农业机械产业发展概述 / 190
7.2　农业机械的发展现状和发展要求 / 191
　　7.2.1　国外农业机械的发展现状 / 191
　　7.2.2　国内农业机械的发展现状 / 193
　　7.2.3　国内农业机械的发展要求 / 193
7.3　农业机械的整体专利状况 / 194
　　7.3.1　山东农业机械的整体专利状况 / 194
　　7.3.2　中国农业机械的整体专利状况 / 196
　　7.3.3　全球农业机械的整体专利状况 / 196
7.4　耕整地机械的专利状况 / 199
　　7.4.1　中国状况分析 / 199
　　7.4.2　山东状况分析 / 202

　　7.4.3　山东、江苏在耕整地机械方面多角度对比 / 204

　　7.4.4　高端耕整地机械·联合整地机 / 206

7.5　种植施肥机械的专利状况 / 209

　　7.5.1　中国状况分析 / 209

　　7.5.2　山东状况分析 / 212

　　7.5.3　山东、江苏在种植施肥机械方面多角度对比 / 214

　　7.5.4　高端种植施肥机械·高效播施机 / 216

7.6　收获机械的专利状况 / 219

　　7.6.1　中国状况分析 / 219

　　7.6.2　山东状况分析 / 223

　　7.6.3　山东、江苏在收获机械方面多角度对比 / 225

　　7.6.4　高端收获机械·联合收割机 / 227

　　7.6.5　高端收获机械·棉花采摘机 / 231

7.7　动力输送机械的专利状况 / 235

　　7.7.1　中国状况分析 / 235

　　7.7.2　山东状况分析 / 238

　　7.7.3　山东、河南在动力输送机械方面多角度对比 / 240

　　7.7.4　高端动力输送机械·智能导航拖拉机 / 243

7.8　山东省农业机械产业总结 / 246

第8章　山东省高端装备制造产业总结 / 252

8.1　山东省高端装备制造产业专利整体水平 / 252

8.2　山东省高端装备制造产业专利量地市分布 / 252

8.3　山东省高端装备制造6大产业发展特点 / 255

8.4　山东省各城市的高端装备制造产业发展特色 / 259

参考文献 / 262

第1章 绪 论

十九大报告指出，我国经济已由高速增长阶段转向高质量发展阶段，正处在转变发展方式、优化经济结构、转换增长动力的攻关期，建设现代化经济体系是跨越关口的迫切要求和我国发展的战略目标。高质量的发展取决于能否把握当前国际国内局势和新经济浪潮所带来的历史机遇，更取决于能否有效提升发展理念，创新发展思路，提高发展效率，有效配置发展资源，着力推进由高消耗、低质量的旧动能向高效率、低成本的绿色新动能转换进程的实现。在面临全球贸易保护主义的死灰复燃，伴随着人口红利消失，以及高端制造业回流、低端制造业转移，我国经济全面进入新常态的新形势下，如何获得高质量的经济发展，作为国民经济基础产业、直接影响国民经济各部门发展的制造业任务艰巨。十九大报告也指出：必须把发展经济的着力点放在实体经济上，把提高供给体系质量作为主攻方向，显著增强我国经济质量优势。加快建设制造强国，加快发展先进制造业，推动互联网、大数据、人工智能和实体经济深度融合，在中高端消费、创新引领、绿色低碳、共享经济、现代供应链、人力资本服务等领域培育新增长点、形成新动能。

对推动社会经济发展的新动能的需求，意味着必须在全球新一轮科技革命和产业变革中摸索出新技术、新产业、新业态、新模式，而新一轮科技革命和产业变革的孕育兴起，在重塑全球经济结构和竞争格局的同时，也与我国加快制造强国建设的宏大规划形成历史性交汇，为实施创新驱动发展战略提供了难得的重大机遇。借助于迅速发展的新科技革命技术成果，以智能制造、绿色制造为发展方向和目标，结合工业化、信息化与传统产业的融合、改造，加快推进制造业生产方式、产业组织和商业模式等方面的创新，加快促进制造业的全面转型升级，实现我国由"制造业大国"向"制造业强国"的转变，已成为全国上下的一致共识。

同样，对于作为传统经济强省、制造大省，经济总量常年居于全国前列的山东省，在人均国内生产总值首次突破1万美元之际，乘获批"新旧动能转换综合试验区"的东风，研究如何推动先进制造、高端制造等新兴制造业的发展，如何通过互联网、物联网与制造业的深度结合为传统制造赋予新的能量，是进入新时代的重大课题。为此，从专利信息角度对高端制造业进行分析，以掌握全省创新资源，厘清创新思路，明确新旧动能转换方向，为新旧动能转换实施提供路径参考，为全省上下着眼未来布局智能制造、绿色制造，立足现有基础发展、壮大高端制造，结合本地实际以信息化改造传统制造业服务，是在当前形势下提高经济创新发展能力，推动产业转型升级，撬动全省经济持续高质量发展，赢得区域竞争优势的重要举措。

本次分析结合《中国制造2025》规划内容，立足于山东省实际，从轨道交通、通用航空、农业机械、数控机床、机器人、发动机六大产业着手，通过相关分析要素的选定、检索、数据清洗、提炼，对产业发展概况、专利申请趋势、专利申请类型、专利法律状态、技术领先区域、行业及本地领先企业、技术研发方向等情况进行定性分析。在此基础上结合区域内现有发展状况，力图为促进区域各级进一步提升发展决策科学化水平、推动区域优势资源优化配置、提高区域自主创新能力、增强区域竞争优势，提供有效参考意见，对产业转型升级、结构优化、产业链及产业集群打造、培育形成区域核心竞争能力进行引导，为区域内专利技术的协同运用、创新主体的深度合作、专利资源的高端服务建设发展提供支持。

第2章 轨道交通装备产业专利导航

2.1 轨道交通装备产业发展概述

2.1.1 轨道交通装备概述

轨道交通装备是国家公共交通和大宗运输的主要载体,也是我国高端装备"走出去"的重要代表。《中国制造 2025》重点领域技术创新绿皮书中提到:我国轨道交通装备领域将发展安全、高效、绿色、智能的新型轨道交通作为未来的主导方向,发展模式由传统模式向可持续、互联互通和多运输模式转变,全面推行产品的数字化设计、智能化制造和信息化服务,使我国轨道交通真正迈入数字化和智能化时代。

作为省内制造业重点产业、优势产业,山东省新旧动能转换离不开轨道交通装备产业的转型升级,通过对轨道交通装备进行专利分析,可以比较准确地把握省内轨道交通装备产业的发展现状、发展趋势及其在全国乃至全球所处的地位、对关键技术的掌握程度等,从而为制定有效的自主发展策略提供有效参考。

2.1.2 轨道交通装备产业发展概况

1. 山东省轨道交通装备产业发展概况

山东省轨道交通装备产业基础扎实,产业发展优势明显,主要体现在以下几个方面:

(1) 全国铁路运输设备制造超 100 亿元的省份中,山东位于首位;

(2) 山东省轨道交通装备产业规模占全国的 17%,2015 年已位居全国首位;

(3) 2015 年,山东制造的高速动车组约占全国的 56%、城轨地铁约占全国的 18%,铁路货车约占全国的 15%,产品大量出口欧美等国家和地区;

(4) 2016 年,青岛轨道交通产业示范区的轨道交通产业产值 703 亿元,年均增长 25%,生产的动车占全国运营动车组的 65%;

(5) 拥有青岛、济南两个轨道交通整车制造出口基地,形成了配套产业协同发展的良好局面;

(6) 2017 年 12 月 8 日,中车青岛四方股份有限公司、济南轨道交通集团等联合省内 52 家企业、高校、院所,发起成立山东省轨道交通产业联盟。

2. 中国轨道交通装备产业发展概况

中国目前已成为全球规模最大的轨道交通装备市场,截至 2016 年年底,获准建设城市轨道交通的城市由 2012 年的 35 个增加到 43 个,规划总里程约 8600 公里。未来十年,轨道交通车辆年均需求超过 5000 辆,其中截至 2017 年年底,我国铁路运营里程达

12.7 万公里，其中高铁里程达 2.5 万公里，占世界高铁总里程的 66.3%；预计到 2020 年，中国铁路网规模将达到 15 万公里，其中高铁 3 万公里。届时中国将建成以"八纵八横"主通道为骨架、区域连接线衔接、城际铁路补充的现代高速铁路网。中国铁路基建投资及城市轨道发展概况如图 2-1 所示。

图 2-1 中国铁路基建投资及城市轨道发展概况

3. 全球轨道交通装备产业发展概况

全球轨道交通市场也呈现强劲的增长态势，2015～2020 年全球预计轨道交通车辆需求 530 亿～610 亿欧元，年复合增长率为 3.3%；2021～2025 年全球预计轨道交通车辆需求 630 亿～730 亿欧元，年复合增长率为 3.75%。截至 2017 年年底，全球高速铁路总里程达到 8.7 万公里（含规划）；加之我国正强有力推动"一带一路"倡议实施，"一带一路"沿线及辐射区域将形成庞大的轨道交通市场需求，作为绿色环保、大运量交通方式，轨道交通将成为"一带一路"的先锋。

另外从技术层面而言，虽然目前轨道车辆最高试验速度由日本磁悬浮列车组创造，可以达到 603km/h 的试验速度，但最高运营时速保持者为我国的京沪高铁复兴号动车组，其运营时速达到 350km/h，中国轨道交通装备制造产业大有可为。

2.1.3 轨道交通装备产业相关政策（见表 2-1）

表 2-1 近年我国轨道交通政策规划一览

轨道交通政策	印发单位	重点说明
《交通基础设施重大工程建设三年行动计划》	发改委、交通部	2016～2018 年拟重点推进铁路 86 个、涉及投资新建改扩建线路约 2 万公里，涉及投资约 2 万亿元；城市轨道交通项目重点推进 103 个、新建城市轨道交通 2000 公里以上，涉及投资约 1.6 万亿元

轨道交通政策	印发单位	重点说明
《国家中长期铁路网规划》（2017 版）	发改委、交通部、国家铁路局	到 2020 年铁路网规模达到 15 万公里，其中高铁 3 万公里，覆盖 80% 以上大城市。到 2025 年，铁路网规模达到 17.5 万公里，其中高铁 3.8 万公里
《铁路"十三五"发展规划征求意见稿》	发改委、交通部、国家铁路局	"十三五"期间我国铁路固定资产投资将达 3.5 万亿~3.8 万亿，到 2020 年城际铁路达 5000 公里，中央及地方将进一步加大预算内资金对交通基础设施支持，重点向中西部铁路、城际铁路、城市轨道交通等领域倾斜

2.2 轨道交通装备产业专利状况

2.2.1 专利申请趋势

如图 2 - 2 所示，全球轨道交通装备的专利申请自 1910 年左右开始起步，1920 ~ 1930 年期间达到第一轮发展热潮，之后平缓发展进入稳定期，1970 年后迎来第二轮发展热潮，并于 2006 年开始快速发展，2015 年达到专利申请历史高峰。

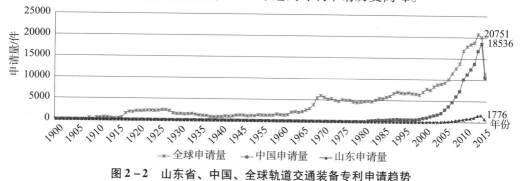

图 2 - 2 山东省、中国、全球轨道交通装备专利申请趋势

中国轨道交通装备自 1985 年左右开始起步，平缓发展至 2006 年，之后迅猛发展迎来第一轮发展热潮，并于 2016 年达到专利申请历史高峰。

山东省轨道交通装备起步稍晚于中国整体发展，于 2002 年左右开始缓慢增长，并在 2005 年之后快速发展迎来第一轮发展热潮，于 2016 年达到专利申请历史高峰。

2.2.2 各地区产业水平及专利申请分布

1. 专利申请区域分布

图 2 - 3 为山东省轨道交通装备产业地市排名情况，在山东省内，青岛市在轨道交通装备产业专利申请方面处于绝对领先地位，远高于其他地市，另外济南市的轨道交通装备产业专利申请量位列第 2，其他地市申请量相对较少。

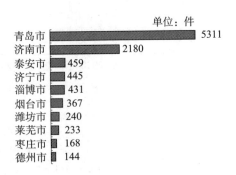

图 2-3　山东省轨道交通装备产业地市排名

　　图 2-4 示出了中国轨道交通装备产业省市排名情况，目前可查的中国轨道交通装备产业专利申请总量为 134407 件，其中江苏省居于首位，山东省位列第 4，其他申请量较高的省市还有北京、湖南、四川等。

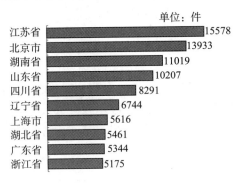

图 2-4　中国轨道交通装备产业省市排名

　　图 2-5 示出了轨道交通装备各国/地区专利申请量分布情况，中国以 134407 件位居首位，日本、美国、德国、法国分别位列第 2～5 位。在此值得注意的是，尽管美国并不是公众所知的整车制造大国，但由于其拥有西屋电气、通用电气等在轨道交通电气、通信信号、制动等领域技术优势明显的大型企业，加之美国对知识产权保护的制度相对完善等因素，美国在轨道交通领域的专利优势也比较突出。

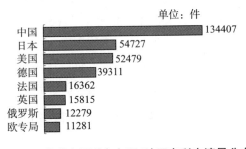

图 2-5　轨道交通装备各国/地区专利申请量分布

　　2. 专利申请人类型分布

　　如图 2-6 所示，山东省与中国轨道交通装备产业申请人类型分布情况相比，山东省企业占比高于中国整体水平，省内个人占比以及科研院所占比与中国整体水平大致持平，而山东省大学类申请人占比低于中国整体水平。

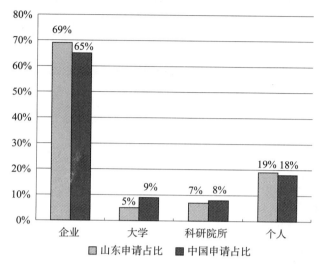

图2-6　山东省、中国轨道交通装备产业专利申请人类型分布

3. 专利申请法律状态分布

如图2-7所示，山东省与中国轨道交通装备产业专利申请法律状态分布情况相比，山东省发明占比与有效发明占比均显著高于中国整体水平，充分反映出山东省在轨道交通领域专利申请的质量相对较高。

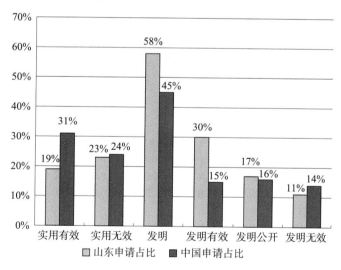

图2-7　山东省、中国轨道交通装备产业专利申请法律状态分布

2.2.3　本领域重要申请人

1. 省内重要申请人

图2-8为山东省轨道交通装备产业专利申请人排名情况，排名前5的申请人分别

为：中车青岛四方机车车辆、中车青岛四方车辆研究所、中车山东机车车辆、中车四方车辆、济南轨道交通集团，它们在中国申请人整体排名中分别处于第1、第21、第27、第34、第41位。

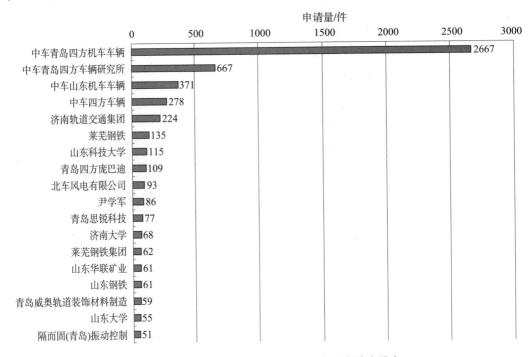

图2-8　山东省轨道交通装备行业专利申请人排名

图2-9为山东省轨道交通装备产业大学排名情况，其中，山东科技大学以115件位于首位，其后依次为：济南大学、山东大学、青岛理工大学、山东理工大学、青岛大学。它们在中国轨道交通装备产业大学整体排名中，分别位于第20、第35、第47、第61、第77、第91位。

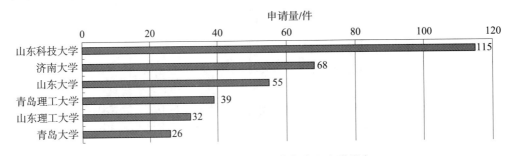

图2-9　山东省轨道交通装备产业大学排名

以下从专利申请趋势、专利申请技术分布、专利申请目标国家3个方面对山东省轨道交通装备产业专利申请排名前3的申请人做具体分析。

（1）中车青岛四方机车车辆

中车青岛四方机车车辆股份有限公司是中国中车股份有限公司的核心企业，中国高速列车产业化基地，铁路高档客车的主导设计制造企业，国内地铁、轻轨车辆定点生产厂家和国家轨道交通装备产品重要出口基地，其主要产品包括：高速动车组、城际及市域动车组、CRH380A 型、CRH2 型高速动车组等。

图 2 -10 中申请趋势和技术分布情况显示，中车青岛四方机车车辆专利申请量逐年上升，所申请的专利主要聚焦在轨道车辆的车体结构、转向架结构，同时在检测、列车控制等多个方面也有涉及。

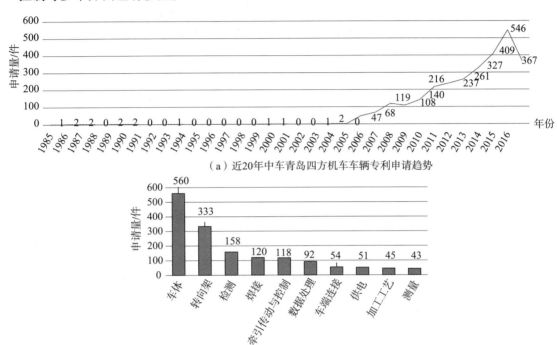

（a）近20年中车青岛四方机车车辆专利申请趋势

（b）中车青岛四方机车车辆专利申请技术分布

图 2 -10　中车青岛四方机车车辆专利申请趋势及技术分布

（2）中车青岛四方车辆研究所

中车青岛四方车辆研究所有限公司隶属于中国中车股份有限公司，是中国轨道交通关键系统技术和产品的重要供应商，也是轨道交通行业车辆专业研究所。中车青岛四方车辆研究所实施"技术研发与技术产业化发展并举"的发展战略，重点发展轨道车辆电气、减振、钩缓、制动等核心业务，是我国城轨车辆钩缓装置和空气弹簧行业标准的制定者。

如图 2 -11 所示，中车青岛四方车辆研究所申请量从 2007 年开始大幅上升后保持稳定，所申请专利主要涉及轨道车辆的连接缓冲结构、测量控制以及制动等方面。

（3）中车山东机车车辆

中车山东机车车辆有限公司隶属于中国中车股份有限公司，是中国铁路货车制造骨干企业，具备年产 10000 辆以上各型敞车、平车、罐车、漏斗车及特种车的生产能力，是国内首家取得 TSI 认证证书、首家实现向欧盟发达国家批量出口铁路货车的企业，铁路货车产品已出口到 16 个国家，综合实力居于国内行业三甲。

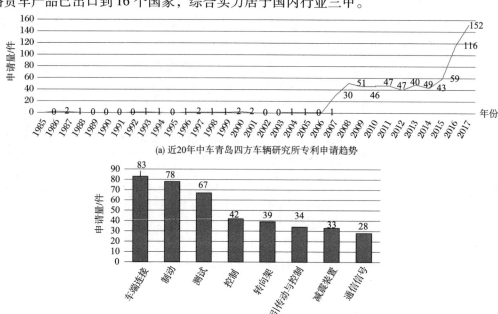

(a) 近20年中车青岛四方车辆研究所专利申请趋势

(b) 中车青岛四方车辆研究所专利申请技术分布

图 2–11 中车青岛四方车辆研究所专利申请趋势及技术分布

如图 2–12 所示，中车山东机车车辆申请量从 2007 年开始，之后不断上升，于 2015 年达到历史高点，所申请专利主要涉及轨道车辆的转向架、车体等几个方面。

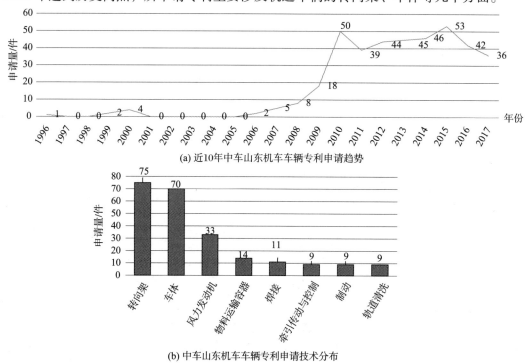

(a) 近10年中车山东机车车辆专利申请趋势

(b) 中车山东机车车辆专利申请技术分布

图 2–12 中车山东机车车辆专利申请趋势及技术分布

2. 国内重要申请人

如图 2 - 13 所示，中国轨道交通装备产业申请人排名中，中车青岛四方机车车辆以 2667 件的专利申请量位列首位，其后依次为中国铁建和中国中铁，二者主要涉及轨道交通装备行业中的路基、轨道等土建装备方面。位列其后的申请人分别为：铁道科学研究院、中车株洲电力机车、中车长春轨道客车、西南交通大学等。

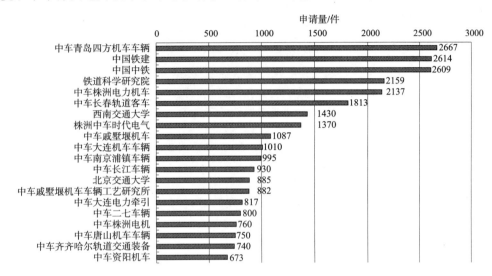

图 2 - 13　中国轨道交通装备产业申请人排名

如图 2 - 14 所示，在中国轨道交通装备产业大学排名中，西南交通大学与北京交通大学分别以 1430 件、885 件申请量位于第一梯队，中南大学与同济大学位于第 2 梯队，中国矿业大学、华东交通大学、浙江大学、清华大学、东南大学等位于第 3 梯队，而山东科技大学在中国轨道交通装备产业大学整体排名中位于第 20 位。

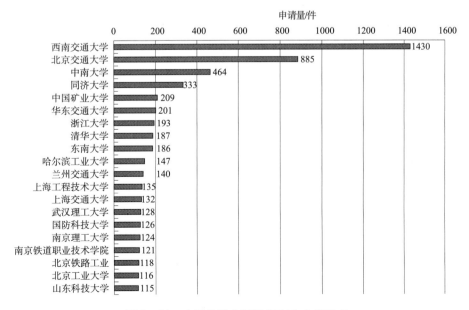

图 2 - 14　中国轨道交通装备产业大学排名

3. 全球重要申请人

在轨道交通装备产业全球申请人前 20 位排名中，西门子、日立、西屋电气、三菱、庞巴迪、克诺尔依次位列前 6；其中涉及 7 家中国申请人，依次为：中车青岛四方机车车辆、中国铁建、中国中铁、铁道科学研究院、中车株洲电力机车、中车长春轨道客车、西南交通大学，它们在全球申请人整体排名中分别处于第 7 位、第 8 位、第 9 位、第 14 位、第 15 位、第 16 位、第 20 位，如图 2 – 15 所示。

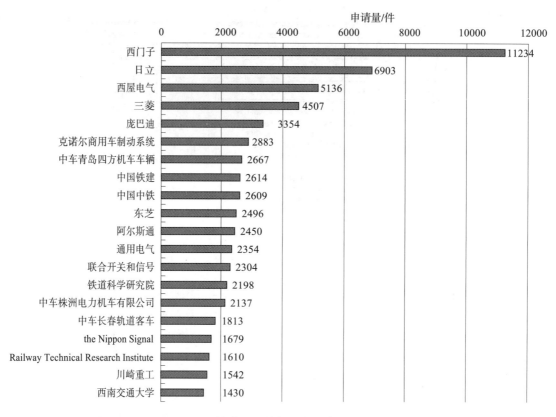

图 2 – 15　轨道交通装备产业全球申请人排名

以下对前 20 位排名中主要涉及整车制造的西门子、庞巴迪、阿尔斯通、川崎重工 4 家申请人在轨道交通领域的专利申请情况做具体分析。

（1）西门子

德国西门子成立于 1847 年，是全球电子电气工程领域的领先企业；以创新、绿色、安全、可靠的产品、解决方案与服务，助力中国轨道和道路交通高效、综合一体化的客运和货运。其主要产品包括：通勤和区域列车（Desiro 系列车辆）、轻轨与自动捷运系统（有轨电车）、部件和系统（牵引系统、转向架、车载电源、列车网络控制系统）。西门子在中国参与了 19 个城市的轨道交通项目，以及京津城际客运专线、哈尔滨到大连的铁路电气化工程、武汉城市交通控制系统等项目。

如图 2 – 16 所示，西门子在中国的申请（轨道交通领域）从 2005 年开始大幅增长，于 2014 年达到历史顶峰，之后一直保持较高的年度申请量。

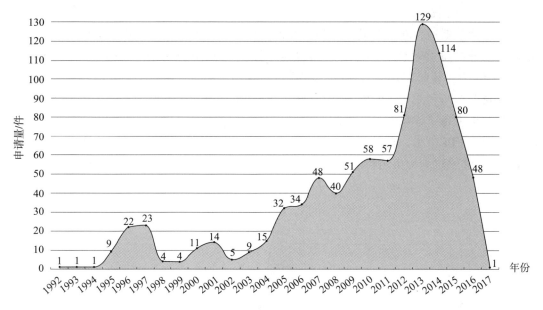

图 2 – 16 近 20 年西门子在华专利申请趋势（轨道交通领域）

（2）庞巴迪

加拿大庞巴迪成立于 1907 年，是一家国际性交通设备制造商，主要产品包括铁路及高速铁路机车、城市轨道交通设备等，涉及车体、转向架、牵引传动和控制系统等。其与中车青岛四方机车合资的公司 BSP 为中国提供了城际列车车厢，和位于常州的新誉集团合资生产列车牵引设备和信号系统，庞巴迪的另一家子公司 CBRC 为上海轨道交通一号线、广州地铁八号线、深圳地铁一、四号线提供车辆。

如图 2 – 17 所示，庞巴迪在中国的申请（轨道交通领域）从 2008 年开始大幅增长，于 2012 年达到历史高峰。

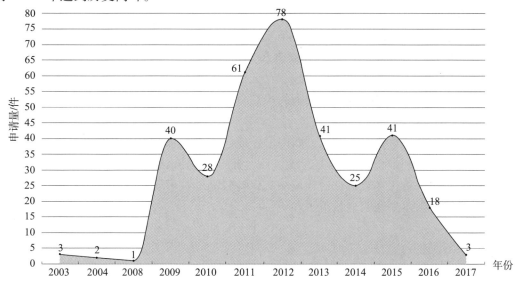

图 2 – 17 近 20 年庞巴迪在华专利申请趋势（轨道交通领域）

（3）阿尔斯通

法国阿尔斯通在轨道交通领域为全球提供车辆、交通运输基础设施、信号、设备维修以及全球的轨道系统。其主要产品包括车体（阿尔斯通 V150 列车组、超高速列车 AGV）、组件（转向架、牵引系统、辅助逆变器等）。阿尔斯通与中方合作伙伴——中车长春轨道客车和中车大同电力机车合作，提供货运电力机车，为石太客运专线提供了电气化基础设备，参与北京、上海、香港和南京地铁网络的建设。

如图 2 – 18 所示，阿尔斯通在中国的申请（轨道交通领域）从 2006 年开始大幅增长，于 2009 年达到历史顶峰。

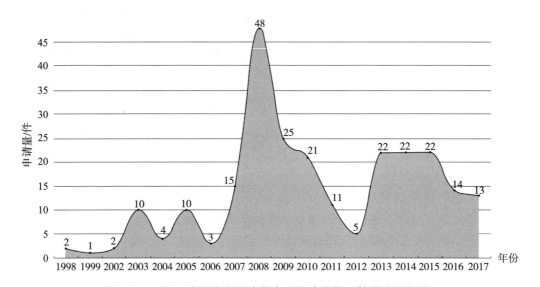

图 2 – 18　近 20 年阿尔斯通在华专利申请趋势（轨道交通领域）

（4）川崎重工

日本川崎重工成立于日本明治维新时代，于 1906 年开始生产铁路车辆，其主要产品包括：高速铁路（新干线、各系电车）、单轨电车等，海外输出有 C151 型电车、C751B 型电车等。川崎重工在中国成立青岛四方川崎机车车辆科技有限公司，并提供 CRH2 型电动车组。

如图 2 – 19 所示，川崎重工在中国的申请（轨道交通领域）从 2008 年开始大幅增长，于 2013 年达到历史申请量高点。

图 2 – 20 为国外重要整车企业：西门子、庞巴迪、阿尔斯通、川崎重工 4 家申请人的轨道交通领域专利申请在中、美、欧、日、韩 5 个国家或地区的授权趋势，可以看出，西门子、川崎重工在轨道交通领域一直保持较高的技术研发强度，而经历一系列并购、重组之后的阿尔斯通明显放缓了步伐。

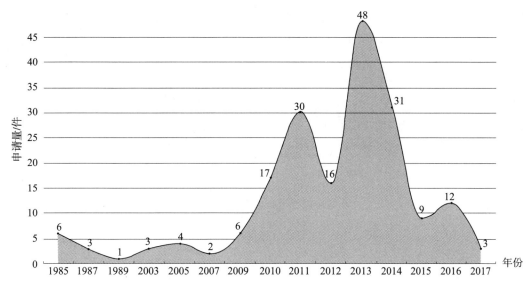

图 2 – 19 近 20 年川崎重工在华专利申请趋势（轨道交通领域）

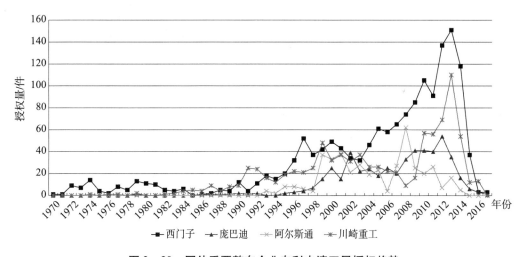

图 2 – 20 国外重要整车企业专利申请五局授权趋势

4. 本领域重要申请人在他国专利申请分布

轨道交通装备作为我国"走出去"产业的代表，其知识产权布局具有极其重要的战略意义，预防和排除知识产权风险是轨道交通装备顺利"走出去"的重要保障。

上节对轨道交通领域在本地、国内、全球的重要申请人的相关专利申请情况进行了介绍和分析，本节将对上述本地、国内重要申请人在海外的专利申请分布情况以及国外重要申请人在华的专利申请分布情况做进一步分析。

图 2-21~图 2-23 分别为山东省轨道交通装备重要申请人（中车青岛四方机车车辆、中车青岛四方车辆研究所、中车山东机车车辆）专利申请国别/地区分布情况，可见 3 家申请人绝大多数都为中国申请，国外申请占比极小。

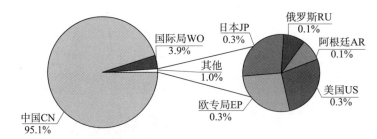

图 2-21　中车青岛四方机车车辆专利申请目标国家/地区

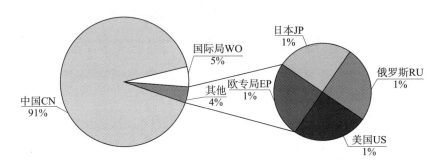

图 2-22　中车青岛四方车辆研究所专利申请目标国家/地区

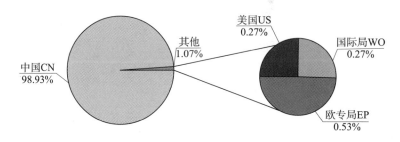

图 2-23　中车山东机车车辆专利申请目标国家/地区

图 2-24 为近 20 年国外重要整车企业（西门子、庞巴迪、阿尔斯通、川崎重工）在华专利申请技术分布（轨道交通领域）情况，它们均在华有大量的专利申请，其中西门子在华专利申请主要涉及车体（B61D，国际专利分类，下同）、转向架（B61F）和算法控制（G05D）等方面；庞巴迪在华专利申请主要涉及转向架（B61F）和检测（G01F）等方面；阿尔斯通在华专利申请主要涉及车体（B61D）、转向架（B61F）和车地信号控制（B61L）等方面；川崎重工在华专利申请主要涉及转向架（B61F）和车体（B61D）等方面。

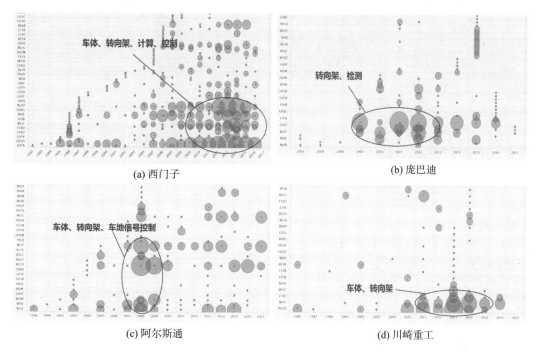

(a) 西门子　　　　　　　　　　　　　(b) 庞巴迪

(c) 阿尔斯通　　　　　　　　　　　　(d) 川崎重工

图 2 - 24　近 20 年国外重要整车企业在华专利申请技术分布（轨道交通领域）

图 2 - 25 为轨道交通装备全球重要申请人专利申请国别分布情况，可以看出中国、日本、德国、美国是全球主要的专利申请目标国；中国中车与其他企业相比，在国内专利申请量远多于海外专利申请量，国内外专利申请的比例差距大，作为海外市场占据重要地位的大型企业，这中间潜藏着较大的知识产权风险；日本企业（川崎重工、日立、日本车辆制造）在日本本国申请量多于海外专利申请量，但国内外专利申请的比例差距小于中国中车；而欧美企业（西门子、阿尔斯通、庞巴迪、克诺尔、西屋电气）在世界各国的专利布局情况相对较为均衡。

可见与国内专利申请数量相比，我国轨道交通装备在海外市场的专利申请数量严重不足，无法对我国出口海外市场的自主技术装备提供完善的知识产权保护。在这种情况下，向目标国输出我国铁路自主技术装备，可能导致出口目标国的技术装备被他人仿制或者专利被抢先申请，造成我国铁路自主技术的流失，甚至使我国失去目标国铁路市场，损害我国铁路的合法权益。

对此，我国企业在"走出去"的过程中需充分重视知识产权问题，并可在知识产权预警、规避设计、开展专利挖掘、收购风险专利等方面规避"走出去"面临的知识产权风险；同时，政府层面可以推动建立轨道交通知识产权联盟和知识产权风险协同应对机制，在资金支持、税费减免方面制定政策鼓励和支持企业进行海外专利申请，为轨道交通装备"走出去"提供坚实的保障。

单位：件

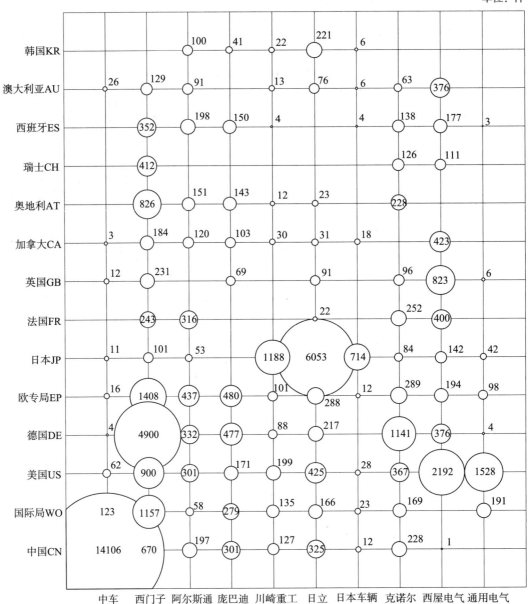

图 2-25 轨道交通装备全球重要申请人专利申请国别分布

2.3 轨道交通装备关键技术专利分析

高速列车作为高端轨道交通装备的主要载体，其涉及以下 5 类关键技术：车体技术、转向架技术、牵引传动与控制技术、列车网络与控制技术、制动技术。如何让轨道交通装备以更稳健更快速的姿态"走出去"，其关键技术的可靠支撑将起到至关重要的作用。

2.3.1　本领域重要申请人关键技术分布

图 2 - 26 为轨道交通装备产业中国重要企业及科研院校在 5 类关键技术的技术分布情况。可看出企业与科研院校相比，企业在车体技术、转向架技术方面专利申请量较大，科研院校在列车网络控制技术方面专利申请量较大，其中西南交通大学在转向架技术以及牵引传动与控制技术方面均有较大的专利申请数量，而制动技术是整个中国轨道交通装备行业技术领域的短板。对于山东省龙头企业——中车青岛四方机车车辆，其与中车株洲电力机车相比，在车体技术方面优势明显，在转向架技术、列车网络控制技术方面略有优势，而在牵引传动与控制技术、制动技术方面的研发力度有待进一步提升；并且中车株洲电力机车对 5 类关键技术的专利申请数量相对更为均衡，中车其他几家主机厂（如中车长春轨道客车、中车唐山机车车辆、中车南京浦镇车辆等）对 5 类关键技术的专利申请数量明显低于中车青岛四方机车车辆以及中车株洲电力机车。

单位：件

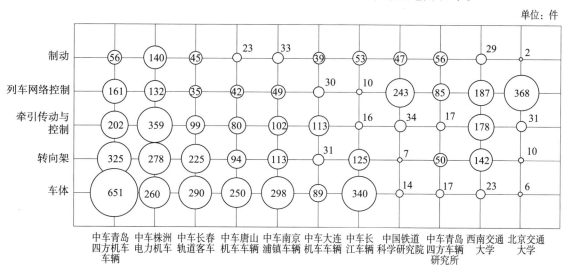

图 2 - 26　中国重要申请人 5 类关键技术分布

图 2 - 27 为轨道交通装备产业全球重要申请人在 5 类关键技术的技术分布情况。可看出中车、西门子、阿尔斯通、庞巴迪、川崎重工、日立这几家整车制造企业均在车体技术、转向架技术方面有大量专利申请，同时中车、西门子、日立、通用电气在牵引传动与控制技术、列车网络控制技术方面也有较多专利申请，而这些企业在制动技术方面专利申请均相对较少，与上述形成鲜明对比的是，在细分技术领域占据绝对优势的克诺尔与西屋电气在制动技术方面有大量专利布局。

需要注意的是，2014 年，原南、北车合并形成中国中车，其专利数据总量来源于以青岛四方机车车辆、株洲电力机车、长春轨道客车、唐山机车车辆、南京浦镇车辆等为代表的原南、北车企业专利数量总和。而西门子与阿尔斯通于 2018 年 3 月 23 日正式签署了企业合并协议，双方轨道交通业务对等合并，从图 2 - 27 可看出二者合并后的专利申请总量将逼近中车专利申请总量。可见仅从专利数量方面，该合并也将影响中车国际化经营环境，在一定程度上将抑制中车国际化步伐，提高中车进入欧洲市场的门槛。

单位：件

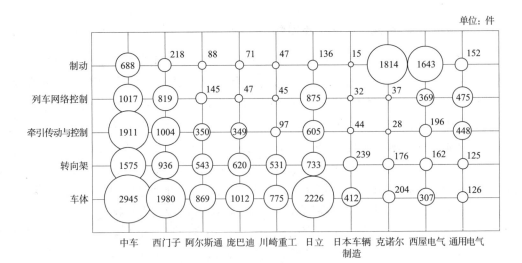

图 2-27 全球重要申请人 5 类关键技术分布

以下将对 5 类关键技术：车体技术、转向架技术、牵引传动与控制技术、列车网络控制技术、制动技术进行具体的专利分析。

2.3.2 车体技术

车体作为列车的承载骨架和安装基础，其包括司机室头部结构、底架、侧墙、车顶、端墙、地板及车体附件等诸多组成部件，高速列车的气动阻力与运行速度的平方成正比，随着列车运行速度的不断提高，高速列车阻力急剧增加，低速运行时，列车阻力中空气阻力所占比例极小，但当速度达到 200km/h 和 300km/h 时，所占比例将分别上升到 70% 和 85% 左右[1]，因此车体的流线型设计、轻量化设计，均是高速列车研制过程中提升速度的关键技术。

1. 专利申请趋势

如图 2-28 所示，全球轨道交通车体技术的专利申请自 1910 年左右开始起步，1920～1936 年期间达到第一轮发展热潮，之后平缓发展逐步上升，2006 年至今快速发展进入第二轮发展热潮，于 2016 年达到专利申请历史顶峰。

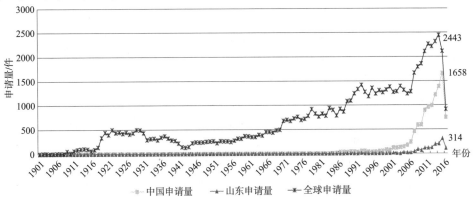

图 2-28 山东省、中国、全球车体技术专利申请趋势

中国轨道交通车体技术自 1985 年左右开始起步，平缓发展至 2006 年，之后快速发展迎来第一轮发展热潮，并于 2016 年达到专利申请历史顶峰。

山东省轨道交通车体技术与中国轨道交通车体技术发展趋势基本类似，起步稍晚于中国整体发展，于 2002 年左右开始缓慢增长，2006 年之后快速发展迎来第一轮发展热潮，同样于 2016 年达到专利申请历史顶峰。

2. 各地区产业水平及专利申请分布

（1）专利申请区域分布

图 2 - 29 为山东省车体技术地市排名情况，青岛市在车体技术专利申请方面处于绝对领先地位，远高于其他地市，另外济南市的车体技术专利申请量位列第 2，其他地市申请量较少。

图 2 - 30 为中国车体技术省市排名情况，中国车体技术总申请量为 11122 件，其中山东省车体技术总申请量处于国内领先地位，其与江苏省申请量远大于国内其他省市，北京市、湖南省、湖北省等依次位列第 3 ~ 5 位。

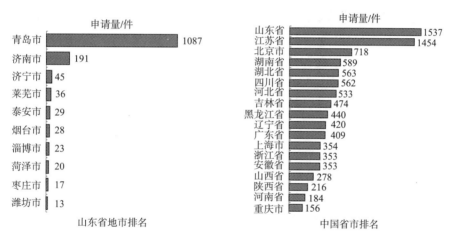

图 2 - 29　山东省车体技术地市排名　　　图 2 - 30　中国车体技术省市排名

图 2 - 31、图 2 - 32 分别为车体技术专利申请排名前 4 位的中国重要地市及其重要申请人分布情况、全球重要国别及其重要申请人分布情况。

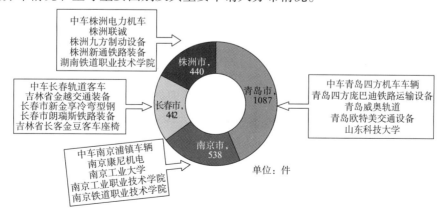

图 2 - 31　中国重要地市及其重要申请人分布

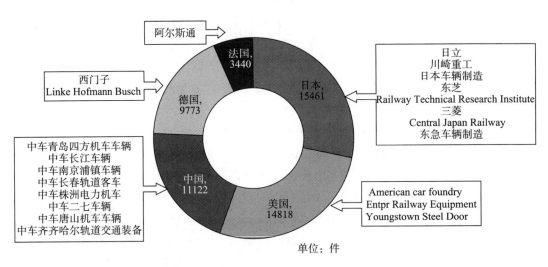

单位：件

图 2 - 32   全球重要国别及其重要申请人分布

（2）专利申请法律状态及专利申请人类型分布

如图 2 - 33 所示，山东省与中国车体技术专利申请法律状态分布情况相比，山东省发明占比与有效发明占比均低于中国整体水平。

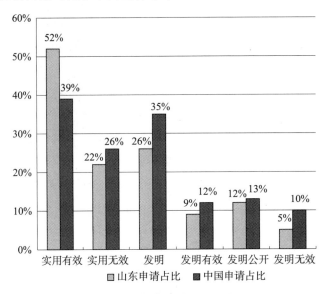

图 2 - 33   山东省、中国车体技术专利申请法律状态分布

如图 2 - 34 所示，山东省与中国车体技术申请人类型分布情况相比，山东省企业占比高于中国整体水平，山东省个人占比以及科研院所占比、大学占比均低于中国整体水平。

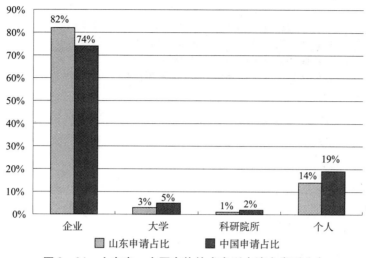

图 2 – 34 山东省、中国车体技术专利申请人类型分布

（3）主要申请人、发明人排名

如图 2 – 35 所示，在山东省车体技术排名前 5 的申请人分别为：中车青岛四方机车车辆、中车山东机车车辆、青岛威奥轨道、青岛四方庞巴迪铁路运输设备、青岛欧特美交通装备，它们在中国申请人整体排名中分别处于第 1、第 12、第 13、第 17、第 25 位。

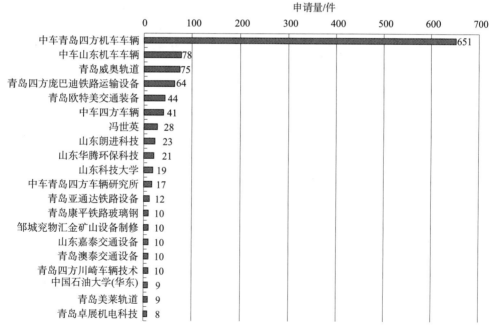

图 2 – 35 山东省车体技术申请人排名

如图 2 – 36 所示，在中国车体技术排名中，前 5 位申请人均为中车集团下的几大主机厂，分别为：中车青岛四方机车车辆、中车长江车辆、中车南京浦镇车辆、中车长春轨道客车、中车株洲电力机车；它们在全球申请人整体排名中分别处于第 6 位、第 14位、第 17 位、第 19 位、第 24 位。

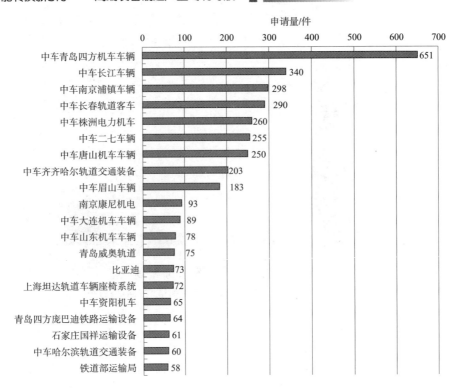

图 2-36 中国车体技术申请人排名

如图 2-37 所示，在全球车体技术排名中，日立、西门子、庞巴迪、阿尔斯通、川崎重工依次位列前5，中车青岛四方机车车辆位列第6，其中尤其以日立、西门子的专利申请量最为突出。可见中方企业与全球领先企业相比，在车体专利申请中仍存在较大差距。

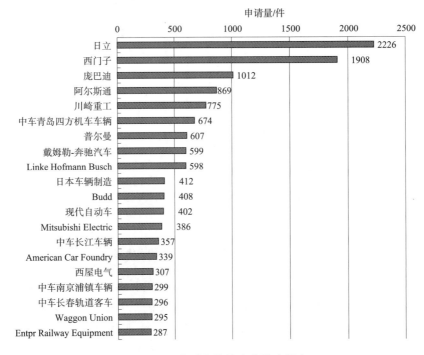

图 2-37 全球车体技术申请人排名

　　图 2 - 38、图 2 - 39 分别为山东省、中国车体技术发明人排名情况，在中国车体技术发明人前 20 位排名中，有 4 位来自山东的发明人：丁叁叁（中车青岛四方机车车辆股份有限公司副总工程师兼车体总设计师）、田爱琴（中车青岛四方机车车辆股份有限公司技术中心车体开发部部长兼高级工程师）、王冰松（中车青岛四方机车车辆股份有限公司高级工程师）、梁建英（中车青岛四方机车车辆股份有限公司副总经理兼总工程师）。

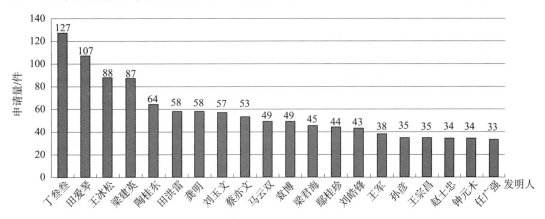

图 2 - 38　山东省车体技术发明人排名

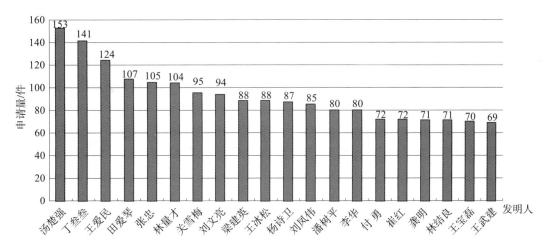

图 2 - 39　中国车体技术发明人排名

3. 车体技术创新热点

　　列车车体材质的发展经过了以下演变过程：木质—碳钢—不锈钢—铝合金/镁铝合金—碳纤维。高速列车发展的重要趋势之一是要轻量化，列车运行每牵引一吨重量大约要消耗 12kW 功率，到 300km 的时候，每牵引一吨要消耗 16～17kW 功率，因此，世界各国都在轻量化上进行了开发研究。目前最新采用碳纤维材料在车体各部分（底架、地板、侧墙、车头等）的应用，使列车车体在列车轻量化运行、提高耐腐蚀性、抗疲劳性能、使用周期等方面有较大突破。

　　碳纤维（Carbon Fiber，CF），是一种含碳量在 95% 以上的高强度、高模量纤维的新型纤维材料。它是由片状石墨微晶等有机纤维沿纤维轴向方向堆砌而成，经碳化及石墨化处理而得到的微晶石墨材料。碳纤维"外柔内刚"，质量比金属铝小，但强度却高于钢铁，并且具有耐腐蚀、高模量的特性，在国防军工和民用方面都是重要材料。它不仅具有碳材料的固有本征特性，又兼备纺织纤维的柔软可加工性，是新一代增强纤维。

2.3.3 转向架技术

转向架也被称为走行部，承担着导向、承载、减振、牵引和制动等功能，是决定列车运行安全和运行品质的核心。速度越高，来自轨道的激扰越大，如何保证在高速运行条件下转向架具有足够的临界速度和结构安全性以及优良的减振性能和低轮轨磨耗，是列车在高速化进程中研发面临的艰巨挑战[2]。

1. 专利申请趋势

如图 2 - 40 所示，全球轨道交通转向架技术的专利申请自 1910 年左右开始起步，1920 ~ 1936 年期间达到第一轮发展热潮，之后平缓发展，于 1970 ~ 2000 年间达到第二轮发展热潮，2006 年至今快速发展达到第三轮发展热潮，2013 年达到专利申请历史顶峰。

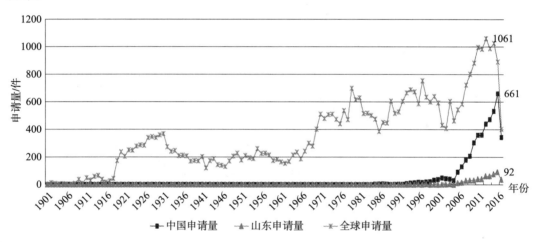

图 2 - 40　山东省、中国、全球转向架技术专利申请趋势

中国轨道交通转向架技术的专利申请自 1985 年左右开始起步，平缓发展至 2006 年，之后快速发展迎来第一轮发展热潮，并于 2016 年达到专利申请历史顶峰。

山东省轨道交通转向架技术的专利申请与中国轨道交通转向架技术专利申请的发展趋势基本类似，起步（1994 年）晚于中国整体发展，之后平缓发展，2006 年之后快速发展迎来第一轮发展热潮，并于 2016 年达到专利申请历史顶峰。

2. 各地区产业水平及专利申请分布

（1）专利申请区域分布

如图 2 - 41 所示，在山东省内，青岛市在转向架技术专利申请方面处于绝对领先地位，远高于其他地市，另外济南市的转向架技术专利申请量位列第 2，其他地市申请量较少。

如图 2 - 42 所示，中国转向架技术总申请量 4463 件，其中湖南省处于国内领先地位，山东省位列第 2，江苏省、四川省、北京市等依次位列第 3 ~ 5 位。

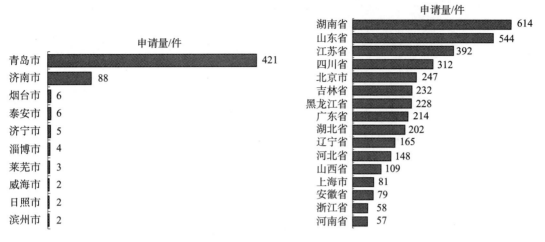

图 2 - 41　山东省转向架技术地市排名　　　图 2 - 42　中国转向架技术省市排名

图 2 - 43、图 2 - 44 分别为转向架技术专利申请排名前 4 位的中国重要地市及其重要申请人分布情况、全球重要国别及其重要申请人分布情况。

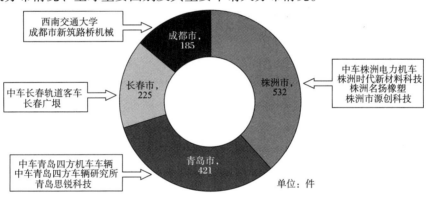

图 2 - 43　中国重要地市及其重要申请人分布

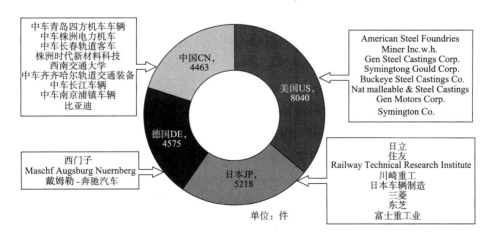

图 2 - 44　全球重要国别及其重要申请人分布

（2）专利申请法律状态及专利申请人类型分布

如图2-45所示，山东省与中国转向架技术专利申请法律状态分布情况相比，山东省发明占比与有效发明占比均低于中国整体水平。

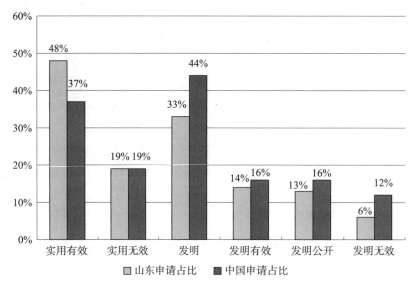

图2-45 山东省、中国转向架技术专利申请法律状态分布

如图2-46所示，山东省与中国转向架技术申请人类型分布情况相比，山东省企业占比与科研院所占比均高于中国整体水平，山东省个人占比以及大学占比均低于中国整体水平。

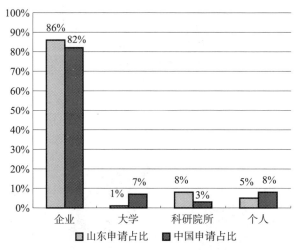

图2-46 山东省、中国转向架技术专利申请人类型分布

（3）主要申请人、发明人排名

中国转向架技术排名前5的申请人分别为：中车青岛四方机车车辆、中车株洲电力机车、中车长春轨道客车、株洲时代新材料科技、西南交通大学；山东省转向架技术排名前5的申请人分别为：中车青岛四方机车车辆、中车山东机车车辆、中车青岛四方车

辆研究所、青岛思锐科技、中车四方车辆，它们在中国申请人整体排名中分别处于第 1
位、第 14 位、第 15 位、第 23 位、第 33 位，如图 2 – 47、图 2 – 48 所示。

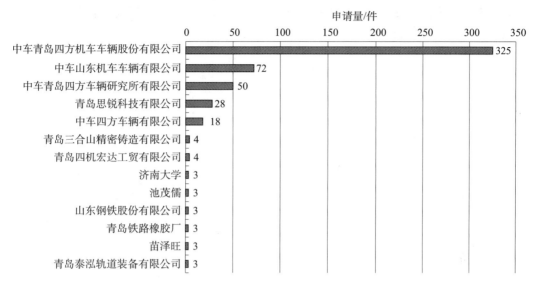

图 2 – 47　山东省转向架技术申请人排名

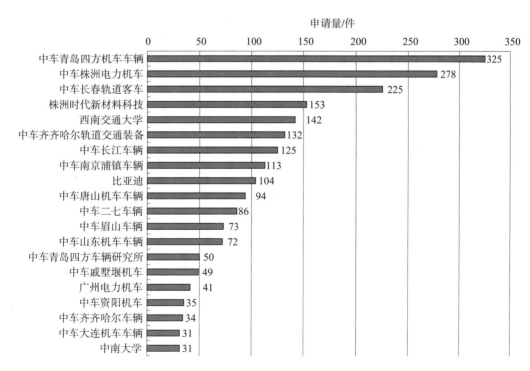

图 2 – 48　中国转向架技术申请人排名

如图 2 – 49、图 2 – 50 所示，在中国转向架技术发明人前 20 位排名中，有 9 位来自
中车青岛四方机车车辆股份有限公司的发明人：马利军、周平宇、张会杰、周业明、张
月军、张雄飞、丁叁叁、刘玉文、宋晓文，他们在中国转向架技术发明人排名中依次位

列第 2 位、第 5 位、第 6 位、第 7 位、第 13 位、第 16 位、第 17 位、第 18 位、第 20 位。另外有 4 位来自中车株洲电力机车股份有限公司，4 位来自比亚迪公司，2 位来自中车长江车辆股份有限公司，1 位来自中车齐齐哈尔轨道交通装备股份有限公司。

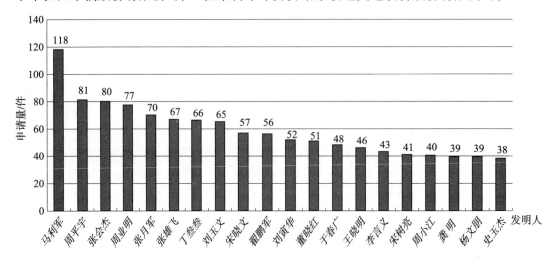

图 2-49 山东省转向架技术发明人排名

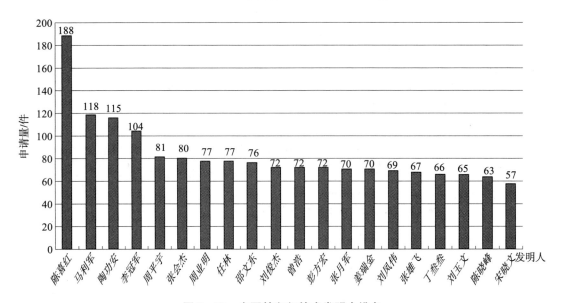

图 2-50 中国转向架技术发明人排名

2.3.4 牵引传动与控制技术

以变流器为中心的牵引传动系统可以看成是为列车提供动力的"心脏"，是列车的核心技术之一[3]，主要起到传递能量和运行控制的作用。牵引传动技术的发展推动了机车车辆技术的进步，是衡量一个国家轨道交通技术水平的重要标志。

1. 专利申请趋势

如图 2-51 所示，全球轨道交通牵引传动与控制技术的专利申请自 1919 年左右开始起步，之后一直平缓发展，在 1923 年左右迎来第一轮发展热潮，于 1970 年之后开始较快发展，2006 年至今快速发展并于 2015 年达到专利申请历史顶峰。

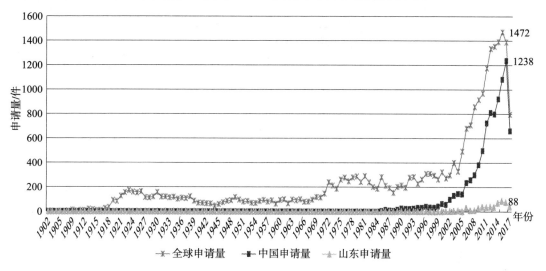

图 2-51　山东省、中国、全球牵引传动与控制技术专利申请趋势

中国轨道交通牵引传动与控制技术的专利申请自 1990 年左右开始起步，平缓发展至 2006 年（铁道部动车组技术引进时间节点），之后迅猛发展迎来第一轮发展热潮，并于 2016 年达到专利申请历史顶峰。

山东省轨道交通牵引传动与控制技术的专利申请起步较晚，2006 年之后才逐步开始发展起来，并于 2015 年达到专利申请历史顶峰。

2. 各地区产业水平及专利申请分布

（1）专利申请区域分布

如图 2-52 所示，在山东省内，青岛市在牵引传动与控制技术专利申请方面处于绝对领先地位，远高于其他地市，另外济南市的牵引传动与控制技术专利申请量位列第 2，其他地市申请量较少。

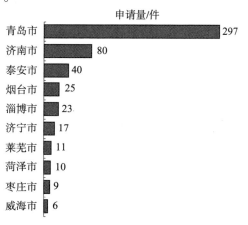

图 2-52　山东省牵引传动与控制技术地市排名

如图 2 - 53 所示，中国牵引传动与控制技术总申请量 8923 件，其中湖南省处于国内领先地位，江苏省、山西省、北京市、四川省等依次位列第 2 ~ 5 位，山东省位列第 6。

图 2 - 53　中国牵引传动与控制技术省市排名

图 2 - 54、图 2 - 55 分别为牵引传动与控制技术专利申请排名前 4 位的中国重要地市及其重要申请人分布情况、全球重要国别及其重要申请人分布情况。

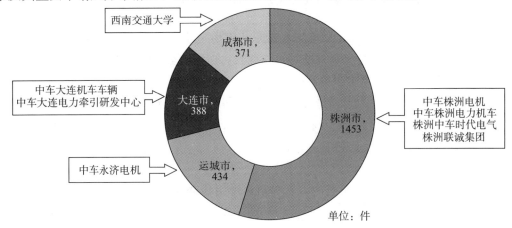

图 2 - 54　中国重要地市及其重要申请人分布

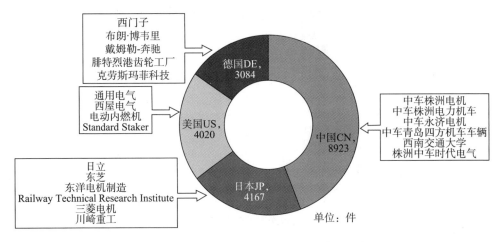

图 2 - 55　全球重要国别及其重要申请人分布

（2）专利申请法律状态及专利申请人类型分布

如图 2 - 56 所示，山东省与中国牵引传动与控制技术专利申请法律状态分布情况相比，山东省发明占比与有效发明占比均低于中国整体水平。

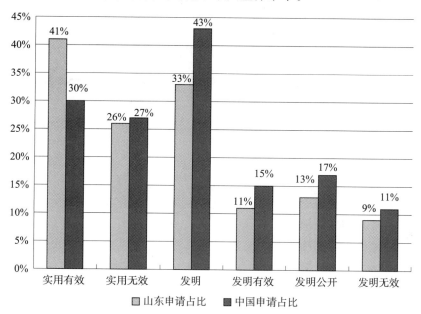

图 2 - 56　山东省、中国牵引传动与控制技术专利申请法律状态分布

如图 2 - 57 所示，山东省与中国牵引传动与控制技术申请人类型分布情况相比，山东省企业占比略高于中国整体水平，山东省个人占比以及科研院所占比与中国整体水平基本持平，而山东省大学占比远低于中国整体水平。

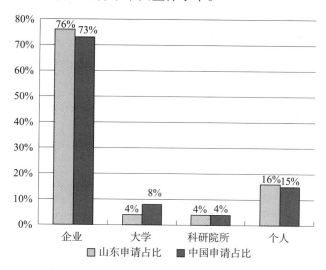

图 2 - 57　山东省、中国牵引传动与控制技术专利申请人类型分布

（3）主要申请人、发明人排名

中国牵引传动与控制技术排名前 5 的申请人分别为：中车株洲电机、中车株洲电力机车、中车永济电机、中车青岛四方机车车辆、西南交通大学；山东省牵引传动与控制技术排名前4的申请人分别为：中车青岛四方机车车辆、中车青岛四方车辆研究所、中车山东机车车辆、中车四方车辆，它们在中国申请人整体排名中分别处于第4、第34、第35、第36位，如图2-58、图2-59所示。

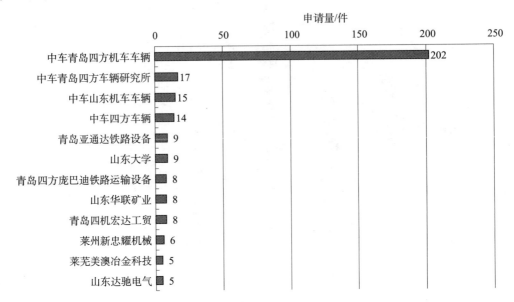

图2-58　山东省牵引传动与控制技术申请人排名

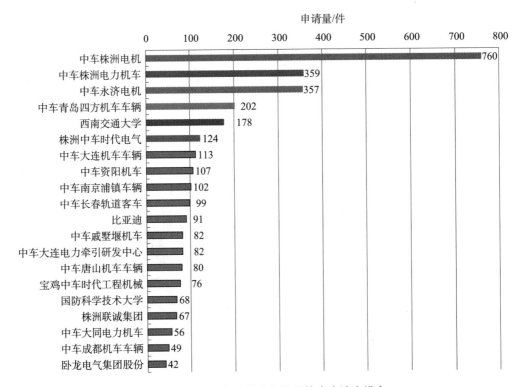

图2-59　中国牵引传动与控制技术申请人排名

如图2-60、图2-61所示，在中国牵引传动与控制技术发明人前20位排名中，有9位来自中车株洲电机有限公司，4位来自比亚迪股份有限公司，3位来自宝鸡中车时代工程机械有限公司，2位来自中车株洲电力机车股份有限公司，1位来自中车资阳机车有限公司，1位来自中车长春轨道客车股份有限公司。

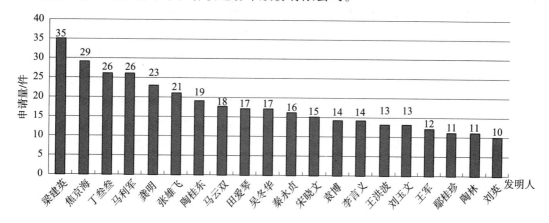

图2-60　山东省牵引传动与控制技术发明人排名

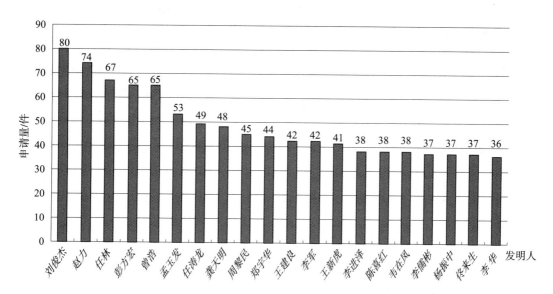

图2-61　中国牵引传动与控制技术发明人排名

3. 牵引传动与控制技术创新热点

（1）超级电容

目前列车（如城市轨道交通车辆）一般由电力进行驱动，列车的供电方法主要为通过列车的受电弓获得高压电流（如DC1500V的高压电流），所获取的高压电流经过接地开关、断路器，传输至逆变器，经逆变器将高压电流转变成交流电，从而驱动列车的电机，实现列车的行驶。

列车出现紧急情况时，将无法通过受电弓获得高压电流，此时需要通过应急供电电路对列车进行供电，以实现列车的紧急牵引，保证列车的正常行驶。现有供电电路主要由蓄电池组对列车的紧急牵引进行供电，而该方式在大电流放电方面存在能力缺陷，采用具有大电流放电特性的超级电容给逆变器供电的方式将解决上述问题，该方式也成为目前轨道交通牵引传动与控制技术中的研究热点。

（2）永磁直驱

在传统转向架驱动结构的设计中，一般采用交流异步电机驱动，由于需要转子电励磁，电机效率不够高，能耗大，电机弹性安装或刚性安装在构架上。为了适应电机与轮对间的动态扰动及传递力矩，需要设置复杂的联轴节和齿轮箱等机构，这种转向架结构复杂，齿轮箱、联轴节的传动效率较低，并且该转向架的轮对轴距较大、质量大，使转向架的小曲线通过性能、节能性等指标难以显著提升。而将传统的异步电机与齿轮箱、联轴节配合使用的方式变为采用永磁同步牵引电机抱轴安装直接驱动，能够省去齿轮箱和联轴节的纵向空间，进一步提高效率，且同时能缩小转向架轴距，提升转向架的小曲线通过性能。

2.3.5 列车网络控制技术

列车网络控制技术是列车的核心技术，它包括以实现各功能控制为目标的单元控制机、实现车辆控制的车辆控制机和实现信息交换的通信网络，提供整列车的控制、监测、诊断等功能，是协调各个车载设备协同工作的基础平台[4]。

1. 专利申请趋势

如图 2 - 62 所示，全球轨道交通列车网络控制技术的专利申请自 1970 年左右开始起步，之后平缓发展，2006 年至今快速发展迎来第一轮发展热潮，2015 年达到专利申请历史顶峰。

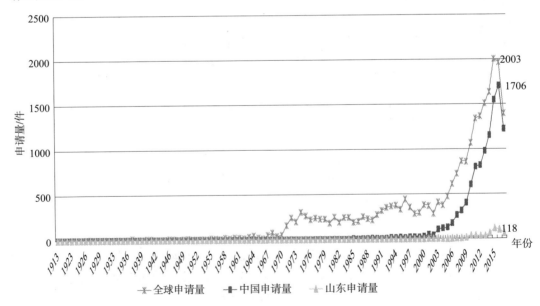

图 2 - 62　山东省、中国、全球列车网络控制技术专利申请趋势

中国轨道交通列车网络控制技术的专利申请自 2003 年左右开始起步，晚于全球起步时间，并于 2006 年后快速发展迎来第一轮发展热潮，并于 2016 年达到专利申请历史顶峰。

山东省轨道交通列车网络控制技术的专利申请起步（2010 年左右）晚于中国整体发展，之后平缓发展，并于 2015 年达到专利申请历史顶峰。

2. 各地区产业水平及专利申请分布

（1）专利申请区域分布

如图 2-63 所示，在山东省内，青岛市在列车网络控制技术专利申请方面处于绝对领先地位，远高于其他地市，另外济南市的列车网络控制技术专利申请量位列第 2，其他地市申请量较少。

如图 2-64 所示，中国列车网络控制技术总申请量 10660 件，其中北京市处于国内领先地位，江苏省、上海市、广东省、湖南省依次位列第 2~5 位，山东省位列第 8。

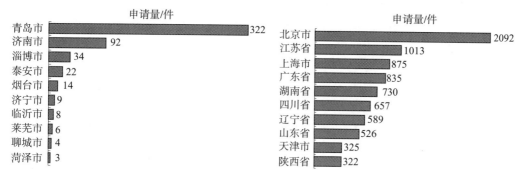

图 2-63 山东省列车网络控制技术地市排名   图 2-64 中国列车网络控制技术省市排名

图 2-65、图 2-66 分别为列车网络控制技术专利申请排名前 4 位的中国重要地市及其重要申请人分布情况、全球重要国别及其重要申请人分布情况。

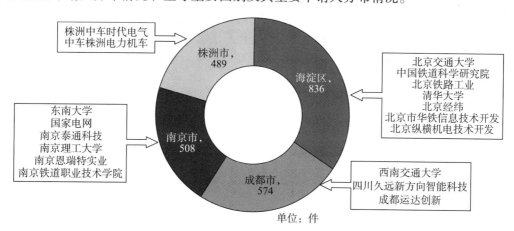

图 2-65 中国重要地市及其重要申请人分布

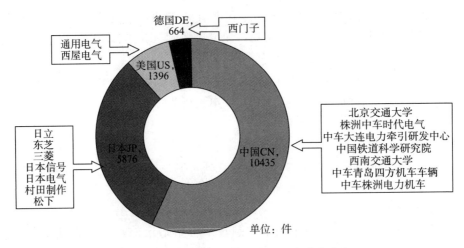

图2-66 全球重要国别及其重要申请人分布

（2）专利申请法律状态及专利申请人类型分布

如图2-67所示，山东省与中国列车网络控制技术专利申请法律状态分布情况相比，山东省发明占比与有效发明占比均低于中国整体水平。

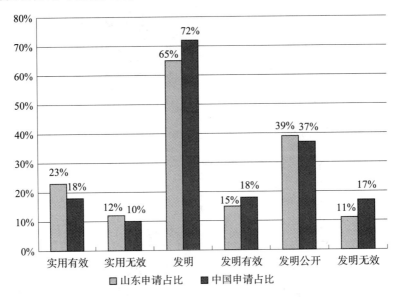

图2-67 山东省、中国列车网络控制技术专利申请法律状态分布

如图2-68所示，山东省与中国列车网络控制技术申请人类型分布情况相比，山东省企业占比与中国整体水平大致持平，山东省科研院所占比高于中国整体水平，而山东省大学占比远低于中国整体水平。

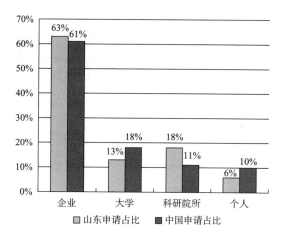

图 2-68　山东省、中国列车网络控制技术专利申请人类型分布

（3）主要申请人、发明人排名

如图 2-69、图 2-70 所示，中国列车网络控制技术排名前 5 的申请人分别为：北京交通大学、株洲中车时代电气、中车大连电力牵引研发中心、中国铁道科学研究院、西南交通大学；山东省列车网络控制技术排名前 4 的申请人分别为：中车青岛四方机车车辆、中车青岛四方车辆研究所、山东理工大学、青岛海信网络科技、青岛四研铁路电气研究开发，其中中车青岛四方机车车辆与中车青岛四方车辆研究所在中国申请人整体排名中分别处于第 6 位、第 10 位。

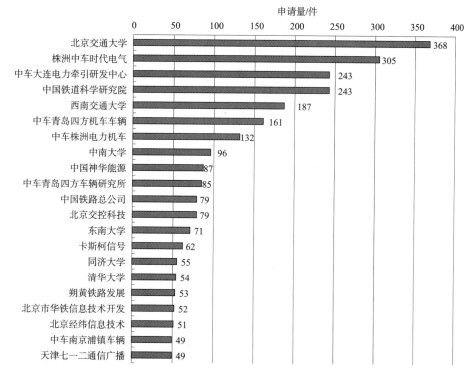

图 2-69　中国列车网络控制技术申请人排名

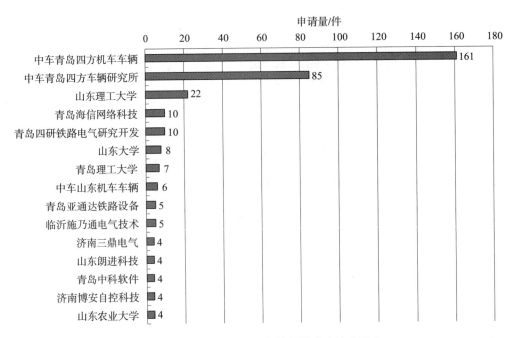

图 2-70　山东省列车网络控制技术申请人排名

如图 2-71、图 2-72 所示，中国列车网络控制技术发明人前 20 位主要涉及以下 4 家申请人的发明团队：北京交通大学贾利民、秦勇、唐涛团队，中车大连电力牵引吴涛、于跃、石勇、杜振环、李砾工、王忠福、王晓鹏团队，西南交通大学刘志刚团队、北京交控科技郜春海、张强、刘波团队。其中，北京交通大学贾利民、秦勇参与的"轨道交通控制与安全"国家重点实验室以及唐涛参与的"轨道交通自动化与控制"国家重点实验室，均在列车安全监测、运行控制等方面有深入研究；北京交控科技在列车自动驾驶方面有诸多研究成果。

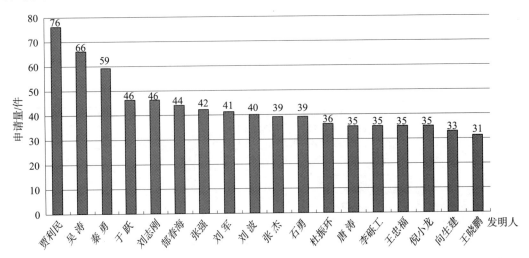

图 2-71　中国列车网络控制技术发明人排名

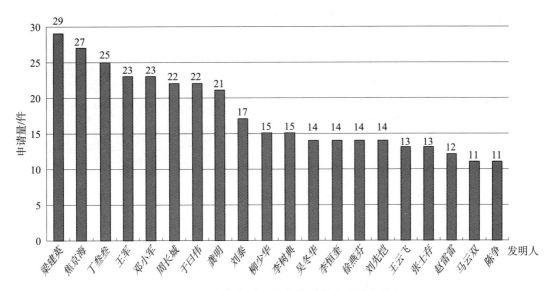

图 2 - 72　山东省列车网络控制技术发明人排名

3. 列车网络控制技术创新热点

列车自动驾驶系统是实现列车自动驾驶、精确停车、站台自动化作业、无人折返、列车自动运行调整等功能的列车自动控制系统。城市轨道交通自动化技术经历了以下几个发展阶段：①传统运行方式；②ATC（列车自动控制）技术，其包括 ATP（列车自动防护）、ATS（列车自动监控）、ATO（列车自动运行）3 个子系统；③全自动无人驾驶方式，如法国的 VAL 系统、日本的新交通系统等。

在我国，2016 年 10 月 13 日，比亚迪历时 5 年，投资 50 亿元研发的跨坐式单轨——"云轨"在深圳举行全球首发仪式，正式宣告进军万亿级轨道交通领域，2018 年 1 月 10 日"云轨"正式通车运行，其与华为联手研发的 eLTE 自动驾驶系统可达到最高等级的无人驾驶——全自动无人驾驶（UTO）。2018 年 3 月 9 日，中国城市轨道交通协会专家和学术委员会在北京交通大学组织召开了"城市轨道交通自主化全自动运行系统关键技术及工程示范"项目的中国城市轨道交通协会科学技术成果评价会，对我国首条自主化全自动运行系统北京轨道交通燕房线组织进行项目现场功能测试验证，并充分肯定了项目取得的研究成果，这标志着我国已自主掌握并建立了完全自主化的全自动运行系统技术体系。

2.3.6　制动技术

制动系统是实现列车高速、安全运行的保障。列车高速运行时具有相当大的运动能量，而高速列车的制动技术必须解决列车动能的快速转换和能量消耗问题，并在轮轨粘着允许的条件下，做到高速列车的可靠制停或降速[5]。

1. 专利申请趋势

如图 2 - 73 所示，全球轨道交通制动技术的专利申请自 1910 年左右开始起步，1920 ~ 1940 年迎来第一轮发展热潮，之后一直平缓发展，于 1970 年之后迎来第二轮发展热潮，2006 年后快速发展并于 2012 年达到专利申请历史顶峰。

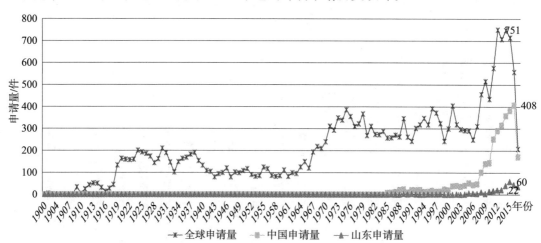

图 2－73　山东省、中国、全球制动技术专利申请趋势

中国轨道交通制动技术的专利申请自 1986 年左右开始起步，平缓发展至 2006 年，之后迅猛发展迎来第一轮发展热潮，并于 2016 年达到专利申请历史顶峰。

山东省轨道交通制动技术专利申请起步较晚，2010 年之后才逐步开始发展起来，并于 2015 年达到专利申请历史顶峰。

2. 各地区产业水平及专利申请分布

（1）专利申请区域分布

如图 2－74 所示，在山东省内，青岛市在制动技术专利申请方面处于领先地位，远高于其他地市，另外济南市的制动技术专利申请量位列第 2，其他地市申请量较少。

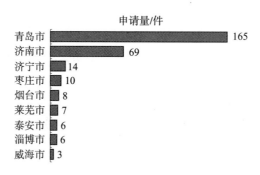

图 2－74　山东省制动技术专利申请地市排名

如图 2－75 所示，中国制动技术总申请量 3149 件，其中江苏省处于国内领先地位，山东省位列第 2，湖南省、北京市、四川省依次位列第 3～5 位。

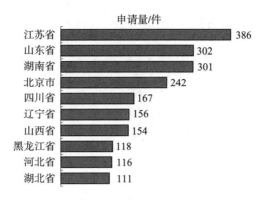

图 2-75 中国制动技术专利申请省市排名

图 2-76、图 2-77 分别为制动技术专利申请排名前 4 位的中国重要地市及其重要申请人分布情况、全球重要国别及其重要申请人分布情况。

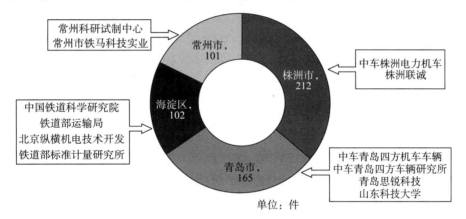

图 2-76 中国重要地市及其重要申请人分布

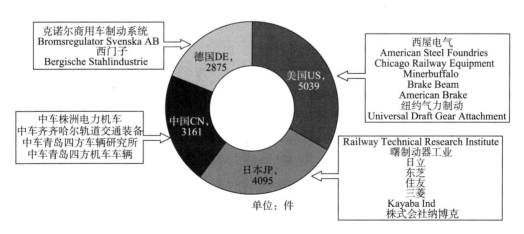

图 2-77 全球重要国别及其重要申请人分布

（2）专利申请法律状态及专利申请人类型分布

如图 2-78 所示，山东省与中国制动技术专利申请法律状态分布情况相比，山东省发明占比与中国整体水平大致持平，但是山东省有效发明占比远低于中国整体水平。

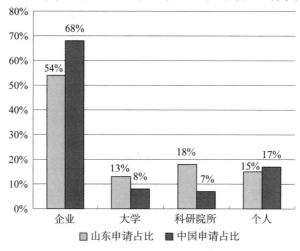

图 2 - 78　山东省、中国制动技术专利申请法律状态分布

　　如图 2 - 79 所示，山东省与中国制动技术专利申请人类型分布情况相比，山东省企业占比远低于中国整体水平，山东省科研院所占比和大学占比均高于中国整体水平。

图 2 - 79　山东省、中国制动技术专利申请人类型分布

（3）主要申请人、发明人排名
　　中国制动技术排名前 5 的申请人分别为：中车株洲电力机车、中车齐齐哈尔轨道交通装备、中车青岛四方车辆研究所、中车青岛四方机车车辆、中车长江车辆；山东省制动技术排名前 6 的申请人分别为：中车青岛四方车辆研究所、中车青岛四方机车车辆、山东科技大学、中车山东机车车辆、济南大学、青岛思锐科技，它们在中国申请人整体排名中分别处于第 3 位、第 4 位、第 19 位、第 23 位、第 24 位、第 29 位，如图 2 - 80、图 2 - 81 所示。

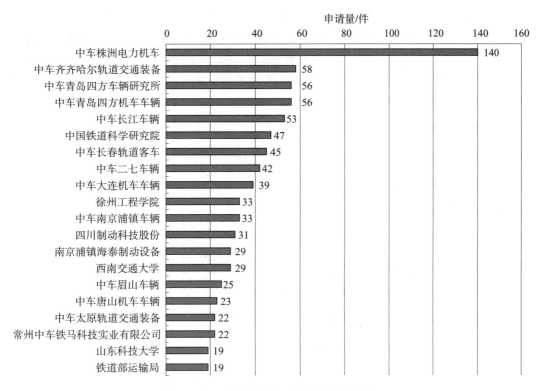

图 2-80　中国制动技术专利申请人排名

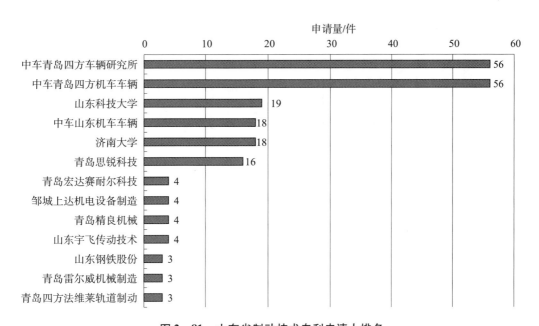

图 2-81　山东省制动技术专利申请人排名

如图 2-82、图 2-83 所示，在中国制动技术发明人前 20 位排名中，有 2 位来自山东的发明人——马利军、李培署，其他发明人主要来自以下 3 家申请人：来自中车株洲电力机车的毛金虎、王高、方长征、刘豫湘、马驰、马利军、陈喜红、涂智文、黎丹、高殿柱、黄金虎、肖维远、任志望，来自徐州工程学院的陆兴华、张磊、李志、何绍华，以及 PAC 制动的安鸿、肖维远。

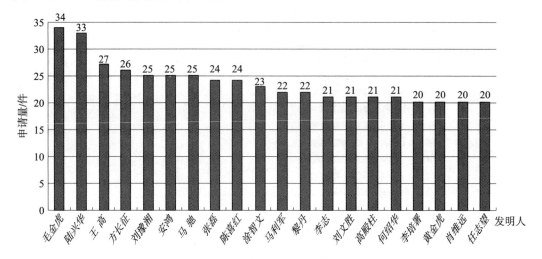

图 2-82　中国制动技术专利发明人排名

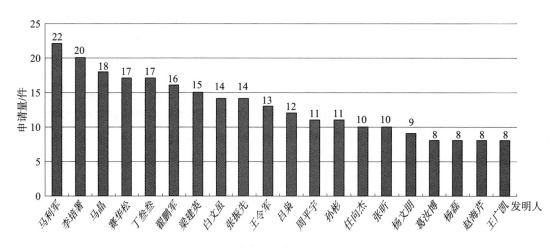

图 2-83　山东省制动技术专利发明人排名

2.4　山东省轨道交通装备产业总结

1. 区域分布及重要申请人、发明人分布情况

从区域及申请人分布来看，山东省内轨道交通装备产业地域分布较为集中，主要是青岛和济南。其中青岛处于绝对领先的位置，远高于其他地市，青岛主要拥有中车青岛四方机车车辆、中车四方车辆研究所、中车四方车辆、青岛四方庞巴迪、青岛威奥轨道

等优势企业；济南市位列第 2，济南市主要拥有中车山东机车车辆、济南轨道交通集团等优势企业，其他地市申请量较少。另外，在全国申请人排名前 20 位中山东申请人占有量较少，特别是对于轨道交通行业大类以及牵引传动与控制技术而言，均仅有中车青岛四方机车车辆一家，因此除了领军企业，还需要有与之协作的企业集群，以提高山东省在该方面的整体实力。表 2 - 2 为 5 类关键技术在山东省、中国、全球的重要技术产出区域及申请人、发明人分布情况。

表 2 - 2　5 类关键技术的重要技术产出区域及申请人、发明人分布一览

类别	车体技术	转向架技术	牵引传动与控制技术	列车网络控制技术	制动技术
山东省重要地市	青岛市 济南市				
中国重要省市	山东省 江苏省 北京市 湖南省 湖北省 四川省 河北省 吉林省	湖南省 山东省 江苏省 四川省 北京市 吉林省 黑龙江省 广东省	湖南省 江苏省 山西省 北京市 四川省 山东省 辽宁省 广东省	北京市 江苏省 上海市 广东省 湖南省 四川省 辽宁省 山东省	江苏省 山东省 湖南省 北京市 四川省 辽宁省 山西省 黑龙江省
中国重要地市	青岛市 南京市 长春市 株洲市	株洲市 青岛市 长春市 成都市	株洲市 运城市 大连市 成都市	海淀区 成都市 南京市 株洲市	株洲市 青岛市 海淀区 常州市
全球重要目标国	日本 美国 中国 德国	美国 日本 德国 中国	中国 日本 美国 德国	中国 日本 美国 德国	美国 日本 中国 德国
山东省重要申请人	中车青岛四方机车车辆； 中车山东机车车辆； 青岛威奥轨道； 青岛四方庞巴迪铁路运输设备	中车青岛四方机车车辆； 中车山东机车车辆； 中车青岛四方车辆研究所； 青岛思锐科技	中车青岛四方机车车辆； 中车青岛四方车辆研究所； 中车山东机车车辆； 中车四方车辆	中车青岛四方机车车辆； 中车青岛四方车辆研究所； 山东理工大学； 青岛海信网络科技	中车青岛四方车辆研究所； 中车青岛四方机车车辆； 山东科技大学； 中车山东机车车辆

类别	车体技术	转向架技术	牵引传动与控制技术	列车网络控制技术	制动技术
中国重要申请人	中车青岛四方机车车辆；中车长江车辆；中车南京浦镇车辆；中车长春轨道客车；中车株洲电力机车	中车青岛四方机车车辆；中车株洲电力机车；中车长春轨道客车；株洲时代新材料科技；西南交通大学	中车株洲电机；中车株洲电力机车；中车永济电机；中车青岛四方机车车辆；西南交通大学	北京交通大学；株洲中车时代电气；中车大连电力牵引研发中心；中国铁道科学研究院；西南交通大学	中车株洲电力机车；中车齐齐哈尔轨道交通装备；中车青岛四方车辆研究所；中车青岛四方机车车辆；中车长江车辆
全球重要申请人	日立；西门子；庞巴迪；阿尔斯通；川崎重工；中车青岛四方机车车辆	西门子；日立；安施德工业；庞巴迪；阿尔斯通；川崎重工	西门子；中车株洲电机；日立；通用电气；中车株洲电力机车；中车永济电机	日立；西门子；东芝；通用电气；三菱电气；西屋电气	克诺尔；西屋电气；瑞典制动调节器；美国钢铁铸造；格林；外博泰克控股
山东省重要发明人	丁叁叁；田爱琴；王冰松；梁建英	马利军；周平宇；张会杰；周业明	梁建英；焦京海；丁叁叁；马利军	梁建英；焦京海；丁叁叁；王军	马利军；李培署；马晶；赛华松
中国重要发明人	汤楚强；丁叁叁；王爱民；田爱琴	陈喜红；马利军；陶功安；李冠军	刘俊杰；赵力；任林；彭方宏	贾利民；吴涛；秦勇；于跃	毛金虎；陆兴华；王高；方长征

从法律状态与申请人类型来看，山东省在轨道交通行业大类的发明占比与有效发明占比优于全国平均水平，但在5类关键技术的发明占比与有效发明占比均低于全国平均水平，由于5类关键技术属于车体关键技术，因此上述差别体现出了山东省在轨道交通行业大类的其他技术（如钩缓装置、通信信号、地面控制、轨道检测、路轨建设等）方面的专利申请质量优于对5类关键技术的专利申请质量。与全国平均水平相比，除制动技术外，轨道交通装备其他方面的企业占比均较高，但山东省内大学的相关研究能力较弱，与处于第一梯队的西南交通大学、北京交通大学相比存在较大差距。图2-84为山东省专利申请法律状态占比、申请人类型占比与全国平均水平的对比情况。

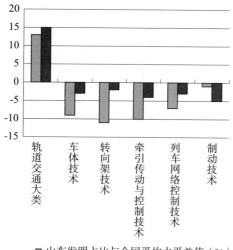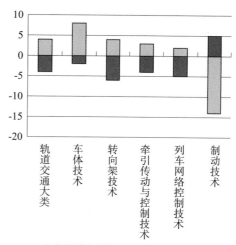

■ 山东发明占比与全国平均水平差值（%）　　　　■ 山东大学占比与全国平均水平差值（%）
■ 山东有效发明占比与全国平均水平差值（%）　　■ 山东企业占比与全国平均水平差值（%）

图 2 - 84　山东省专利申请法律状态占比、申请人类型占比与全国平均水平的对比

　　从技术优势与短板来看，山东省在车体、转向架这两类关键技术上在国内排名靠前，具备相当强劲的整车制备能力，这两类关键技术是山东省的优势技术。而山东省在牵引传动与控制技术、列车网络控制技术这两方面在国内排名相对靠后，属于技术短板。其中对于牵引传动与控制技术，国内领先企业为：中车株洲电机、中车株洲电力机车、中车永济电机。对于列车网络控制技术，北京交通大学、株洲中车时代电气、中车大连电力牵引研发中心、中国铁道科学研究院、西南交通大学等科研院所体现了较强的研发能力。对于制动技术，全球申请人中克诺尔（德国）与西屋电气（美国）申请量远高于其他申请人，制动技术是整个中国轨道交通装备行业技术领域的短板。

　　图 2 - 85 为山东省 5 类关键技术排名雷达图，半径越大表明排名越靠前。可见，山东省轨道交通产业在车体技术、转向架技术方面具有领先地位，制动技术虽然排名第 2，但是由于我国的整体水平较低，因此在全球仍不具有领先水平。

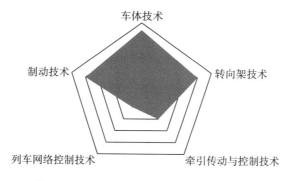

图 2 - 85　山东省 5 类关键技术排名雷达图

2. 全球重要申请人专利申请对比

　　图 2 - 86 为轨道交通装备全球重要申请人专利申请目标国/地区分布情况。中国中

车绝大多数申请为国内的申请，在海外的申请量非常少，这与全球其他重要企业相比不同。日本企业（川崎重工、日立）在其国内外专利申请的比例差距小于中国中车。而欧美企业（西门子、阿尔斯通、庞巴迪、克诺尔、西屋电气）在世界各国/地区的专利申请情况相对较为均衡。

单位：件

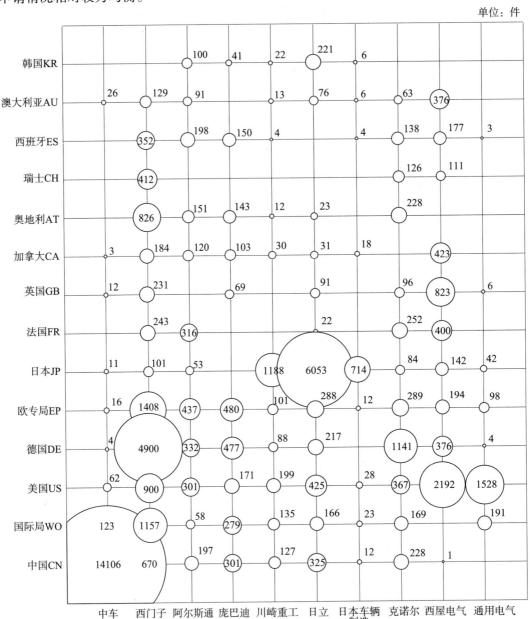

图 2-86 轨道交通装备全球重要申请人专利申请目标国/地区分布

图 2-87 为近 20 年国外重要整车企业在华专利申请技术分布情况（轨道交通领域），国外重要整车企业（如西门子、庞巴迪、阿尔斯通、川崎重工）在车体、转向架、通信信号、检测、控制等方面在华有大量的专利布局。

3. 中国及全球重要申请人技术对比

图 2-88 与图 2-89 分别为中国及全球重要申请人对 5 类关键技术专利申请分布情况，由此大致可得出以下主要结论。

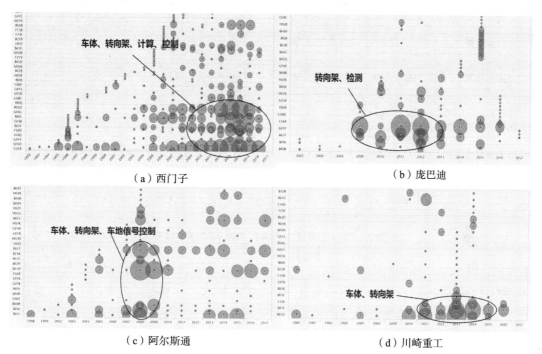

（a）西门子　　　　　　　　　　　　　（b）庞巴迪

（c）阿尔斯通　　　　　　　　　　　　（d）川崎重工

图 2-87　近 20 年国外重要整车企业在华专利申请技术分布（轨道交通领域）

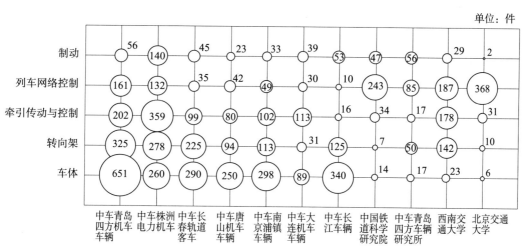

图 2-88　中国重要申请人 5 类关键技术分布

在中国重要申请人中，企业与科研院校相比，企业在车体技术、转向架技术方面专利申请量较大，科研院所在列车网络控制技术方面专利申请量较大，其中西南交通大学还在转向架技术以及牵引传动与控制技术方面均有较大的专利申请数量。而制动技术是整个中国轨道交通装备行业技术领域的短板。对于山东省龙头企业——中车青岛四方机

单位：件

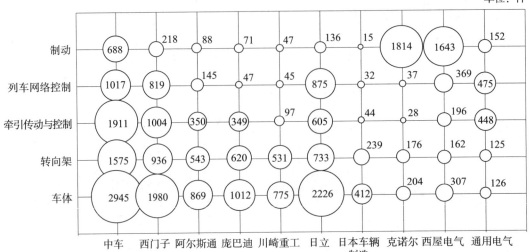

图 2-89　全球重要申请人 5 类关键技术分布

车车辆，其与中车株洲电力机车相比，在车体技术方面优势明显，在转向架技术、列车网络控制技术方面略有优势，而在牵引传动与控制技术、制动技术方面的研发力度有待进一步提升；并且中车株洲电力机车对 5 类关键技术的专利申请数量相对更为均衡。

在全球重要申请人中，中车、西门子、阿尔斯通、庞巴迪、川崎重工、日立这几家整车制造企业均在车体技术、转向架技术方面有大量专利申请，同时中车、西门子、日立、通用电气在牵引传动与控制技术、列车网络控制技术方面也有较多专利申请，而这些企业在制动技术方面专利申请均相对较小，与上述形成鲜明对比的是，克诺尔与西屋电气在制动技术方面有大量专利布局。

4. 行业发展创新热点

近几年行业内外关注热点主要集中在高速、智能、绿色等相关方面。

国外正在研制的超级高铁，国内正在研制的新一代时速 600km 高速磁悬浮列车、时速 400km 跨国互联互通高速列车及时速 250km 以上的货运高速列车，都期望在列车高速运行方面有所突破，其中主要涉及对真空处理技术、磁悬浮技术等的研究。

智能主要体现在对列车自动控制系统（ATC）的改进，其包括列车自动驾驶系统（ATO）、列车自动防护系统（ATP）、列车自动监控系统（ATS）三个方面，如交控科技研发的基于 CBTC 移动闭塞下的安全防护和自动驾驶，富欣智控研制的"全自主运行系统（TACS）"和"全自动运行系统（FAO）"等。

绿色主要体现在对列车混合动力、永磁驱动、新能源（如中车青岛四方机车车辆研发的氢能源有轨电车、中车株洲电力机车研发的以纯超级电容储能为介质的 100% 低地板有轨电车）、新材料（如碳纤维材料在车体各部分的应用，使得列车车体在列车轻量化运行、提高耐腐蚀性、抗疲劳性能、使用周期等方面有较大突破）的使用等方面。

另外，新一代通信技术、健康监测、非接触供电、微循环换热等方面也均是行业研究热点。

第3章 机器人产业专利导航

3.1 机器人产业发展概述

3.1.1 全球及国内产业发展概述

作为产业升级的核心重要装备，机器人在制造业的应用一定程度上起到经济发展风向标的作用。自2010年中国成为世界第一制造大国以来，作为中国经济中流砥柱的制造业持续创新发展，也面临成本上升、技术升级等诸多挑战，新兴制造业的迅猛发展、传统制造业的信息化改造以及生活品质提升的浪潮，创造出巨大的机器人需求和应用市场。中国已成为全球机器人第一大市场，2017年我国工业机器人产量达到131079台，同比增长81%，约占全球产量的三分之一，据国际机器人联合会测算，我国工业机器人的销售额有望从2012年的10.6亿美元增加至2020年的58.9亿美元；服务机器人方面，2016年，中国服务机器人销量约为151.83万台，其中专业服务机器人约为7676台，家庭/个人服务机器人150.5万台；预计2017年中国服务机器人销量可达到212.75万台。机器人产业在我国的快速发展，产业规模的日益扩大，从侧面证明中国经济转型升级的持续加快。然而我国机器人应用的水平仍然存在一定差距，以衡量一个国家制造业自动化发展程度的标准之一的机器人密度来看，在全球范围内，自动化发展程度排名前5的国家分别为：韩国、新加坡、德国、日本、瑞典。

如图3-1所示，根据2018年2月国际机器人联合会（IFR）发布的数据显示，2016年韩国以631台/万人的数量成为全球机器人密度最高的国家，新加坡、德国、日本、美国的机器人密度分别为488台/万人、309台/万人、303台/万人和189台/万人，

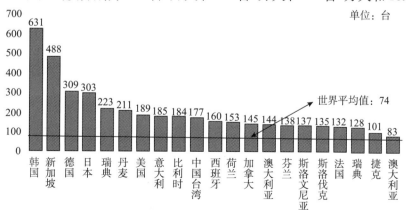

图3-1 全球机器人使用密度排名

同时期中国的机器人密度为 68 台/万人，接近韩国的 10%，低于全球制造业 74 台/万人的平均水平，机器人在国内应用比例的相对滞后意味着广阔的市场空间。

近年来，机器人的实际市场表现也证明了这一点，随着机器人在全球和中国的应用越来越广泛，以及作为制造业大国的中国进入产业升级改造飞速发展期，中国机器人的销量占全球的比重逐年上升，如图 3-2 所示，目前国内工业机器人的销量已占到全球工业机器人总销量的三分之一。

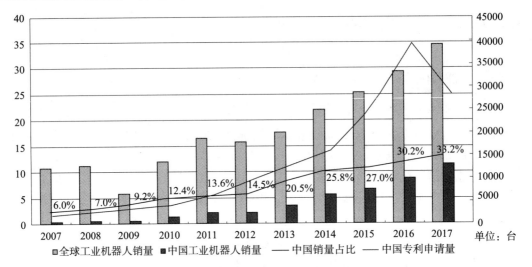

图 3-2　全球和中国机器人销量对比

值得注意的是，与机器人在中国的快速发展相一致，呈逐年增长态势的我国机器人专利申请也已居于优势位置，如图 3-3 所示，全球共 28 万余件机器人申请，排名第 1 的中国申请达到 14 万余件，之后依次为美国 37407 件、日本 35811 件、韩国 17821 件。

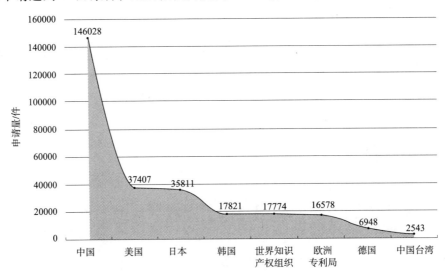

图 3-3　全球申请量排名

图 3-4 为 2000 年以来机器人专利申请量排名前 10 位的国家或地区，其中中国内地占到了 51.98% 的份额，充分体现中国机器人行业起步较晚，但是增速最快的特点，在 2013～2016 年，我国机器人装机量显著增长，由 2013 年的 25 台/万人增长到 2016 年的 68 台/万人，暂位于全球排名的第 23 名。在工业和信息化部、国家发展改革委、财政部联合发布的《机器人产业发展规划（2016～2020 年）》中显示预计到 2020 年实现工业机器人密度达到 150 以上，到 2020 年之前国产工业机器人年销量达到 10 万台，将中国打造为全球自动化程度排名前 10 的国家。

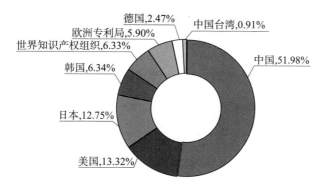

图 3-4 全球申请量份额

3.1.2 山东省机器人产业概述

参照《中国制造 2025》，山东制定了《山东省智能制造发展规划（2017～2022 年）》，其中提出"到 2022 年万人机器人数量达到 200 台以上"，这意味着届时山东省机器人保有量将达到 200 万台，而目前全国工业机器人总的保有量仅为 36 万台。下一步，全省将促进工业机器人和智能装备在汽车及汽车零部件、橡胶及塑料、机械加工、建材、粮食、食品、电子电气、采矿、家电、石化、物流、纺织等领域的规模应用，提高生产效率和产品质量，争取更大利润空间。

在此背景下，德国库卡、瑞典 ABB、日本安川电机和发那科等世界机器人巨头，以及沈阳新松等国内知名机器人企业纷纷布局山东，不仅带来了销售和技术支持团队，还将研发力量逐步向这里倾斜。

目前山东本地机器人生产企业达 89 家，涉及机器人制造的全产业链，包括机器人整机生产企业、零部件企业、系统集成企业。2016 年，全省机器人产业产值超过百亿元。本地企业中，山东帅克的 RV 减速器已达到国内先进水平，成为国内唯一一家能同时生产制造工业机器人 RV 减速器、谐波减速器、工业机器人整机和机器人系统集成的生产制造企业。淄博纽氏达特、鲁能智能、威高集团、海天智能工程、山东大学机器人中心、潍坊迈赫、青岛科捷、宝佳自动化、诺力达智能科技、通产智能、海尔机器人等山东企业，逐步形成了覆盖软件开发、系统集成、解决方案、关键部件等产业链各个环节，涉及码垛、焊接、装配、搬运、喷漆等不同工业领域以及农业、康复、水下清洁等服务领域应用的机器人智能制造产业集群。

3.2 机器人基本概念及发展趋势

3.2.1 机器人的定义

国际标准化组织（ISO）将机器人从四个方面进行了定义：①机器人的动作机构具有类似于人或其他生物体的某些器官（肢体、感受等）的功能；②机器人具有通用性，工作种类多样，动作程序灵活易变；③机器人具有不同程度的智能性，如记忆、感知、推理、决策、学习等；④机器人具有独立性，完整的机器人系统在工作中可以不依赖于人的干预。即具有以上四种特性的机器均可称为机器人。

目前机器人在制造业通常称为工业机器人，工业机器人就是面向工业领域的多关节机械手或多自由度机器人，是集机械、电子、控制、计算机、传感器、人工智能等多学科先进技术于一体的现代制造业重要的自动化装备。除工业机器人之外，用于非制造业并服务于人类的各种先进机器人，包括家庭/医疗服务机器人、水下机器人、娱乐机器人、军用机器人、农业机器人、机器人化机器等，称为服务机器人。与工业机器人相比，服务机器人控制精度要求较低，而更强调小型化与灵活性，主要应用于消费市场，具体如表 3 - 1 所示。

表 3 - 1　机器人分类

机器人	工业机器人	
		焊接机器人
		点焊机器人
		弧焊机器人
		搬运机器人
		移动小车（AGV）
		码垛机器人
		分拣机器人
		冲压、锻造机器人
		装配机器人
		包装机器人
		拆卸机器人
		处理机器人
		切割机器人
		研磨、抛光机器人
		喷涂机器人
	服务机器人	个人/家用机器人
		家庭作业机器人
		娱乐休闲机器人
		残障辅助机器人
		住宅安全和监视机器人

续表

机器人	服务机器人	专业服务机器人	场地机器人
			专业清洁机器人
			医用机器人
			物流用途机器人
			检查和维护保养机器人
			建筑机器人
			水下机器人
			国防、营救和安全应用机器人

3.2.2　机器人的组成

图 3 – 5 为机器人的组成部分，以工业机器人为例，形成具有完整功能的机器人系统，需要以下几个方面的必要组件：

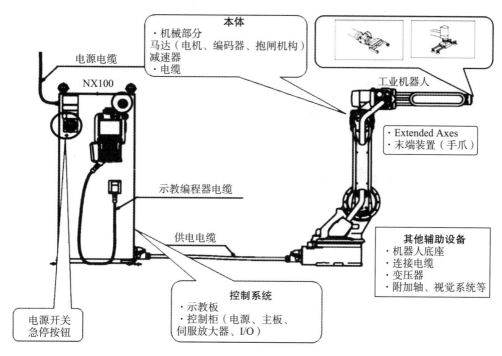

图 3 – 5　机器人主要组成部分

（1）驱动系统：驱动系统可以是液压驱动、气动驱动、电驱动，或者把它们结合起来应用的综合系统；可以是直接驱动或者是通过同步带、链条、轮系、谐波齿轮等机械传动机构进行间接驱动。

（2）传动装置：传动装置是连接动力源和运动连杆的关键部分，根据关节形式，常用的传动装置形式有直线传动和旋转传动机构。

（3）传感系统：机器人的传感系统由内部传感器模块和外部传感器模块组成，来获取内部和外部环境状态中有意义的信息，常用的传感器如表3-2所示。

表3-2　常规传感器及其用途

传感器类型	用　　途
视觉传感器	获取现场的视频信息，实时跟踪机器人的最新动态
听觉传感器	用于检测现场的声音
超声传感器	主要用于探测距离，实现探测障碍物信息以及机器人的实时避障
气体传感器	检测现场有毒气体的含量及人体释放的气体含量
重力传感器	获取机器人自身姿态信息

（4）控制系统：机器人控制系统是在传统机械系统的控制技术的基础上发展起来的，可以从不同角度分类，如控制运动的方式不同，可分为关节控制、笛卡儿空间运动控制和自适应控制；按轨迹控制方式不同，可分为点位控制和连续轨迹控制；按速度控制方式不同，可分为速度控制、加速度控制、力控制等。

3.2.3　机器人产业链构成

机器人产业链涉及核心零部件生产、机器人本体制造、系统集成以及行业应用等环节。具体的产业构成如图3-6所示，上游包括一些关键的核心部件，中游主要是指本体以及集成技术，下游包括系统集成、二次开发以及周边设备的开发。

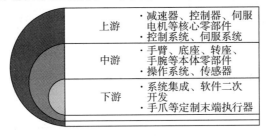

图3-6　机器人产业构成

图3-7为进一步示出机器人上游、中游和下游的部分知名企业及其相互关系。结合行业背景来看，目前我国上市公司多布局机器人行业产业链的下游系统集成环节，而由于上游技术壁垒的限制，我国机器人硬件市场70%的利润被国外市场垄断，尤其是上游零部件伺服电机、驱动器、控制系统，核心技术均掌握在国外工业机器人四大家族手中。一方面，受限于机器人起步较晚，国内零部件企业技术水平与国外差距较大，成本较高，因而不具备竞争优势；另一方面，国内在下游系统集成领域逐渐具备了相对较为成熟的技术和经验，对市场需求较为熟悉，拥有了相当程度的解决方案提供能力，在目前国内还处于城镇化和投资拉动末期，传统产业信息化改造需求旺盛的情况下，对市场具有较强的掌控，因此目前国内机器人行业从数量上来看，以中小型的系统集成服务商为主，主要进行定制化的生产设备，产线的开发、维护。

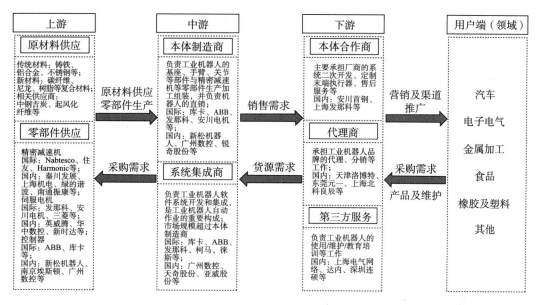

图 3-7　工业机器人上游、中游和下游的企业之间的相互关系

然而从中长期来看，中国制造业面临着向高端转变，必然需要在零部件环节取得突破，逐渐向价值链的顶端攀升，实现进口替代。

3.2.4　机器人发展趋势

图 3-8 对机器人的发展进行了简要介绍，目前，机器人发展的三大趋势包括：①软硬融合：机器人软件比硬件更为重要，因为人工智能技术体现在软件上，数字化车间的轨迹规划、车间布局、自动化上料都需要软硬件相结合。因此，机器人行业的人才既要懂机械技术，又要懂信息技术，尤其是机器人的控制技术；②虚实融合：通过大量仿真、虚拟现实，能够把虚拟现实与车间的实际加工过程有机结合起来；③人机融合。

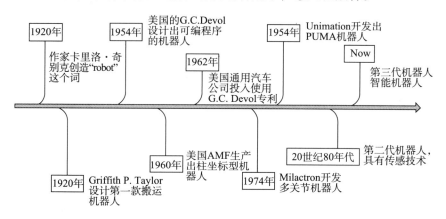

图 3-8　机器人发展史

具体地，包括以下七大发展路径：

（1）从串联机器人到串并混联的机器人：最早的机器人以串联居多，随着市场的

发展既要用到串联的又要用到并联的机器人。串并混联机器人同时具备并联结构的刚性强和串联结构的控制空间大的优点。

（2）从刚体机器人到刚柔体机器人：通过柔体机器人的末端或者本体实现可达性和灵活性，利用柔性机器人可以在航空构件上解决钻孔和打孔的难题。

（3）从单机器人作业到多机器人协同工作：在制造空间的分布性、功能的分布性、任务的并行性，以及任务作业的融触性受到限制时，构建数字化车间或智能化车间的空间是有限的，并涉及执行任务的先后时序问题，因此凭借单台机器人是不能达到目的的。

（4）机器人技术与物联网技术相结合：通过机器人和物联网的结合，催生出智能柔性的自动化装配焊接。通过物联网，机器人具有感知的能力，也就是具有了视觉、触觉，能够实时采集生产过程中的各种数据。

（5）虚拟现实结合：虚拟现实结合系统可以降低对机器人的依赖，降低生产成本，提高效率，进一步消除机器人的安全隐患。通过虚拟现实的模拟，机器人的每一个轨迹和位置，都能在使用者的预料和控制当中，防止出现意外。

（6）机器人技术与模式识别技术的结合：模式识别用于机器人的检测特别有效，机器人在加工零件时，能够检查出有没有质量的瑕疵、不符合的技术条件等。

（7）机器人技术与人工智能的结合：机器人与人工智能相结合后，机器人将不再被固定在围栏内，而是人机协同与人机融合。这是机器人最本质的特征，但是真正要做到这一点，难度还很大。

从应用领域的角度来看，工业机器人技术日益成熟，其应用也越来越广泛，从最先应用的汽车制造业，到今天的食品加工、化工制药，已经越来越多的机器人企业开始涉足服务业，以日本、德国、美国为代表的机器人产业发展趋势如图3-9所示。

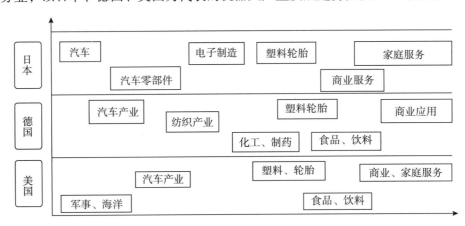

图3-9　全球机器人应用发展方向

3.2.5　机器人知名企业

机器人在发达国家已经取得了较快的发展，日本、美国和德国凭借先发优势和技术积淀在相关领域具备领先优势，业内公认的机器人四大巨头占据了约60%的市场份额，如图3-10所示。（资料来源：安信证券研究中心，易观智库）

图 3 – 10　四大家族的市场份额占比

国内外著名机器人企业图谱如表 3 – 3 所示。

表 3 – 3　国内外著名工业机器人企业图谱表

		减速器	上游零部件控制系统	伺服电机	中游本体	下游系统集成
工业机器人	国内上市公司	上海机电 秦川发展	新松机器人 新时达 慈星股份	新时达 汇川技术 华中数控 英威腾	新松机器人 博实股份 天奇股份 亚威股份 佳士科技 华中数控 华昌达 巨星科技 科远股份	新松机器人 博实股份 天奇股份 亚威股份 佳士股份 瑞凌股份 华中数控 华昌达 巨星科技 慈星股份 科远股份
	国内非上市公司	绿的谐波 南通振康 浙江恒丰泰	广州数控 南京埃斯顿 深圳固高	广州数控 南京埃斯顿	安徽埃夫特 广州数控 南京埃斯顿 上海沃迪 东莞启帆 苏州铂电	安徽埃夫特 广州数控 南京埃斯顿 华恒焊接 巨一自动化 苏州铂电 华恒焊接
	国外公司	哈默纳科 纳博 住友	ABB 发那科 安川 库卡 松下 那智不二越 三菱 贝加莱	伦莱 博世力士乐 发那科 安川 松下 三菱 三洋 西门子 贝加莱	ABB 发那科 安川 库卡 欧地希 松下 川崎 那智不二越 现代 徕斯 柯马 爱德普	ABB 发那科 安川 库卡 柯马 杜尔 徕斯 克鲁斯 德马泰克 艾森曼 爱德普 IGM

结合表 3-3，对全球及国内知名机器人企业的基本情况介绍如下：

1. 国外知名机器人企业

（1）发那科（FANUC）

发那科是日本一家专门研究数控系统的公司，成立于 1956 年，是世界上最大的专业数控系统生产厂家，占据了全球 70% 的市场份额。发那科在 1959 年首先推出了电液步进电机，在后来的若干年中逐步发展并完善了以硬件为主的开环数控系统。进入 20 世纪 70 年代，微电子技术、功率电子技术，尤其是计算技术得到了飞速发展，发那科公司毅然舍弃了使其发家的电液步进电机数控产品，引进直流伺服电机制造技术。1976 年发那科公司研制成功数控系统 5，随后又与西门子公司联合研制了具有先进水平的数控系统 7，从这时起，发那科公司逐步发展成为世界上最大的专业数控系统生产厂家。自 1974 年发那科首台机器人问世以来，发那科致力于机器人技术上的领先与创新，是世界上唯一一家由机器人来做机器人的公司，是世界上唯一提供集成视觉系统的机器人企业，是世界上唯一一家既提供智能机器人又提供智能机器的公司。发那科机器人产品系列多达 240 种，负重从 0.5kg 到 1.35t，广泛应用在装配、搬运、焊接、铸造、喷涂、码垛等不同生产环节，满足客户的不同需求。2008 年 6 月，发那科成为世界第一个突破 20 万台机器人的厂家；2011 年，发那科全球机器人装机量已超 25 万台，市场份额稳居第一。

（2）安川电机（Yaskawa）

安川电机最初是以伺服及变频器起家，具有业内领先的运动控制技术，自 1915 年成立以来，致力于以电机技术为核心的产业用电机产品的制造与开发。1958 年，安川电机开发出的 Minertia 电机改写了电机的历史，开拓了运动控制领域向超高速、超精密发展的新局面。1977 年，安川运用自主开发的运动控制技术研制出日本首台全电气式产业用机器人"MOTOMAN"，而后相继研发出焊接、装配、喷涂、搬运等各种各样的自动化工业机器人。至 2011 年 3 月，安川电机的工业机器人累计出售台数已突破 23 万台，活跃在从日本国内到世界各国的焊接、搬运、装配、喷涂以及放置在无尘室内的液晶显示器、等离子显示器和半导体制造的搬运搬送等各种各样的产业领域中。此外，安川电机还在斯洛文尼亚 Ribnica 开设了新的机器人中心，该中心在 2013 年之前为欧洲中心。安川电机将德国的生产线转移至斯洛文尼亚，并与当地企业 MotomanRobotec 和 Ristro 合作，计划满足欧洲对合成机器人需求量的 60%，并在 2013 年前成为欧洲机器人外围产品的顶尖企业，合成机器人用于汽车工业、金属加工业、食品生产业和制药业。

（3）库卡（KUKA）

库卡及其德国母公司是世界工业机器人和自动控制系统领域的顶尖制造商，于 1898 年在德国奥格斯堡成立。1973 年库卡研发其第一台工业机器人，名为 FAMULUS，这是世界上第一台机电驱动的六轴机器人。今天库卡的四轴和六轴机器人有效载荷范围达 3~1300kg、机械臂展达 350~3700mm，机型包括 SCARA、码垛机、门式及多关节机器人，皆采用基于通用 PC 控制器平台控制。库卡的产品最通用的应用范围包括工厂焊接、操作、码垛、包装、加工或其他自动化作业，同时还适用于医院，比如脑外科及放射造影。1995 年库卡公司分为库卡机器人公司和库卡焊接设备有限公司（现在的库卡制造系统），2011 年 3 月中国公司更名为库卡机器人（上海）有限公司。库卡产品广泛应用于汽车、冶金、食品和塑料成形等行业。库卡在全球拥有 20 多个子公司，其中大部分是销售和服务中心。库卡在全球的运营点有：美国、墨西哥、巴西、日本、韩国、中国台湾、印度和欧洲各国。库卡的用户包括通用汽车、克莱斯勒、福特汽车、保时捷、宝马、奥迪、奔驰、大众、哈雷 – 戴维森、波音、西门子、宜家、沃尔玛、雀巢、百威啤酒以及可口可乐等众多商业巨头。

（4）ABB

1988 年创立于欧洲的 ABB 公司于 1994 年进入中国，1995 年成立 ABB 中国有限公司。2005 年起，ABB 机器人的生产、研发、工程中心都开始转移到中国，可见国际机器人巨头对中国市场的重视。目前，中国已经成为 ABB 全球第一大市场。2011 年 ABB 集团销售额达 380 亿美元，其中在华销售额达 51 亿美元，同比增长了 21%。近年来，国际上一些先进的机器人企业瞄准了中国庞大的市场需求，大举进入中国。目前，ABB 机器人产品和解决方案已广泛应用于汽车制造、食品饮料、计算机和消费电子等众多行业的焊接、装配、搬运、喷涂、精加工、包装和码垛等不同作业环节，帮助客户大大提高其生产率。例如，今年安装到雷柏公司深圳厂区生产线上的 70 台 ABB 最小的机器人 IRB120，不仅将工人从繁重枯燥的机械化工作中解放出来，实现生产效率的成倍提高，成本也减少了一半。另外，这些机器人的柔性特点还帮助雷柏公司降低了工程设计难度，将自动设备的开发时间比预期缩短了 15%。

（5）那智不二越

那智不二越公司是 1928 年在日本成立的，并在 2003 年建立了那智不二越（上海）贸易有限公司。现在，该公司属于那智不二越在中国的一个销售机构。目前，那智不二越在中国拥有两间轴承厂、一间精密刀具修磨工厂、一间焊接工厂，日后还将计划不断扩大产业基地。那智不二越是从原材料产品到机床的全方位综合制造型企业。有机械加工、工业机器人、功能零部件等丰富的产品，应用的领域也十分广泛，如航天工业、轨道交通、汽车制造、机加工等。目前，那智不二越在中国机器人销售市场占公司全球销售额的 15%。那智不二越着眼全球，从欧美市场扩展到中国市场，下一步将开发东南亚市场，比如印度市场，是公司未来比较重视的一个市场区域。

（6）川崎机器人

川崎机器人（天津）有限公司是由川崎重工业株式会社 100% 投资，并于 2006 年 8 月正式在中国天津经济技术开发区注册成立，主要负责川崎重工生产的工业机器人在中国境内的销售、售后服务（机器人的保养、维护、维修等）、技术支持等相关工作。川崎机器人在物流生产线上提供了多种多样的机器人产品，在饮料、食品、肥料、太阳能、炼瓦等各种领域中都有非常可观的销量。川崎的码垛搬运等机器人种类繁多，针对客户工场的不同状况和不同需求提供最适合的机器人、最专业的售后服务和最先进的技术支持。公司还拥有丰富的部品在库，能够为顾客及时提供所需配件，并且公司内部有展示用喷涂机器人、焊接机器人，以及试验用喷房等能够为顾客提供各种相关服务。

（7）史陶比尔

史陶比尔集团制造生产精密机械电子产品：纺织机械、工业接头和工业机器人，公司员工人数达 3000 多人，年营业额超过十亿瑞士法郎。公司于 1892 年创建在瑞士苏黎世湖畔的 Horgen 市。自 1982 年开始，史陶比尔将其先进的机械制造技术应用到工业机器人领域，并凭借其卓越的技术服务使史陶比尔工业机器人迅速成为全球范围的领先者之一。到目前为止，史陶比尔开发出系列齐全的机器人，包括 SCARA 四轴机器人、六轴机器人、应用于注塑、喷涂、净室、机床等环境的特殊机器人、控制器和软件等。无论哪种类型的机器人，都是由统一的平台控制的，它包括同一类别的 CS8 控制器，一种机器人编程语言和一套 Windows® 环境的 PC 软件包，简洁的史陶比尔设计能够满足您最专业的需求。除了产品品质，史陶比尔认识到提供全面、快捷、有效的服务更是客户愿意与其保持长期稳定合作的重要原因。因此无论是技术销售支持和集成商合作关系，还是应用编程支持、现场维护和远程诊断，或者是培训和保养维护，无不体现着史陶比尔无与伦比的服务质量。史陶比尔凭借其产品的齐全性、优质可靠性，从机器人应用的各个关键领域脱颖而出。

（8）柯马

早在 1978 年，柯马便率先研发并制造了第一台机器人，取名为 Polar Hydraulic 机器人。在之后的几十年当中，柯马以其不断创新的技术，成了机器人自动化集成解决方案的佼佼者。柯马公司研发出的全系列机器人产品，负载范围最小可至 6kg，最大可达 800kg。柯马最新一代 SMART 系列机器人是针对点焊、弧焊、搬运、压机自动连线、铸造、涂胶、组装和切割的 SMART 自动化应用方案的技术核心。其"中空腕"机器人 NJ4 在点焊领域更是具有无与伦比的技术优势。SmartNJ4 系列机器人全面覆盖第四代产品的基本特征，因为采用新的动力学结构设计，减轻机器人重量和尺寸，在获得更好表现的同时，降低了周期时间和能量消耗，降低运营成本的同时产品性能又有了很大的提高。柯马 SmartNJ4 系列机器人的很多特性都能够给客户耳目一新的感觉，首先，中空结构使得所有焊枪的电缆和信号线都能穿行在机器人内部，保障了机器人的灵活性、穿透性和适应性。其次，标准和紧凑版本的自由选择，能够依据客户的项目需求最优化地配置现场布局。另外，节省能源、完美的系统化结构、集成化的外敷设备等都使 SmartNJ4 系列机器人成为一个特殊而具有革命性的项目。目前，柯马打算在中国制造产品，使 SmartNJ4 系列机器人全面实现国产化。

2. 国内知名机器人企业

近年来，我国机器人行业发展势头较为良好，传统机器人用户企业纷纷通过自主研发、投资并购等手段介入机器人行业，并通过综合应用人工智能等技术打造智能服务机器人，涌现出一批创新创业型企业。

（1）新松机器人

新松机器人成立于 2000 年，隶属于中国科学院，是一家以机器人独有技术为核心，致力于数字化智能高端装备制造的高科技上市企业。新松的机器人产品线涵盖工业机器人、洁净（真空）机器人、移动机器人、特种机器人及智能服务机器人五大系列，其中工业机器人产品填补多项国内空白，创造了中国机器人产业发展史上 88 项第一的突破；洁净（真空）机器人多次打破国外技术垄断与封锁，大量替代进口；移动机器人产品综合竞争优势在国际上处于领先水平，被美国通用等众多国际知名企业列为重点采购目标；特种机器人在国防重点领域得到批量应用。在高端智能装备方面已形成智能物流、自动化成套装备、洁净装备、激光技术装备、轨道交通、节能环保装备、能源装备、特种装备产业群组化发展。新松机器人是国际上机器人产品线最全的厂商之一，也是国内机器人产业的领导企业。

（2）新时达

上海新时达机器人有限公司是新时达股份全资子公司。2003 年新时达收购了德国 Anton Sigriner Elektronik GmbH 公司，秉承德国 Sigriner 科学严谨的创新理念，不断追求卓越品质，分别在德国巴伐利亚与中国上海设立了研发中心，把全球领先的德国机器人技术引入中国。2013 年在中国上海建立了生产基地，机器人产品系列已覆盖 6 ~ 275kg。新时达机器人公司致力于推动中国制造业智能化发展，依托机器人控制器、驱动器、系统软件平台等领先技术，为客户提供最佳的一体化系统解决方案。公司的服务网络已覆盖中国 31 个省、市地区。新时达机器人适用于各种生产线上的焊接、切割、打磨抛光、清洗、上下料、装配、搬运码垛等上下游工艺的多种作业，广泛应用于电梯、金属加工、橡胶机械、工程机械、食品包装、物流装备、汽车零部件等制造领域。2016 年，新时达运动控制及机器人产品业务高速增长，较 2015 年增速超过 50%。

（3）埃夫特

埃夫特智能装备股份有限公司成立于 2007 年 8 月，总部在安徽芜湖，注册资本 2 亿元；企业员工 500 余人，其中研发人员 300 余人，是国内唯一一家通过大规模产业化应用而迈向研发制造的机器人公司，也是目前国内销售规模最大的工业机器人厂商之一。2012 年开始面向外部市场，公司产品迅速在汽车零部件、卫陶、五金、家电、机加工、酿酒及消费类电子等行业进行应用渗透。目前，公司已建成了年产 10000 台的工业机器人装配检测线。通过多年自主研发及合资并购，尤其是收购专注喷涂领域的 CMA 机器人公司及聚焦金属高端加工及智能产线的 EVLOUT 机器人公司后，埃夫特已经形成机器人应用领域的全面覆盖，尤其在喷涂、金属高端加工等领域，具有较强的先发优势。

（4）埃斯顿

南京埃斯顿自动化股份有限公司创建于 1993 年，受益于国家改革开放的发展机遇以及创业团队历经 20 多年的努力奋斗，目前不仅成为国内高端智能装备核心控制功能部件领军企业之一，而且已在自身核心零部件优势基础上强势进入工业机器人产业，华丽转身为具有自主技术和核心零部件的国产机器人主力军企业。埃斯顿 2010 年便开始研发工业机器人，2011 年成立了专门研发和生产工业机器人的控股子公司埃斯顿机器人公司。目前，埃斯顿的机器人产品包括六轴通用机器人、四轴码垛机器人、SCARA 机器人、DELTA 机器人以及伺服机械手和智能成套设备。2015 年 3 月 20 日，埃斯顿自动化在深圳证券交易所正式挂牌上市，成为中国拥有完全自主核心技术的国产机器人主流上市公司之一。2016 年，埃斯顿工业机器人及智能制造系统业务收入较去年同期相比实现 150% 以上的增长。

（5）富士康

作为全球最大的电子产业科技制造服务商，富士康 2015 年进出口总额占中国大陆进出口总额的 3.7%；2016 年跃居《财富》全球 500 强第 25 位。值得一提的是，富士康自主开发的工业机器人 "Foxbot"，在全球业界赢得技术及制造上的后发优势。Foxbot

是富士康自主研发的一个系列机器人。富士康于 2007 年在深圳开办自动化机器事业部，自主研发核心控制器和关键零件，后于 2009 年完成 15 款 Foxbot 机器人的开发工作，现在富士康在山西晋城开立工厂，大量生产 Foxbot 机器人。Foxbot 机器人已经细分成十几款不同功能的机型，分别应用于打磨抛光、喷涂、装配、搬运等多种生产任务。截至 2018 年年底，富士康已经部署了逾 4 万台由公司内部研发和生产的"Foxbot"工业机器人。富士康已经具备每年生产约 1 万台 Foxbot 机器人的能力。

（6）格力机器人

格力智能装备事业始于 2011 年，2013 年成立格力智能装备有限公司。目前，该公司在华南和华中共有 4 个研发生产基地，其中 3 个位于珠海，分别是机床研发生产基地、北岭产业园，以及收购原美凌达后改造为机器人工厂的南水产业园，除此之外，还有一个生产基地在武汉。格力机器人有限公司于 2017 年 3 月注册成立，是格力智能布局中的一个子板块，目前共有生产及研发人员 200 余人，研发主要集中在本体制造及系统集成应用领域。自 2012 年开始研发，经过 3 年沉淀，2015 年开始批量生产，当年产量达到 1000 余台。2016 年产量有所下滑，达到 800 余台。2017 年有望创新高，目前已经接到格力集团内部需求 1600 余台。因为现有的设备和厂房还未投产，月产量在 150 台左右，预计投产后会有更大的提升。2017 年的产量目标是 2000 台。

（7）广州数控

广州数控于 2006 年开始自主研发工业机器人，在行业内素有"北新松，南广数"的说法。目前广州数控内从事机器人研发的技术人员有 100 多人，并与华南理工、北航、天津大学等国内重点高校有着紧密的"产、学、研"合作。广州数控自主研发出多个规格型号的精密减速机，并已经在自己研发的工业机器人上测试应用，功能上接近国外同类产品。广数的产品负载覆盖了 3～400kg，自由度包括 3～6 个关节，应用功能包括搬运、机床上下料、焊接、码垛、涂胶、打磨抛光等，涉及数控机床、五金机械、电子、家电、建材等行业应用领域。广州数控实现工业机器人得到市场认可，已陆续销往广东、上海、江苏、浙江、重庆、河南、广西等地区，相继出口到越南、土耳其、智利等国家和地区，累计销售超 2000 台套。

（8）华中数控

武汉华中数控股份有限公司创立于 1994 年，注册资本 1.61745 亿元，是"创新型企业"。早先于 1999 年，华中数控就开发出华中 I 型机器人的控制系统和教育机器人，但一直并未将产品推向应用市场，目前已打出"华数机器人"品牌，短短两三年时间里，华中数控的机器人子公司就遍布全国各地了。2015 年财报显示，华中数控将自主知识产权的数控系统、伺服电机等核心共性技术，延伸扩展到工业机器人领域，以武汉为总部，迅速在重庆、深圳、泉州、鄂州、东莞、佛山等地进行了工业机器人产业基地的全国性布局。在工业机器人领域，公司实现 PCL（工业机器人产品、机器人关键部件、智能产线）战略。2016 年，公司新开发的华数 II 型机器人系统成功实现产品化，在机床上下料、冲压、打磨等多个领域开始批量应用，获得较好效果；配套华数 II 型系统的机器人产品在部分细分市场已经具备较强的竞争能力。2016 年，公司工业机器人及自动化领域收入 12620.04 万元，较去年同期增长 272.22%。

3.3　山东省机器人专利状况及热点分析

3.3.1　山东省机器人专利申请整体状况

　　山东省首件机器人专利申请于 1990 年 5 月 15 日由原青岛海洋大学提交，发明名称为"水下激光差频扫描三维光学测量装置"，该发明专利于 1993 年 6 月 30 日获得授权，在国内较早提出了用于机器人视觉系统的光学装置概念。随后几年，山东机器人相关专利申请断续提交，直到 1998 年以后开始连续申请，并且申请量基本呈持续上升趋势。

　　由图 3-11 所示的申请趋势可知，全省专利申请基本分为三个阶段：

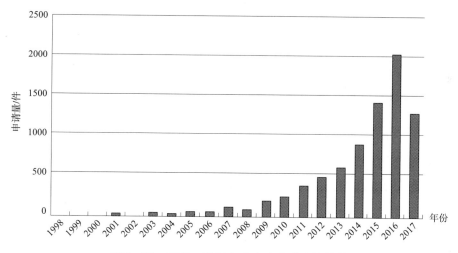

图 3-11　1998～2017 年山东省专利申请趋势

　　第一阶段（2008 年以前），全省在机器人方面专利申请虽然基本逐年增长，但总量不大，位于平稳期。根据统计部门数据，该年度以前全省钢铁、纺织、造纸、化工等行业长期保持两位数以上的增长，2008 年受全球经济环境的影响，上述行业增速大幅回落，但机床、计算机、集成电路、太阳能、汽车等行业仍然保持快速增长，随着制造业结构的进一步优化，对信息化、工业自动化需求的增加，全省机器人专利申请也逐渐走过平稳发展阶段，进入增长期。

　　第二阶段（2009～2014 年），伴随着对工业结构的持续调整，全省装备制造业以及高新技术类企业占社会经济比重持续增加，机器人应用需求较大且具有一定优势的省内汽车制造、电子电器等行业保持 20% 的增长，全省对机器人的研究、使用、布局呈明显上升趋势，相应地，机器人相关的专利申请也进入了快速发展阶段，该阶段各年度的申请量同比均保持了 25% 以上的增长。

　　第三阶段（2015 年至今），2015 年国务院发布了《中国制造 2025》规划，强调持续推进创新驱动发展战略，促进信息技术与制造技术深度融合，大力发展智能制造、绿色制造，并对工业机器人等关键装备的研究、应用提出了要求；在随后的 2016 年，《机器人产业发展规划（2016—2020 年）》发布，更加明确地提出了机器人发展的整体目标、主要任务和重要路径；山东省于 2017 年发布了《山东省智能制造发展规划（2017—2022 年）》，提出到 2022 年达到机器人使用密度 200 台/万人的目标。诸多政策的推出，以及作为传统制造业大省的山东新旧动能转换的强劲势能，带动传统产业转型升级的同时，给作为高端装备制造核心装备的机器人的使用和研究带来利好，2015 年以后全省机器人相关的专利申请进入了高速增长阶段。

3.3.2　山东省专利申请状态分布

按企业、科研院所/大学以及个人对申请人进行分类，得到如图 3 – 12 专利申请法律状态分布图，企业仍然是申请的主要力量，提供了全省超过半数的申请量，且企业申请人的有效专利从绝对值和占企业申请总量比例上都遥遥领先，充分说明本省企业的创新活动开展广泛积极；个人申请人同样是本省的申请重要力量，总申请量与科研院所/大学相差不大，但是个人申请中有效专利占总申请量的比例偏低，仅有31.3%的个人申请处于授权有效状态，这与个人申请人的研究条件、技术水平可能存在的局限性有一定的关系；科研院所/大学申请人的有效专利占比居于企业和个人之间，接近一半的比例。

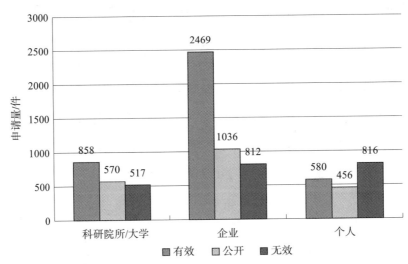

图 3 – 12　山东省 3 类申请人专利申请法律状态分布

从有效专利来看，3 类申请人中，科研院所/大学的发明专利在有效专利中的比例最高，为 41.4%；与有效专利总数占比的不同，企业实用新型占有效专利的比例达到75%，发明专利在有效专利中的占比反而排在了最后，仅有 25.0%，即在企业所持有的有效专利中，每 4 件中仅有 1 件为发明专利，这一比例甚至低于个人申请人的 29.5%。推动企业出于抢占技术高地的目的以实用新型专利进行提前布局的同时，通过加大发明专利申请力度对研发成果进行一个较为稳定、长期的保护是可以考虑的专利工作方向。

国内主要省份有效及公开未决专利比例如图 3 – 13 所示，从中可知山东省有效以及公开未决的专利量在全国各省市中排在第 6 位，占全国总量的 5.6%，与本省经济总量相比，占比相对偏低，预计随着新旧动能转换政策措施的持续推进，产业升级改造规划的相继落地，本省专利各项数据占全国比重将进一步提升。

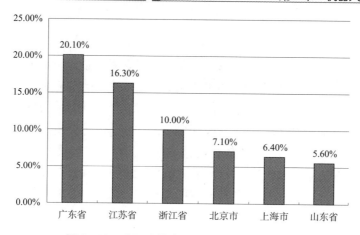

图 3－13 主要省份专利申请有效/公开占比

3.3.3 省内主要申请人排名

以有效和公开未决的专利持有量对全省申请人进行如图 3－14 的排名，前 30 位申

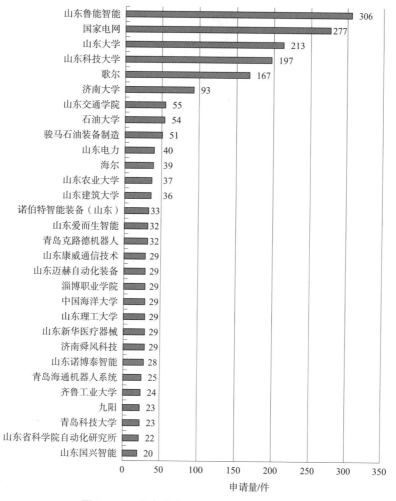

图 3－14 山东省有效/公开专利持有量排名

请人中企业 17 家，科研院所/大学 13 家，企业申请人略占上风，然而占据持有量绝大部分的前 10 位申请人中企业和科研院所/大学各有 5 家，企业申请人中山东鲁能智能技术有限公司、国家电网、山东电力都属于电力行业；始建于 1996 年的骏马石油装备制造有限公司属于石油行业；国内电声行业巨头，成立于 2001 年 6 月的歌尔处于第 5 位。

从全国范围来看，如表 3-4 所示，山东省进入有效/公开专利持有量前 100 名的有 3 家，分别是排名第 7 位的山东鲁能智能技术有限公司，排名第 24 位的山东大学，排名第 29 位的山东科技大学。由于部分申请进行了权利的转移、转让，或者属于本省企业与外省的联合申请，未以山东为专利申请提交地，因此部分本省申请人在全国范围内的申请量比山东省内高。

表 3-4　全国有效/公开专利持有量排名　　　　单位：件

序号	申请人	数量	序号	申请人	数量
1	中国科学院	1342	24	山东大学	217
2	国家电网	1341	25	美的	216
3	哈尔滨工业大学	891	26	河北工业大学	213
4	发那科	590	27	中国南方电网	211
5	清华大学	428	28	西北工业大学	206
6	华南理工大学	423	29	山东科技大学	199
7	山东鲁能智能	419	30	南京航空航天大学	195
8	上海交通大学	404	31	华中科技大学	195
9	浙江大学	387	32	库卡	192
10	精工电子	313	33	北京工业大学	189
11	广西大学	302	34	河池学院	188
12	格力电器	295	35	吉林大学	188
13	北京光年无限	285	36	南京理工大学	175
14	浙江工业大学	277	37	燕山大学	170
15	京东方科技	275	38	上海未来伙伴机器人	168
16	沈阳新松机器人	273	39	武汉大学	159
17	上海大学	263	40	哈尔滨理工大学	154
18	北京理工大学	244	41	三星电子	153
19	株式会社安川电机	242	42	浙江理工大学	152
20	北京航空航天大学	238	43	电子科技大学	143
21	广东工业大学	237	44	江苏大学	137
22	东南大学	228	45	中国矿业大学	137
23	天津大学	225	46	河海大学	135

序号	申请人	数量	序号	申请人	数量
47	松下	133	74	中国海洋石油	101
48	安徽工程大学	133	75	LG 电子	101
49	江南大学	133	76	深圳光启合众	98
50	富士康	132	77	长沙长泰机器人	98
51	惠州金源精密自动化	131	78	中芯国际	97
52	昆明理工大学	129	79	苏州高通机械	95
53	西安交通大学	128	80	济南大学	94
54	直观外科手术	126	81	江苏科技大学	91
55	武汉理工大学	124	82	南京工业大学	90
56	南车株洲电力机车	124	83	川崎重工业	88
57	东北大学	123	84	周俊雄	88
58	奥林	123	85	杭州电子科技大学	85
59	深圳市优必选	122	86	广州达意隆包装机械	85
60	北方微电子精密仪器	121	87	安徽理工大学	83
61	温州职业技术学院	120	88	深圳市银星智能电器	82
62	大连理工大学	120	89	佛山市联智新创	82
63	科沃斯机器人科技	120	90	温州大学	82
64	合肥工业大学	114	91	徐州德坤电气	81
65	重庆大学	113	92	楚天科技	81
66	苏州大学	111	93	西门子	80
67	常州大学	106	94	小米科技	80
68	武汉理工大学	106	95	河南科技大学	79
69	苏州博众精工	104	96	通用汽车	78
70	应用材料	104	97	波音	77
71	大连船舶重工	104	98	日本电产三协	77
72	东莞市联洲知识产权	103	99	中国东方电气	77
73	桂林电子科技大学	101	100	西安科技学院	76

从上述排名可见，在机器人领域，山东省的申请主要集中在大型的国有企业和科研院所、大学，特别是科研院所、大学所持有的专利技术中，发明专利占有效专利中比例高达41.4%，有效/公开专利持有量在全国范围内具有较强的优势；然而这种优势落地、实现产业化的可能性多大，上述大型国有企业、科研院所、大学与省内其他地区、

其他企业是否存在着一定的技术转移、科研成果转化的空间，需要进行区域内的通盘考虑及规划。

3.3.4 各地市申请分布

图 3 – 15 和图 3 – 16 分别为省内各地市的申请量趋势及有效或公开未决专利的持有量，济南市和青岛市作为山东省的区域龙头，也是技术研发和专利申请的中坚力量，以进入快速发展期的 2010 年为界，济南、青岛两市机器人相关专利申请进入高增长区域，2013 年前济南市逐年申请量均大于青岛市，2013 年青岛市实现了反超，并在 2014 年短时低于济南后，持续保持一定的申请量优势，按可查询到的公开数据计算，两市均在 2016 年达到了阶段申请高峰。

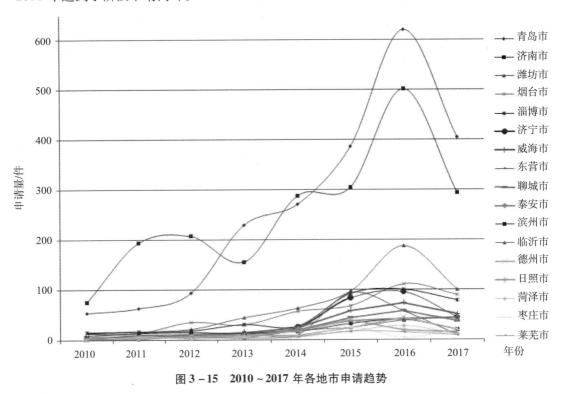

图 3 – 15　2010 ~ 2017 年各地市申请趋势

位于省内申请量第 2 梯队的潍坊和烟台、淄博等地从 2015 年开始进入申请量高增长期，也都在 2016 年达到了阶段申请高峰，随着落实《山东省智能制造发展规划（2017—2022 年）》，大力推动新旧动能转换各种政策、措施的落地，对机器人研究、使用热潮的涌现，各地市申请量有望迎来较大程度、较快的增长。

以各地市现有的有效和公开未决的专利量进行排名，与上述 2010 年后申请量排名相比，可见青岛市、济南市、潍坊市、烟台市、淄博市仍然为前 5 位，与上述排名一致；济宁市和威海市以及滨州市和临沂市分别交换了位置。

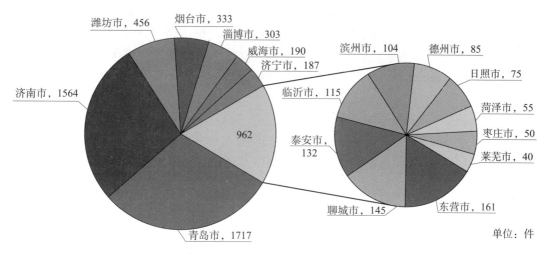

图 3-16 各地市有效/公开专利分布

3.3.5 省内主要申请方向

对全省有效/公开专利共 5725 件进行统计分析，共分布在 301 个小类主分类中，取前 50 个分类号共计 4454 件专利，占比 77.8%。分别按分类号含义进行合并分析，如图 3-17 所示，其中直接归于 "机械手本体" 的共 1015 件，占比 23%；归于 "焊接、包装、金属加工、塑料成型、搬运、分拣、喷涂" 等 "工业机器人" 的有 15 个小类共 1646 件，占比 37%；归于 "清洁、医疗、建筑、园艺、消防、救助" 等 "服务机器人" 的 17 个小类共 829 件，占比 18%；归于 "测量测试、数据识别、数据处理、控制" 等 "机器人控制" 的 10 个小类共 624 件，占比 14%；属于 "车辆平台、机床零部件、喷嘴、接头、集电器" 等 "机器人配件" 的 5 个小类共 340 件，占比 8%。除机械手外，平均每个分类号专利数量最多的为工业机器人，平均每个小类 102 件。

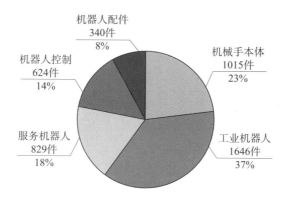

图 3-17 省内机器人申请种类分布

对上述 5 类公开未决以及有效专利近 5 年来的申请进行分析，如图 3-18 所示，发现机械手本体和工业机器人一直是本省的申请重点，说明对机械手的研发以及对机器人在工业制造上的应用研究、布局比较多，具有较好的基础；对机器人控制的申请虽然占比不高，但增长比较稳定，特别是因公开周期等原因的影响，其他四类申请在 2017 年同比下降的情况下，关于机器人控制的申请相比 2016 年达到 73.6% 的增长，说明随着人工智能、大数据、工业互联网热潮的兴起，本省也加大了对机器人控制方面的研发投入。

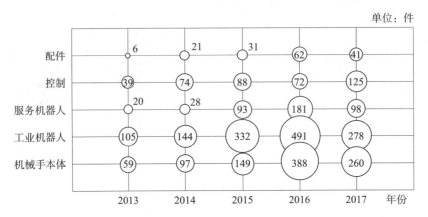

单位：件

图 3 - 18 山东省近 5 年申请重点

3.3.6 国内重点区域排名

在全国范围内排名如图 3 - 19 所示，山东进入全国排名前 20 位的地市有 2 个，分别是排名第 14 位的青岛市和排名第 15 位的济南市；江苏省进入全国前 20 位排名的为排名第 1 的苏州市、排名第 7 的南京市、排名第 11 的无锡市以及排名第 19 位的常州市；广东省进入该排名的为第 2 位的深圳市、第 3 位的东莞市、第 4 位的广州市以及第 8 位的佛山市；浙江省分别为排名第 6 位的杭州市和排名第 9 位的宁波市。

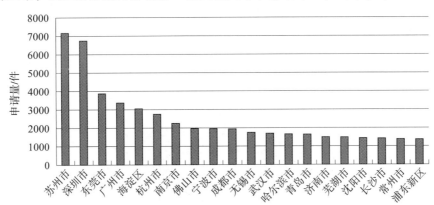

图 3 - 19 国内地市有效/公开专利排名

另外，对总量排名前 6 位的省市提取申请前 20 个分类号小类进行聚类分析如图 3 - 20 所示，广东、江苏、浙江为当之无愧的机器人生产和使用大省，在机械手本体以及工业机器人上申请量较多，说明上述地区自动化程度和机器人研发热度比较高，机器人发展基础比较好。服务机器人方面，浙江、上海所提取的前 20 个小类中涉及的相关申请相对较少，广东、江苏、北京、山东省的申请量旗鼓相当，相差不大，其中广东、江苏以家庭洗涤或清扫、吸尘器等清扫机器人为主，北京医疗康复类机器人与清扫机器人申请量接近，拥有以巡检机器人为主打产品的山东省，可考虑在服务机器人领域进行进一步布局。机器人控制上，广东、江苏、北京拥有明显的优势，在控制方面进行了大量的研究，山东省可考虑在此方向上加强投入。机器人配件上，各地差别相对较小，可考虑在开发更多新应用的情况下，加大移动平台、人机交互模组、夹持紧固、专用工具等配件的研发投入力度，进一步抢占市场先机。

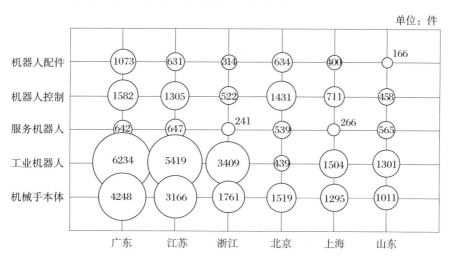

图 3-20　6 省市前 20 个小类分析

3.3.7　全球主要申请人重点研发方向

从全球来看，如图 3-21 所示，涉及机器人的历史专利申请中，发那科、三星电子、安川电机、本田、精工电子、中国科学院、松下、索尼、日立、库卡为申请量排名前 10 位的申请人，对上述申请人所申请专利中的前 20 个分类号进行统计分析，发现机

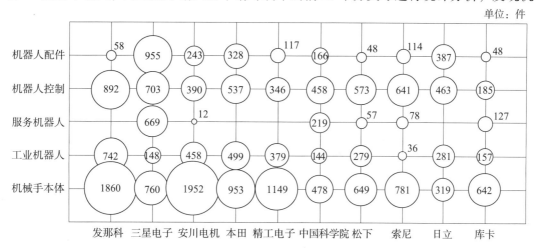

图 3-21　全球申请量前 10 申请人技术分布

械手本体和机器人控制是各申请人的重点研发领域，在各申请人所申请的专利中占有极高比重。机械手本体方面，安川电机排名第1，工业机器人和机器人控制方面发那科均占据榜首，服务机器人领域三星电子一枝独秀，前10位申请人中仅有的国内申请人中国科学院也在服务机器人领域有一定优势；值得注意的是，发那科、本田、精工电子、日立的专利申请中，前20个分类号中并未涉及服务机器人相关申请。

结合有效或公开未决的专利量排名，同样取前10位申请人如图3-22所示，发那科仍然排名第1，国内申请人中国家电网、中国科学院、哈尔滨工业大学分别排第2位、第3位和第6位，充分说明近期机器人研究在国内迎来新的热潮；与总申请量排名相比，安川电机退后1位，排名第4位，三星电子退后2位，排在安川电机之后，松下、索尼、日立退出排名，以医疗类机器人为主的直观外科手术排名第8。

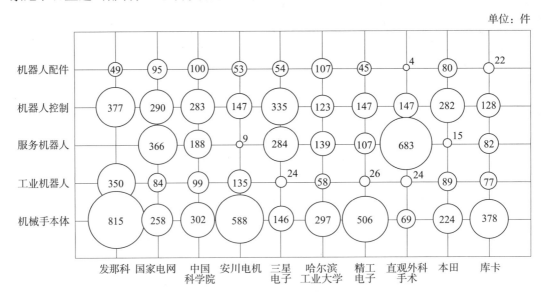

单位：件

图3-22 全球有效/公开专利申请量前10申请人研发热点

3.3.8 山东省机器人创新热点分析

从对不同类型申请主体所提交的发明占有效/公开专利比例的分析如图3-23所示，可以看出，在机器人领域，山东省的申请主要集中在大型的国有企业和科研院所、大学，以山东鲁能智能技术有限公司为代表的本省企业和以山东大学、山东科技大学为代表的科研院所、大学在全国具有一定的专利数量优势，创新主体的相对明确、集中成为山东省的一个显性优势。但与全国相比差距还比较明显，进入全国排名前100位的仅有1家企业、2所大学，全省企业、大学所拥有的有效和公开的发明专利占有效/公开未决专利的比例均低于全国水平，其中企业比例约为全国比例的1/3；与其他省市相比，该参数也相对较低。如何发挥有效/公开专利持有量的数量优势，推进优势落地、实现产业化，如何推动上述大型国有企业、科研院所、大学与省内其他地区、其他企业之间的技术转移、科研成果转化，需要进行区域内的通盘考虑及规划。

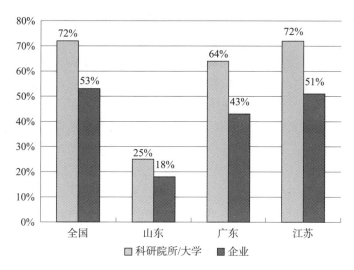

图 3 – 23 有效/公开专利中发明占比

以图 3 – 24 为例，对省内申请量排名前 30 的申请人所拥有的发明申请占有效或公开未决的比例，以及有效发明占有效申请的比例进行分析，可见有效/公开专利中发明

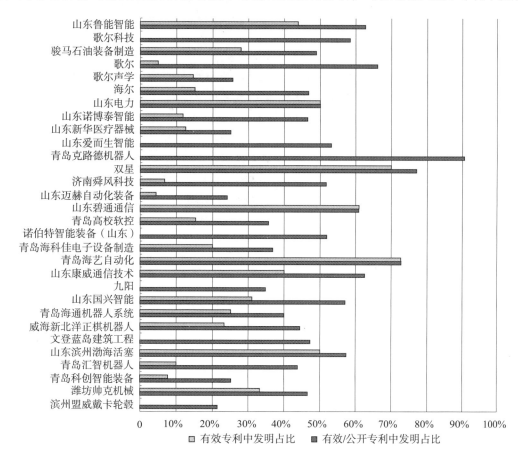

图 3 – 24 省内企业申请量前 30 位企业发明占比

占比超过50%的共有鲁能智能、歌尔科技、歌尔、爱而生智能、克路德机器人、双星、舜风科技、碧通通信、诺伯特智能装备、海艺自动化、康威通信、国兴智能、渤海活塞等企业，而上述企业中有效专利中发明占比为0～20%的有歌尔科技、歌尔、爱而生智能、克路德机器人、舜风科技、诺伯特智能装备等企业，说明这些企业有大比例的发明专利申请处于公开未决状态，同时也说明这些企业在进入机器人行业较晚，在机器人方面的专利布局刚刚开始，特别是歌尔科技、爱而生智能、克路德机器人、诺伯特智能装备所有的发明都在公开未决状态，这些企业正处于研发火热期，期待后期会有更多专利技术产出。

上述30家企业中，山东电力、山东碧通通信以及青岛海艺自动化所持有的专利中发明占有效专利的比例和发明占有效或公开未决专利的比例各自相同，说明这3家企业在近期没有新的发明专利申请提交，企业可能处于技术储备期，或者面临产品调整、升级换代，正在进行新产品研发初期的相关准备工作。

对省内大学或科研院所申请量排名前10位的申请人进行类似分析如图3-25所示，可得到类似结论，其中山东大学、石油大学、山东交通学院、山东建筑大学、山东理工大学、山东农业大学、中国海洋大学发明占有效或公开未决专利的比例均超过60%，山东交通学院、山东建筑大学、山东理工大学超过80%。山东理工大学上述两项比例均达到100%，说明该学校有效以及公开未决的专利全部为发明专利。

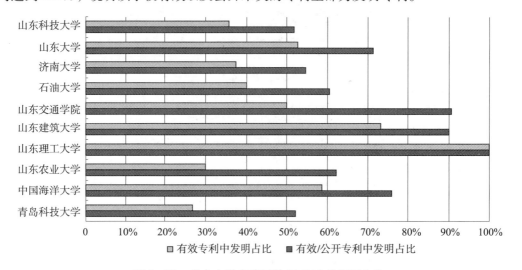

图3-25 省内大学申请量前10位企业发明占比

另外，山东大学、山东建筑大学、中国海洋大学发明占有效专利的比例也相对较高。

根据上述省内企业和院校的排名，分别选择总申请量、发明占有效或公开未决专利的比例、发明占有效专利的比例均相对靠前的山东大学，以及与此同时市场表现较好的山东鲁能智能技术有限公司进行简要分析。

（1）山东大学

以"机器人""机械手""机械臂"等关键词为入口进行检索，对检得数据进行清理后得到 243 件山东大学机器人相关申请，如图 3 - 26 所示，其申请跨度从 2005 年到 2017 年。迄今为止，申请最高峰出现在 2016 年，当年共提交 94 件申请。

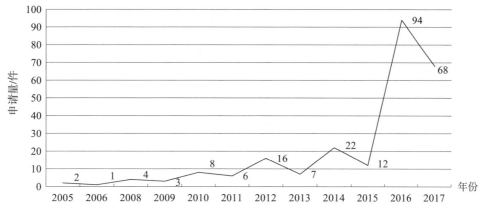

图 3 - 26　山东大学申请趋势

如图 3 - 27 所示，从所有申请的法律状态来看，已经过审查确认无效的占 13%，撤回的占 1%，有效的专利占 44%，其中发明 55 件，实用新型 52 件，102 件发明公开未决占 42%，有效及公开未决的专利占总申请量的共 86%，结合图 3 - 26 与图 3 - 27，可见山东大学近两年加大了对机器人的研究力度。

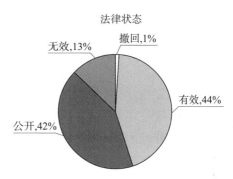

图 3 - 27　山东大学申请状态

与企业联合申请的情况如图 3 - 28 所示，除本系统的齐鲁医院、山东大学威海分校外，山东大学共与 9 家企业或学校提交了联合申请，其中山东天勤、海信、烟台工贸技术学院各 2 件，其他 6 家企业各 1 件。

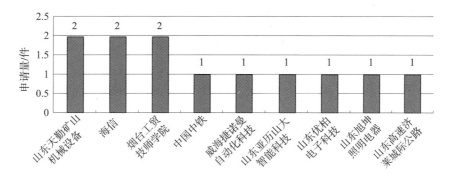

图 3 - 28　山东大学与企业联合申请状况

上述申请中，除与中铁工程装备集团有限公司联合申请的 1 件发明以及威海捷诺曼自动化科技有限公司、山东优柏电子科技有限公司的各 1 件实用新型外，其他的都是处于公开未决状态的发明专利申请。

山东大学主要发明人如图 3-29 所示。

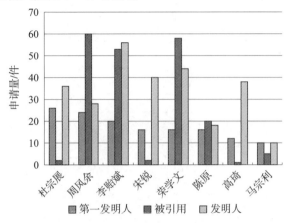

图 3-29　山东大学主要发明人排名

从申请领域来看，对山东大学申请量超过 5 件的小类进行统计并聚类分析，如图 3-30 所示，机械手相关申请仍然是山东大学的申请重点，达到 51 件申请，占总申请量的 20% 多，运动控制也是山东大学机器人相关申请的优势领域，在全省控制相关申请量相较全国而言不高的情况下，是下一步可充分发挥其优势的领域。移动平台和电缆相关的申请也具有一定的优势，可进一步加强投入，争取获得更好更快的发展。医疗康复类机器人主要是山东大学齐鲁医院提交的申请，机器人或机械手在建筑方面的应用申请共有 5 件；作为机器人关键部件之一的伺服电机的申请全部于 2016 年提交，并在 2017 年公开，其中 1 件实用新型专利已获得授权，其余 5 件发明专利申请进入实质审查阶段，这 6 件全部是关于"两自由度混合式步进电机"申请，发明人为徐衍亮、鲁炳林、马昕三人。

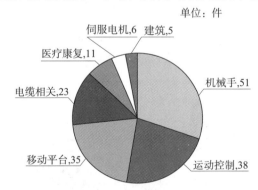

图 3-30　山东大学主要申请方向

在体现大学、科研院所的专利权属变更方面，山东大学共有 5 件专利发生了专利权属的变更或者进行了许可，其中 1 件为 2015 年 1 月 21 日获得授权，并于 2015 年 8 月 12 日由山东大学转移到山东大学威海分校的发明专利，发明名称为"移动机器人路径规划 Q 学习初始化方法"，该专利目前已失效，另有 1 件于 2009 年 9 月 11 日以独占许可方式由山东大学许可给山东瑞科电气有限公司的发明专利，发明名称为"沿 110kV

输电线自主行走的机器人及其工作方法"，该专利目前也已失效；另外3件处于有效状态的发明专利，都于2015年6月29日以独占许可方式由山东大学许可给苏州美好明天智能机器人技术有限公司，发明名称分别为"用于室内移动机器人的快速精确定位系统及其工作方法""大范围环境下基于模糊拓扑地图的全局路径规划方法"和"病房巡视服务机器人系统及其目标搜寻方法"，经查询，该公司法定代表人即上述发明第一发明人为周风余。

从山东大学的机器人相关专利申请可以看出，山东大学具有较强的研发基础，技术研发团队成熟、人员集中，申请领域也比较集中，在机器人运动控制方面具有优势。

（2）山东鲁能智能技术有限公司

以山东鲁能智能技术有限公司的主打产品——"巡检机器人""巡线机器人"等关键词为入口进行检索，并在全国范围内进行排名，其中申请量在10件以上的共有23个申请人，如图3-31所示，包括9家大学或科研院所申请人，5家电力系统申请人，其余9家为企业申请人。山东鲁能智能技术有限公司以171件相关申请的数量排在所有申请人第2位，仅次于国家电网，优势明显。

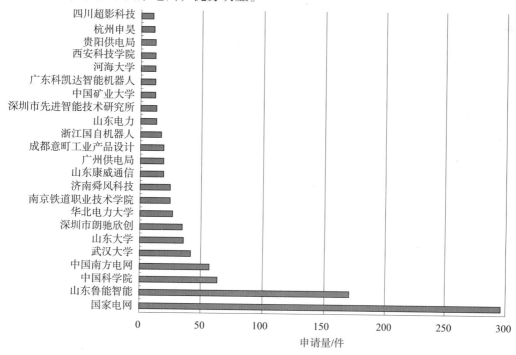

图3-31 巡线机器人全国申请排名

上述申请人中还包括山东大学、济南舜风科技、山东康威通信、山东电力等4家同样位于山东省内的申请人。

如图3-32所示，在申请跨度上，国内巡线机器人相关申请从2003年开始，从2010年开始有幅度较大的增长，并在2017年达到了申请量的阶段高峰。而山东鲁能智能技术有限公司在该领域的首次申请于2004年提出，包括名为"电站设备智能自主巡检机器人"、第一发明人鲁守银的发明专利申请和名为"变配电设备巡检机器人"、第一发明人郑健健的实用新型专利申请，上述发明至今有效，而实用新型已于2014年失效。

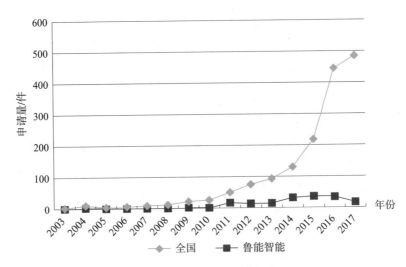

图 3 - 32　鲁能智能与全国申请趋势对比

随后几年，鲁能智能未有相关专利申请提出，直到 2009 年提交了第一发明人为曹涛、名称同为"变电站智能巡检机器人"的各一件发明和实用新型专利申请。与全国趋势略有不同的是，全国申请在 2010 年以后呈飞跃式增长的态势，说明在 2010 年以后，对电力巡检机器人的研究增多，这一领域成为热点。而山东鲁能智能技术有限公司的申请增长较为平缓，直到近 3 年才有了较为明显的增长。

值得注意的是，全国排名前 50 位的发明人中，如表 3 - 5 所示，山东鲁能智能的发明人共有 22 位入列，即便考虑到姓名重复的影响，这一数据仍然相当可观，说明鲁能智能的技术团队在全国范围内也具有相当的优势。另外，发明人杜宗展提交的巡线机器人发明共 62 件，列全国第 1，而该发明人在山东大学也以提交申请量最多而排名第 1，作为同在山东省内的重要发明人，可考虑整合校企研发力量，以促进企业在该领域的进一步研究。

表 3 - 5　巡线机器人全国发明人排名　　　　　　　　　　　　　　　单位：件

发明人	数量	发明人	数量	发明人	数量	发明人	数量
杜宗展	62	付崇光	28	刘永成	22	李超英	20
王洪光	51	孙昊	28	周昌松	22	丁伟	19
吴功平	42	张斌	28	张明瀚	22	张峰	19
凌烈	35	曹雷	27	房立金	22	李运厂	19
王海鹏	35	李丽	27	杨飏	22	杨智勇	19
高琦	35	赵金龙	27	王海军	22	杨震威	19
郭锐	33	隋吉超	27	童岩峰	22	任杰	18
李建祥	31	蒋克强	26	顾娜	22	杨墨	18
王明瑞	31	宋士平	25	孟杰	21	许春山	18
肖鹏	31	马伶	25	冯洪高	20	鲜开义	18
韩磊	31	宋奇吼	24	姜勇	20	孙志周	17
慕世友	30	张永生	23	孙鹏	20	彭向阳	17
傅孟潮	29	栾贻青	23				

在申请的技术方向上，提取申请量前 8 位的申请人相关申请进行分析如图 3－33 所示，关于巡线机器人总体结构、控制以及相关配件是各申请人的布局重点，国家电网、鲁能智能、中国科学院在总体结构的申请上具有显著优势；鲁能智能、山东大学、南方电网、武汉大学在控制方面的布局比重较大；配件方面国家电网基本占据前 8 位申请人总量的半壁江山；在利用图像、声音等获取、传递信息以及下达指令的"信息获取"方面，中国科学院、山东大学、深圳朗驰欣创和华北电力大学没有申请布局；在给巡线机器人供电方向上，国家电网、武汉大学、鲁能智能分别位列前 3。

单位：件

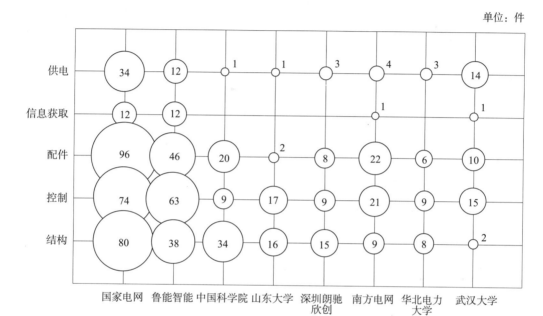

图 3－33 巡线机器人前 8 位申请人研发方向

由此可见，利用图像、声音等进行信息获取、交互等方面的研究目前仍然处在发展期，暂时属于布局空白点，在大数据、人工智能飞速发展的今天，可考虑在这一领域加强研发力度，以提前布局，获得技术和市场上的主动权。

3.4 山东省机器人产业总结

1. 区域产业布局待完善，产业市场存在拓宽空间

图 3－34 为省内各地市 2010～2017 年的申请趋势，目前全省大部分企业都只涉及机器人产业链下游的系统集成应用，如焊接机器人、喷涂机器人、自动化产线等，在产业链上游核心零部件，如伺服电机及控制器的制造与开发、中游机器人本体的制造与组装环节的产业布局相对薄弱。加大上述产业链中上游环节的布局力度，完善产业布局，逐步实现国产核心零部件的自主研发与制造，借助于本区域巨大的市场需求而推动机器人产业的快速发展，进一步拓宽市场空间具有重要意义。

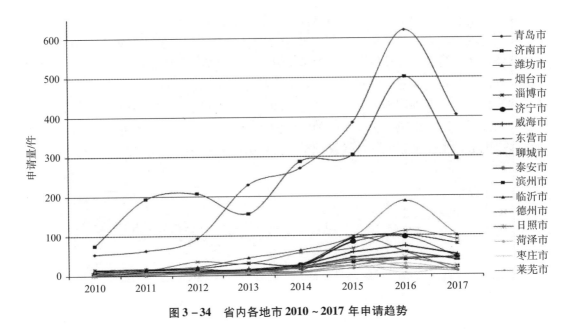

图 3-34　省内各地市 2010~2017 年申请趋势

如图 3-35 所示，省内各市中，济南、青岛研发机构和大型企业较多，所拥有的研发资源较多；潍坊市企业申请人排名相对靠前，特别是潍坊的歌尔、迈赫、帅克等企业在业内已具有知名度，建立了一定的竞争优势；烟台、淄博、济宁、威海为制造业大市，基础扎实，市场应用前景广阔；其余地市发展较为平均，差别较小，但面临全国全省大力推行产业升级、新旧动能转换的历史机遇，立足于传统产业较强的优势，具备较强的市场势能。

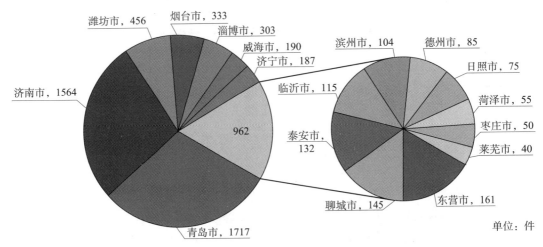

单位：件

图 3-35　省内各地市有效/公开专利分布

在培育本地创新主体的同时，可引进国际国内优势企业，以补全产业链，带动产业周边发展。例如，长三角地区与珠三角地区的机器人核心零部件国产化率在国内处于领先水平，集聚了一批国内知名核心零部件及本体制造企业，例如上海新时达、安徽埃夫特、南京埃斯顿、深圳富士康、珠海格力、广州数控等；京津冀地区拥有国内首屈一指的研发创新资源，人才环境在全国处于领先位置，聚集了包括清华大学、北京航空航天大学等在内的20多家工业机器人领域重点高校及科研院所。上海新时达、南京埃斯顿部分型号机器人开始使用自行研制的控制器和伺服系统；对于机器人本体的制造与组装方面，国内工业机器人企业在核心技术研发上不断突破，产品竞争力得到大幅度提高，目前已形成了一批国产工业机器人本体企业，比如上海新时达、深圳众为兴、广东凯宝等。可以通过与上述地区及企业单位的对接合作，引进相关技术资源，挖掘和培养专业人才，逐步在本地形成包含研发、制造及应用环节的成熟产业链。

2. 本地优势技术可突出，形成行业领军企业有望

山东省国有企业、大学/科研院所持有的有效/公开专利持有量在全国范围内具有一定的领先地位，如图3-36所示，以山东鲁能智能技术有限公司为代表的巡线机器人制造企业在行业内也已具备一定优势，可考虑建立机器人制造、开发、组装以及系统集成应用的完整技术平台支撑体系，整合校企研发力量，打造集技术研发、零部件功能验证、整机测试等功能于一体的产业创新平台，以发挥现有优势，布局产业发展不足领域，促进企业和大学/科研院所的优势落地，推动技术成果的产业化，形成技术强、上规模的领军企业。

单位：件

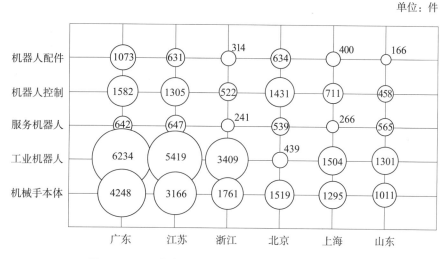

图3-36 国内专利持有量前6位省份主要研发领域

如图3-37所示，山东省可以电力巡线机器人为主打，并利用海尔、海信等大型家电企业的优势，逐步扩大在包括医疗康复、清洁、家庭陪护等服务机器人领域的优势，另外借助于浪潮等大型信息化企业的技术优势，补足利用图像、声音等进行信息获取、交互等方面的研究空档，加大移动平台、人机交互模组、夹持紧固、专用工具等配件的研发投入力度，进一步抢占市场先机，获得技术和市场上的主动权。

单位：件

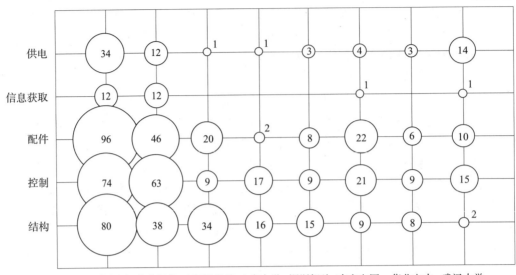

图 3-37 巡线机器人国内主要研发方向

3. 技术创新推广有持续提升基础，知识产权运用能力可进一步提高

山东省的机器人相关专利申请情况与全国和其他地区相比都有相应提升空间，创新主体申请量较少，且权利较为稳定的发明专利申请较少。以省内科研院所/大学、企业和个人三类申请人的申请类型占比为例，如表 3-6、图 3-38 所示，科研院所/大学有效专利中发明占比达到 41.4%，远超企业和个人申请人的有效专利中发明专利所占比例，以山东大学为代表的省内高校和科研单位虽然有技术专利产出，但是大多数没有进行成果转化转移，没有把技术转化为产品，市场参与意识亟待提升。

表 3-6 山东省三类申请人申请量—申请类型—占比 单位：件

	科研院所/大学	企业	个人
有效	858	2469	580
公开	570	1036	456
无效	517	812	816
有效占总申请量比例	44.1%	57.2%	31.3%
发明	355	618	171
实用	503	1851	409
发明占有效比例	41.4%	25.0%	29.5%

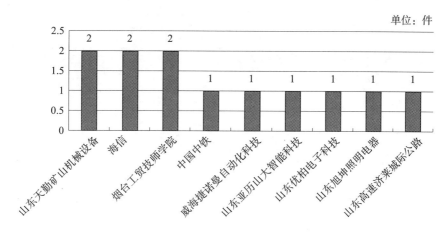

单位：件

图 3-38　山东大学与企业联合申请状况

　　未来山东省在加强对行业龙头企业的专利引导工作的同时，对其他企业的专利培育引导工作也要持续加强，可以通过宣传和鼓励全社会增强专利保护与布局意识，有条件的实体建立专业的知识产权团队，积极探索专利挖掘与分析的有效途径，对重点专利进行评估，形成符合实际情况的知识产权战略体系，应对未来可能出现的知识产权纠纷；完善创新机制，通过建立创新考核指标与考核制度，提升创新主体知识产权质量，引导对知识产权的策略性运用，逐步建立、提高知识产权运营能力。

第4章　高档数控机床产业专利导航

4.1　高档数控机床产业发展概述

对于制造业而言，机床被誉为"工业之母"，一个国家的机床行业技术水平和产品质量，是衡量其装备制造业发展水平的重要标志。在机床中，数控机床是一种装有程序控制系统的自动化机床，其又分为高、中、低档数控机床，而其中高档数控机床是指具有高速、精密、智能、复合、多轴联动、网络通信等功能的数控机床，是数控机床中的高端产品。现代装备中的许多关键部件的材料、结构、加工工艺都有一定的特殊性和加工难度，必须采用多轴联动、高速、高精度的高档数控机床才能满足加工要求。

从全球范围来看，高档数控机床主要由美国、日本、德国等高端制造业发达的国家生产，这也是直接反映美、日、德装备制造业发展水平的一个重要标志。

针对国内数控机床相对落后的情况，国家制定了多个科技攻关计划，并于 2009 年对"高档数控机床与基础制造装备"国家重大课题专项（即 04 专项）[6]进行立项。该专项支持了国内的数控机床骨干企业立足自主创新，研发出具有自主知识产权的高档数控机床，其中，部分国产高档数控机床在功能、性能和可靠性方面已基本达到国外同类水平。但是应该认识到，在高档数控机床领域中，国外企业仍然处于领先和主导的地位。

当前，中国制造业面临的挑战是高端制造业向发达国家回流，低端制造向低成本国家转移，同时伴随着互联观念以及相关技术的兴起和快速发展，其正在深刻地影响着制造业，中国制造业面临着产业转移的挑战以及新技术新科技产生的产业变革所带来的机遇。一方面，新一轮科技革命和产业变革正在孕育兴起，这将重塑全球经济结构和竞争格局。同时，新一轮科技革命和产业变革与我国加快建设制造强国形成历史性交汇，为实施创新驱动发展战略提供了难得的重大机遇。实现我国由"制造业大国"向"制造业强国"的转变，就需要以智能制造、绿色制造等在生产方式和理念上突破创新，实现制造业产业升级。中国目前仍处于"工业 2.0"的后期阶段，"工业 2.0"要补课，"工业 3.0"要普及，"工业 4.0"有条件尽可能做一些示范。为实施中国由"制造业大国"向"制造业强国"的转变，有必要借鉴德国工业 4.0 战略的基本思路和实施机制，借助于正在迅速发展的新产业革命的技术成果，加快推进制造业生产制造方式、产业组织和商业模式等方面的创新，加快促进制造业的全面转型升级。我国处于追求持续性发展、实现转型升级的阶段，制造业的国际竞争力依然是支撑我国就业和增长的核心[7]。

近几年，西方发达国家嗅到了制造业变革的气息，分别提出国家规划用以支持制造业的发展，譬如，美国于 2012 年推出"美国先进制造业国家战略计划"，2013 年又推出"美国制造业创新网络计划"，而德国 2013 年颁布了"德国工业 4.0"倡议实施建议，同年法国颁布了"新工业法国"战略，而日本则于 2014 年推出了"日本制造业白皮书"，英国则在 2015 年提出"英国工业 2050"战略。中国则于 2015 年 5 月正式印发了《中国制造 2025》，其中将数控机床列为"加快突破的战略必争领域"。

山东省拥有一批国内知名的机床企业以及具有较强研发实力的科研院所，本省所生产的数控机床产品在全国占有一定市场。针对山东省内数控机床的产业现状，山东省政府在 2017 年 3 月公布的《山东省"十三五"战略性新兴产业发展规划》中提出了"顺应装备制造业智能化、绿色化、服务化、国际化发展趋势，着力提升高端装备业创新能力和国际竞争力，建成全国重要的高端装备制造基地"的规划和目标，其中着重提出了"提升高端数控机床比重"的发展规划。2018 年，山东省提出的"山东省新旧动能转换重大工程实施规划"，也提出了"推进高档数控机床、智能加工中心研发与产业化"的目标。

4.2　山东省高档数控机床专利状况

山东省作为传统的制造业大省、重工业大省，拥有一批国内知名的数控机床制造企业，例如，济南一机床、济南二机床、威海华东数控、山东法因数控、山东永华机械、山东鲁南机床等，其产品在国内的数控机床领域中占有重要地位，并远销国外。但是，本省所生产的大部分属于中低档数控机床，高档数控机床产品在功能、性能和可靠性等方面与国际领先水平的产品仍有差距。因而，通过梳理、分析山东省内关于高档数控机床的专利申请情况，分析其专利申请趋势、专利申请热点、各专利申请人的申请重点等内容，理清山东省内重点申请人的基本情况，以对完成山东省新旧动能转换重大工程实施规划中对于高档数控机床的规划，推进高档数控机床和智能加工中心的研发和产业化提供参考。

4.2.1　山东省高档数控机床相关企业介绍

1. 济南一机床集团有限公司

公司始建于 1944 年，是国家"一五"期间在机床行业建立的"十八罗汉"之一。公司主导产品为轮毂机床、刹车盘机床、中高档数控车床/车削中心、立/卧式加工中心、数控镗铣床、复合数控机床、自动化产品、高速数控锯床、高速数控立式车削中心、普通车床等，共二十多个系列、一百五十多个品种规格。产品用户遍布全球五大洲，覆盖航天航空、交通工具、工程设备、家用电器、环保设备等行业。

其全部的专利申请量为 124 件，其中发明专利申请 21 件，实用新型专利申请 101 件，外观专利申请 2 件。专利申请中涉及最多的是机床零部件和车镗床相关。

2. 济南二机床集团有限公司

济南二机床始建于 1937 年，是国内机床行业重点骨干企业、国家高新技术企业，也是国家"一五"期间在机床行业建立的"十八罗汉"之一。1953 年和 1955 年分别研制出中国第一台龙门刨床、第一台机械压力机，是中国"龙门刨的故乡""机械压力机的摇篮"；20 世纪 60 年代研制出世界最大的龙门刨床；70 年代研制出具有世界先进水平的汽缸体平面拉床；80 年代为中国汽车工业从卡车向轿车时代跨越发展做出了突出贡献，被誉为"中国汽车工业的装备部"。企业是国内规模最大的锻压设备和大重型金属切削机床制造基地，主要生产锻压设备、数控金切机床、自动化设备、铸造机械、数控切割设备等，广泛服务于汽车、航空航天、轨道交通、能源、船舶、冶金、模具、工程机械等行业，并远销世界 60 多个国家和地区。

其全部的专利申请量为 322 件，其中发明专利申请为 128 件，实用新型专利申请为 194 件。专利申请中最多的是涉及压力机相关技术，其后才是机床零部件。

3. 威海华东数控股份有限公司

威海华东数控股份有限公司成立于 2002 年 3 月，其成立初期主要是承接威海机床厂有限公司的普通机床生产制造业务，经威海市政府积极协调，引进财务投资者山东省高新技术创业投资有限公司后，开始向研发、生产制造大型数控机床及关键功能部件转型。该公司主导产品有数控龙门导轨磨床系列产品、数控龙门铣镗床系列产品（包含定梁定柱、定梁动柱、动梁定柱、动梁动柱）、数控落地镗铣床系列产品、数控立式车床、数控立卧加工中心、万能摇臂铣床、平面磨床以及关键功能部件等系列产品。

其全部的专利申请量为 265 件，其中发明专利申请为 127 件，实用新型专利申请为 138 件。专利申请中最多的是涉及机床零部件，而其中机床零部件的控制方面则有较多的申请。

4. 山东永华机械有限公司

永华机械创立于 2007 年，总部位于兖州，是山东省高端装备制造业重点企业之一、高精密数控机床研发生产基地、国家高新技术企业。公司一直致力于高档数控机床的研发制造，以高速立式加工中心、高精密铣镗床、大型龙门加工中心、重型动定梁龙门移动式镗铣床、五轴联动加工中心为核心产品，多年来为国内外航空、汽车、船舶、风电、电子、模具等行业客户提供大量的高效加工解决方案，产品精度、稳定性皆处于行业领先地位。

其全部的专利申请量为 128 件，其中发明专利申请为 11 件，实用新型专利申请为 104 件，外观专利申请为 13 件。专利申请中最多的是涉及机床零部件。

5. 山东鲁南机床有限公司

山东鲁南机床有限公司的前身是鲁南机床厂，1952 年成立，现为山东省滕州市国有企业，公司现占地 400 亩，拥有资产五亿余元。公司下设国内销售公司、进出口公司、配件公司和机床生产厂，独资枣庄龙头科技电器有限公司，控股山东鲁南同锐数控设备有限公司，参股山东省华源数控设备有限公司。公司主导产品以车削中心及数控车床和立、卧、龙门式加工中心两大系列以及各类专用机床和高档功能部件为主的 22 个品种系列，产品数控化率达 90%，已进入军工、航天等高端市场，出口到 70 多个国家和地区。

其全部的专利申请量为 109 件，其中发明专利申请为 43 件，实用新型专利申请为 54 件，外观专利申请为 12 件。专利申请中较多涉及机床零部件，以及车镗机床相关技术。

6. 山东法因数控股份有限公司

山东法因数控机械股份有限公司（山东法因智能设备有限公司），总部位于济南高新区，是国家认定的高新技术企业，主要从事光机电一体化数控成套加工设备的开发、制造和销售。公司主营产品为钢结构系列数控成套加工设备，主要用于型钢、板材、线材的数控加工。现有主导产品具体分为五大类，高档落地镗铣加工中心、铁塔数控加工设备、建筑钢结构数控加工设备、大型板材数控加工设备以及汽车数控加工设备。

其全部的专利申请量为 177 件，其中发明专利申请为 33 件，实用新型专利申请为 144 件。专利申请中最多的是涉及机床零部件，以及车镗机床相关技术。

4.2.2　山东省高档数控机床历年专利申请趋势

从图 4-1 中可以看出，山东省内专利申请量的变化趋势与全国范围内的专利申请趋势基本一致。山东省内专利申请量变化趋势主要经历了三个阶段：

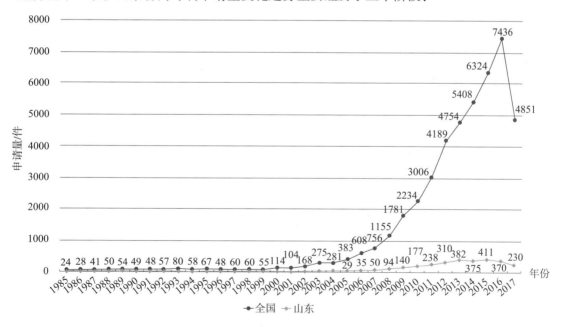

图 4-1　山东专利申请趋势

第一阶段（1987~2002 年）为萌芽期，山东于 1987 年才出现相关的专利申请，之后的专利申请一致保持在个位数的申请，这种状态一直持续至 2002 年。

第二阶段（2002~2007 年）为平稳发展期，此阶段随着国内经济的发展，汽车、航空航天等工业的发展，各种各样的数控加工机床如雨后春笋般被不断研发，每年的专利申请呈现逐步缓慢增长，主要是低端机床的研制，因国内的高精度、高效率、高质量的高档数控机床技术较国外高档数控机床技术落后 10～15 年，高档数控机床设备的研发主要依赖于引进与复制外国技术，造成专利申请的增长趋势缓慢。

第三阶段（2007 年至今）为快速增长期，2008 年以来，伴随国家对于数控机床产业的扶持以及国内制造业的大幅增长对于数控机床的急迫需求，高精度、高效率、高质量的高档数控机床的需求量也在逐年增大，此时机床发展进入大幅增长的阶段，同时国内对知识产权运用、保护意识逐步增强，相应的高档数控机床的专利申请也呈现出飞速递增的趋势。

从图 4-2 中看出，山东专利申请中机床零部件的申请量最大，其次是数控车床/数控镗床，在加工中心、数控冲床、数控磨床方面也有较多的专利申请。从技术的分布来说，山东的专利申请情况与全国的相同，绝大多数都是针对数控机床的机械结构部件，而在控制方面则较少。在特殊加工机床方面，数控激光加工和数控电极加工上，山东的申请量较少。

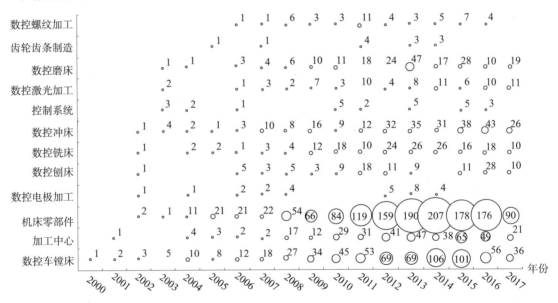

图 4-2　山东省技术热点历年申请趋势

4.2.3　山东省各地市的专利申请情况及技术热点分布

图 4-3 为山东省 17 个地市关于高档数控机床的专利申请量分布情况。从图中可以看出，济南市的专利申请量位于第 1，且处于遥遥领先的位置，位于第 2 位的是青岛市，紧随其后的分别是潍坊、烟台、枣庄、威海、济宁，这 5 市处于同一梯队。

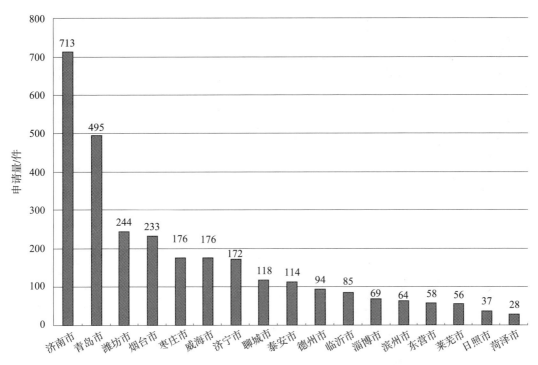

图 4-3　山东省各地市高档数控机床专利申请量分布

　　由该排名可知，济南和青岛的专利申请量领先较多，是因为济南和青岛都有一批的数控机床企业和院所，形成了集群和产业化的优势。济南市拥有济南二机床、济南一机床、法因数控、星辉数控等企业以及山东大学、济南大学等高等院校，其技术实力在山东省内居于首位。青岛则聚集了一批中小型数控机床企业，例如，青岛鸿森重工、青岛泰威机床、青岛东和科技等，还有山东科技大学、青岛理工大学以及中国石油大学（华东）等高等院校。

　　后续位于同一梯队的潍坊、烟台、枣庄、威海、济宁，在这些地市中基本都存在有部分知名的、主要的机床企业，比如潍坊的山东鲁重数控机床、枣庄的山东鲁南机床、威海的威海华东数控、济宁的山东永华机械等，这些企业在当地作为领头羊的角色，其在技术实力和专利申请量方面都具有极大优势，带动了一批进行机床相关配件和辅助设施生产的周边企业。

　　如图 4-4 所示，各地市的专利申请量中，涉及最多的是机床零部件，而济南在数控机床的大部分技术方向上都领先于其他地市。值得注意的是威海在数控磨床方面的专利申请在全省的排名中位于第一，这是因为威海拥有一家专业磨床制造企业——乳山市宏远机床制造有限公司。而在控制系统和算法方面，济南和威海则位于前列，但是申请数量相对不大。

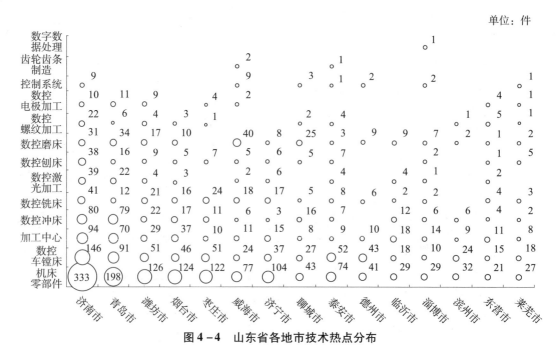

图4-4　山东省各地市技术热点分布

在机床零部件方面更细的分类上，济南市的专利申请在各技术方向上均高于其他地市。枣庄在驱动机构上申请量较大，具备有一定的技术优势，如图4-5所示。

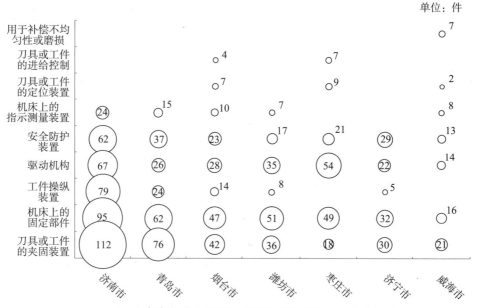

图4-5　山东省各地市关于具体机床零部件的技术热点分布

从历年申请量来看，如图4-6所示，机床上的固定部件、工件装卸装置、安全防护装置等辅助性的部件申请量最大。刀具或工件的夹固、驱动机构的申请量位居第2、3位，而机床零部件的控制系统或控制装置则申请量相对较少。山东省内的申请在机床零部件机械结构方面的申请量较大，但在零部件的控制方面申请量相对较少。

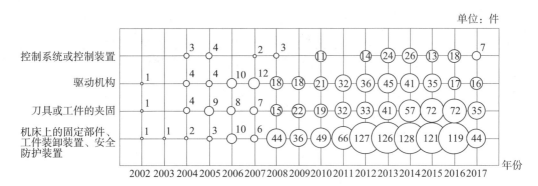

图 4 - 6　山东省关于具体机床零部件的技术热点历年申请趋势

4.2.4　山东省内主要申请人专利申请情况

通过对山东省内高档数控机床相关专利的检索，列出了各地市主要申请人的相关情况，如表 4 - 1 所示。

表 4 - 1　山东省各地市主要专利申请人细目　　　　　　　　单位：件

地市	申请人	申请量	主要产品
济南	山东大学	47	检测、控制装置和方法
	济南一机床	44	数控金切机床，加工中心
	法因数控	36	数控成套加工设备
	济南二机床	35	数控龙门金切机床，加工中心
	济南天辰铝机制造	33	数控铝型材加工设备
	济南铸锻所	30	数控转塔冲床
	星辉数控	27	非金属数控加工设备
青岛	山东科技大学	25	数控机床相关部件
	青岛鸿森重工	19	数控加工中心生产中所用的附件
	青岛理工大学	16	检测、控制装置和方法
	青岛泰威机床	12	立式数控钻床、立式数控钻铣床
潍坊	山东鲁重数控机床	25	数控铣镗床、钻铣床
	山东宏泰机械	16	数控镗刨铣磨机床
烟台	烟台泰普森数控机床	10	轴承套圈自动车床，双端面磨床
	龙口市蓝牙数控装备	10	数控车铣机床
枣庄	山东鲁南机床	45	加工中心，数控车床、铣床、车铣中心，数控电火花微孔加工机床
	山东威达重工	20	数控铣床，加工中心
	山东普鲁特机床	22	数控车床，加工中心
威海	威海华东数控	62	数控铣镗床，数控磨床，加工中心
	乳山市宏远机床制造	21	数控双端面磨床

续表

地市	申请人	申请量	主要产品
济宁	山东永华机械	59	数控铣镗床，加工中心
	山东济宁特力机床	13	数控车铣镗床
聊城	山东正昊机械设备制造	7	功能部件
	临清市顺佳机械设备	6	功能部件
泰安	山东宏康机械制造	25	加工中心，数控车床、数控车铣床
	李仕清	22	数控机床的轴头的降温系统
德州	德州德隆	27	数控深孔加工机床
滨州	山东新安凯科控	18	数控车铣复合机床

其中，申请量排名靠前的前10位如图4-7所示，从图中可以看出山东省内主要申请人的专利申请量来说，整体差距不大，数量上相对平均。排名前10位的申请人中，有9家机床企业以及一家高等院校——山东大学，这表明山东的机床企业是高档数控机床的主要研发主体和技术产出主体，但是专利申请的数量相比国内领先企业差距仍然较大，相关企业应注意研发技术的保护和管理，应当避免由于专利布局和保护的不当对企业利益造成损害。

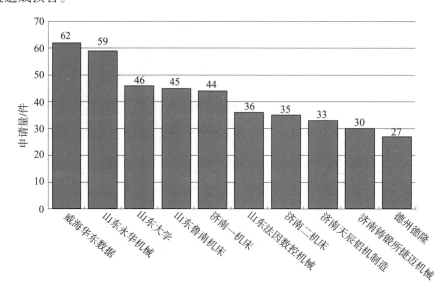

图4-7　山东省内主要申请人专利申请量情况

4.2.5　山东省内主要申请人专利申请技术热点

如图4-8所示，山东的主要申请人在专利申请方面主要针对的是机床零部件，在各类数控机床的机械结构方面也有较多的申请；但是在控制系统和控制算法方面十分欠缺，作为国内知名数控系统提供商的威海华东数控也仅有少量的专利申请。

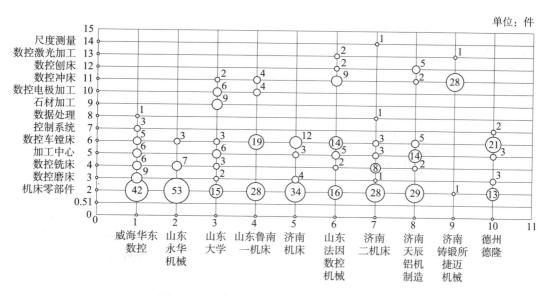

图 4 - 8　山东省内主要申请人技术热点分布

在数控车/镗床方面，德州德隆、山东鲁南机床、山东法因数控、济南一机床的专利申请量较多，具备相当强的技术实力。而在加工中心方面，济南天辰铝机的专利申请量位于第 1。在数控冲床方面，济南铸锻所的专利申请量相对其他申请人优势巨大，且该申请人在其他方面申请量极少，说明济南铸锻所是专注于数控冲床这一单一类型机床形式的申请人。

4.2.6　山东省内主要发明人情况

图 4 - 9 为主要发明人的申请量排名，排名最高的发明人是陈舟，其是山东永华机械的总经理，而江诚、魏晓庆同样是山东永华机械的员工，两人同为山东永华机械的主要研发人员。康凤明是山东宏康机械的法人代表，李亮则是山东宏康机械的重要研发人员。

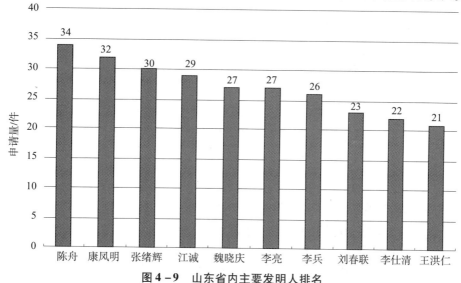

图 4 - 9　山东省内主要发明人排名

4.3 国内高档数控机床专利状况

4.3.1 专利申请趋势

目前，我国骨干企业已经出资控股数十家海外知名的机床研发、制造企业，例如，北京第一机床厂全资收购德国科堡、沈阳机床收购德国希斯、秦川机床并购联合美国工业（UAI）等，还成立了数十个国家级企业技术中心，为我国数控机床产业实现系统化技术崛起奠定了坚实的产业基础。为了实现国家"振兴装备制造业"的伟大目标，进一步推进数控机床产业的发展，我国发布了《数控机床产业发展规划》，通过财政、税收、信贷等政策，大力支持数控机床产业的发展，提高数控机床的研发能力。

目前，我国数控机床企业正大力开展微米级数控机床精密化工程研究，高性能、高可靠性数控机床功能部件和软件系统研究，以及复合加工系统、可重构制造系统等先进装备的工程化研究。在不久的将来，我国数控机床行业将实现系统性的高新技术的飞速发展。

如图 4-10 所示，高档数控机床技术国内专利申请量总体呈逐年递增趋势，2005 年后，增长趋势显著。从技术发展的角度，结合专利申请量，将高档数控机床技术国内专利申请的情况分为以下几个阶段：

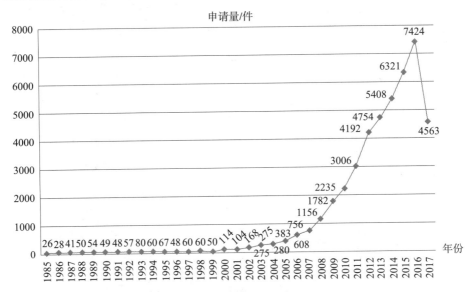

图 4-10 高档数控机床技术国内历年专利申请趋势

第一阶段（1985～2000 年）为萌芽期，相比较于外国，国内的高档数控机床发展起步较晚，于 20 世纪 80 年代初，才出现了少量的专利申请，这种状态一直持续至 2000 年，这反映国内对知识产权还并未引起广泛关注。

第二阶段（2000～2007 年）为平稳发展期，此阶段随着国内经济的发展，汽车、航空航天等工业的发展，各种各样的数控加工机床如雨后春笋般被不断研发，每年的专利申请呈现逐步增长，主要是低端机床的研制，因国内的高精度、高效率、高质量的高档数控机床技术较国外高档数控机床技术落后 10～15 年，高档数控机床设备的研发主要依赖于引进与复制外国技术，造成专利申请的增长趋势缓慢。

第三阶段（2007 年至今）为快速增长期，2008 年以来，随着政府发布的《数控机床产业发展规划》《"高档数控机床与基础制造装备"科技重大专项 2012 年度课题申报指南》等一系列政策的实施，并在经过前期机床基础技术的研发，同时随着中国快速发展相关制造业的急迫需求，高精度、高效率、高质量的高档数控机床的需求量也在逐年增大，此时机床发展进入飞速发展期，同时国内对知识产权保护意识有所加强，相应的高档数控机床的专利申请也呈现出逐年飞速递增的趋势。

4.3.2　各省市专利申请分析

1. 各省市专利申请量分布

如图 4-11 所示，国内高档数控机床的专利申请分为 3 个梯队，江苏、浙江和广东为第 1 梯队，其专利申请量远大于其他省份，这也与这 3 省的制造业发达以及经济活力相呼应。第 2 梯队包括山东、安徽、辽宁、上海，其中山东的专利申请量在第 2 梯队中领先，山东、辽宁为传统的机床产业大省，省内都有知名的机床企业和科研院所，具备较强的技术实力和技术储备；而安徽作为新兴的制造业大省，在专利申请数量上表现不俗，这也体现了安徽在数控机床领域技术实力上升很快。而众多省份则位于第 3 梯队，各省市之间专利申请量差别不大。

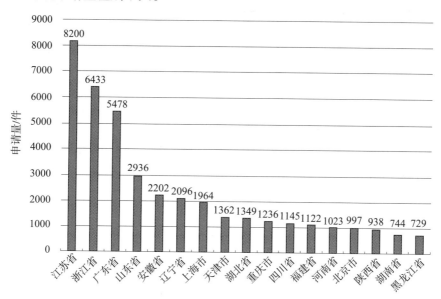

图 4-11　高档数控机床技术国内各省市专利申请量分布

2. 各省市专利申请法律状态情况

如表 4-2 所示，山东的专利申请数据都全面落后于全国的平均水平，尤其是与江苏、浙江、广东、上海这 4 个经济发达地区相比，浙江、广东、上海的各项数据均好于山东。从专利的有效比例来看，山东仅比江苏略高，但是同时应注意江苏的发明专利公开的比例为 16.07%，远大于山东的比例 11.22%，这说明江苏的专利申请中大量的发明专利申请处于待审状态，后续专利申请结案后有效专利的数据会上升。

表4-2   全国及各省专利申请法律状态情况

	公开	有效	无效
全国	16.04%	46.99%	36.97%
江苏	16.07%	42.66%	41.27%
浙江	12.84%	47.45%	39.71%
广东	18.91%	61.56%	19.53%
山东	11.22%	44.46%	44.32%
安徽	28.66%	33.24%	38.10%
辽宁	13.37%	38.87%	47.76%
上海	14.39%	51.07%	34.54%

4.3.3   国内高档数控机床的技术热点分析

图 4-12 为国内各省市的技术热点情况，江苏、浙江在其涉及方面的专利申请量都名列前茅。各省申请的热点大量集中在机床零部件以及数控车镗床、加工中心、数控磨床、数控冲床等数控机床的机械结构方面，但是在控制系统和算法方面相对很少；值得注意的是，广东省在程序控制系统方面的申请量比其他省份都高。在数控激光加工方面，江苏、广东、上海的申请量排名居前 3 位。而在数控电极加工方面，江苏则一家独大。

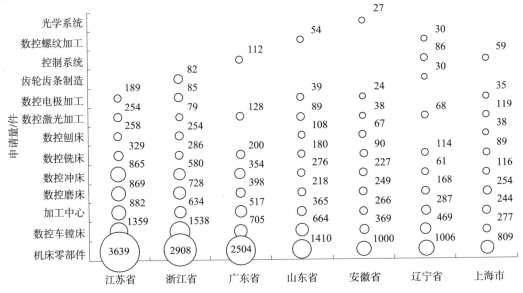

图 4-12   各省市的技术热点分布

图 4-13 为全国范围内各个技术热点的历年申请量情况。从 2007 年开始，专利申请量开始大幅增长，其中机床零部件、数控车镗机床、数控磨床、数控冲床、加工

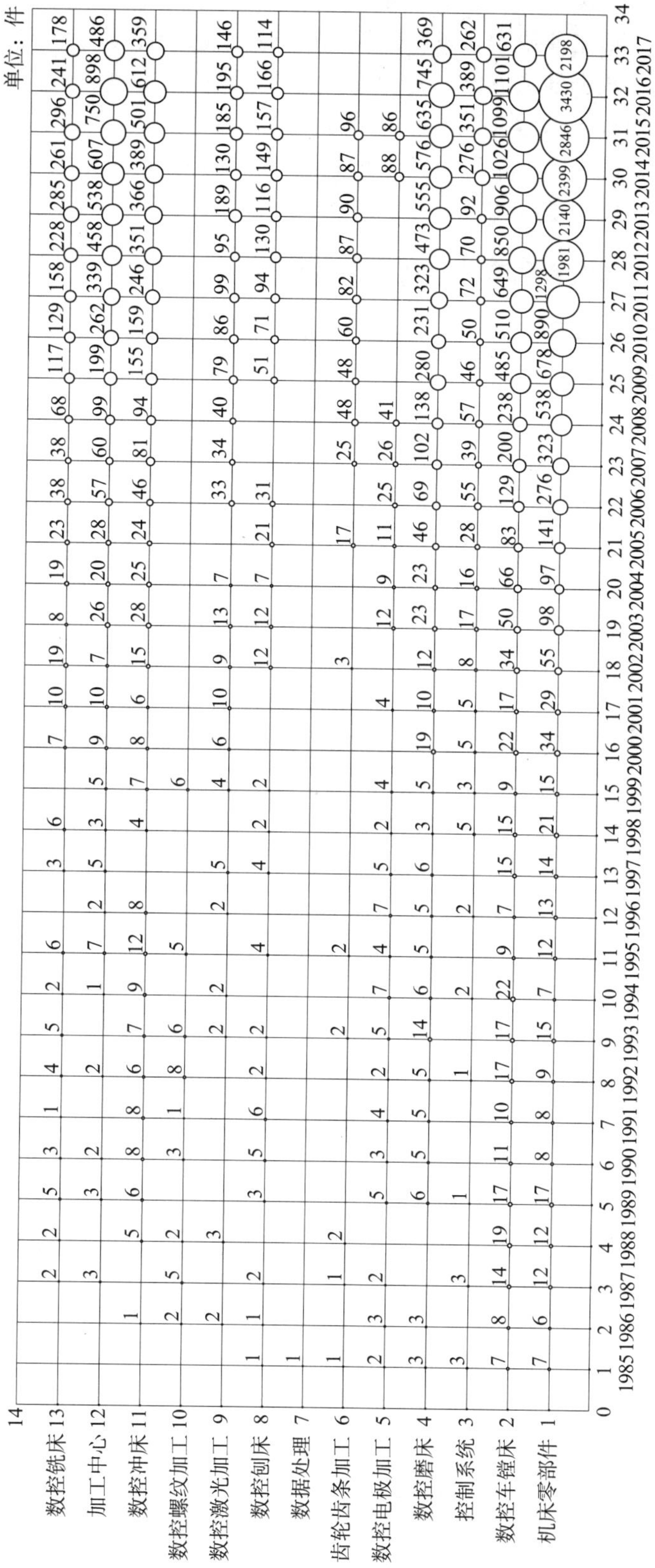

单位：件

图4-13 全国技术热点的历年专利申请量情况

下表为图4-13柱形气泡图中各技术热点历年专利申请量的数据（单位：件）。

年份	机床零部件1	数控车镗床2	控制系统3	数控磨床4	数控电极加工5	齿轮齿条加工6	数据处理7	数控刨床8	数控激光加工9	数控螺纹加工10	数控冲床11	加工中心12	数控铣床13
1985	6	7	3	3	3	1	1		2	2			2
1986	7	8	3	3	2	2		1	3	5	1		2
1987	7	17	3	5	3	3		5	2		5	3	5
1988	6	14	3	4	5	5		6			8	2	3
1989	14	19	3	3	4	7		8			3	8	1
1990	12	12	1	1	5	5		9	2		8	6	4
1991	17	17	7	5	6	6		7	3		6	3	5
1992	12	9	3	3	5	4		5	5		3	3	2
1993	6	8	3	4	5	7		2	4		1	8	6
1994	8	11	6	5	6	5	2	3	2		8	2	3
1995	17	10	5	1	3	3		4	5		6	6	1
1996	15	17	2	5	6	5	2	2	4		12	1	7
1997	8	11	3	6	5	5		2	2		9	7	9
1998	9	21	6	7	5	7	3	2			7	10	10
1999	7	15	3	5	8	4		9	12		15	7	19
2000	12	9	2	4	12	9		13	9		8	26	8
2001	15	22	5	10	23	11	17	7	10		6	20	19
2002	34	17	8	12	46	25		17	33		15	28	23
2003	29	34	5	25	69	26		31	34		24	57	38
2004	55	66	17	23	102	48		51	40		25	60	38
2005	97	50	16	46	138	60		71	79		94	99	68
2006	141	129	28	69	231	82		94	86		81	199	117
2007	276	200	55	102	280	87	88	116	95		155	262	129
2008	323	238	39	138	323	90	86	130	99	246	339	158
2009	538	485	57	280	473	96		149	130		351	458	228
2010	678	510	46	231	555	48		157	189		366	538	261
2011	890	649	72	323	576	60		166	185		389	607	285
2012	1298	850	70	555	635	82		114	195		501	750	296
2013	1981	906	92	473	745	90		130	146		612	898	241
2014	2140	1026	276	576	369	87					359	486	178
2015	2846	1099	351	635		96							
2016	3430	1101	389	745									
2017	2198	631	262	369									

中心、数控铣床的申请量较大；其中机床零部件的专利申请量增长最为突出。从图中能明显看出，专利的申请主要集中在各种数控机床的整机结构或零部件等这类机械结构方面，而在控制系统、数据处理方面，专利申请量相对则少了很多，这体现出国内申请人在控制方面的技术短板，这也是造成国内的高端数控机床性能不及国外产品的重要因素；不过在控制方面的专利申请则呈逐年增长趋势，表明国内申请人开始在该方面投入更多的研发，并有了相应地产出。

4.3.4 国内主要申请人专利申请及技术热点分析

如图 4-14 所示，沈阳机床集团的专利申请量远大于其他申请人。18 位申请人中，企业有 14 家，高等院校和科研院所有 4 家；而在企业的申请人中，老牌的数控机床厂商有 9 家，数量占到大多数，但是其专利申请量相比江苏、浙江、广东的申请人而言较少。

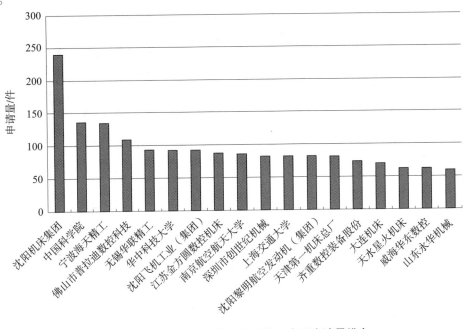

图 4-14 高档数控机床国内申请人专利申请量排名

而山东申请量最大的两个申请人山东永华机械和威海华东数控与国内其他主要申请人相比，申请量差距较大。

1. 国内主要企业申请人专利情况

图 4-15 为国内主要企业申请人的历年申请量变化趋势。各申请人的申请量均是从 2009 年开始大量增长。但是各个申请人专利申请波动很大，其技术产出不稳定。

从全国的主要企业申请人的技术分布来看，国内各主要申请人申请量最大的还是机床零部件方面。在数控冲床方面，江苏金方圆数控机床优势明显；在数控激光加工方面，江苏金方圆数控机床和无锡华联精工申请量较大，技术优势明显，如图 4-16 所示。

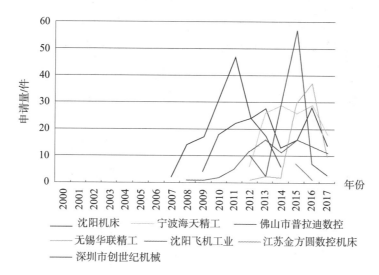

图 4 – 15　国内主要企业申请人的历年专利申请趋势

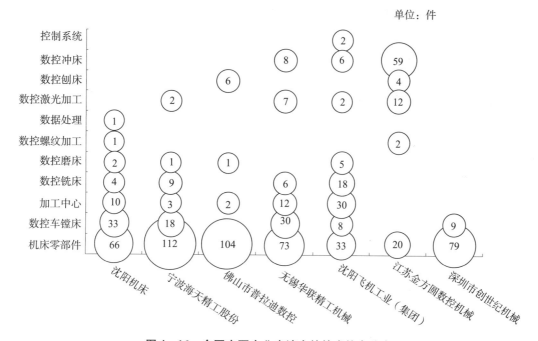

图 4 – 16　全国主要企业申请人的技术热点分布

2. 国内主要院校申请人专利申请及技术热点情况

从国内高等院校和研究所的申请量情况来看，中国科学院的专利申请量排名第 1，且数量上比其他申请人高出较多。

大学类的专利申请的整体差距不是很大，申请量排名靠前的大学都是知名的理工类大学，在理论方面和工程方面学术水平很高。其中，华中科技大学的申请量最大，而且该院校与华中数控的专利联合申请有 11 件，主要涉及机床上指示测量装置以及控制系统，这表明华中数控与华中科技大学的合作主要是在机床的控制方面。具体如图 4 – 17 所示。

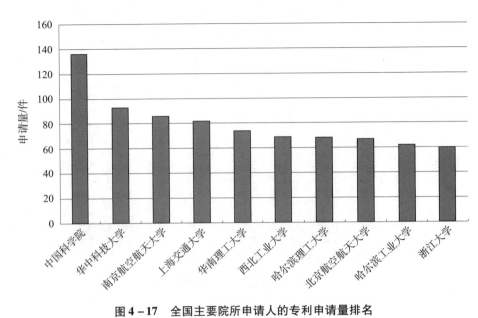

图4-17 全国主要院所申请人的专利申请量排名

图4-18为全国主要院校申请人专利申请的技术热点分布。从分布可以看出，在数控激光加工方面，华中科技大学申请量优势巨大，技术实力最强；在电极加工方面，南京航空航天大学的专利申请量最大；在控制系统和算法上，各大学的申请量都不大，其中中国科学院和华中科技大学的优势相对大一些。

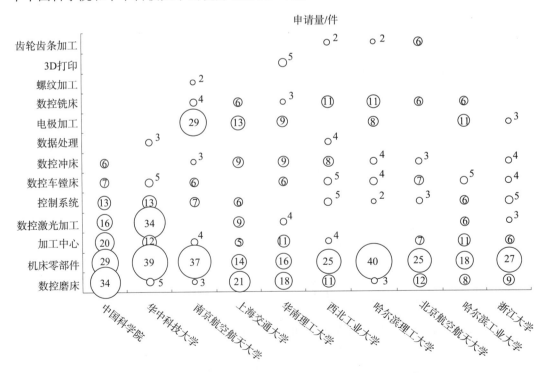

图4-18 全国主要院校申请人专利申请的技术热点分布

在全国主要院校发明人的专利申请量排名中，申请量最多的是华中科技大学的曾晓雁，而曾晓雁、高明、胡乾午同属于一个团队。所有发明人/团队的专利申请数量差距不大，具体如图 4 – 19 所示。

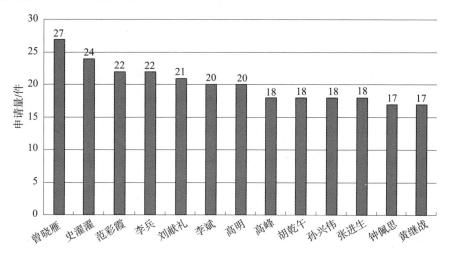

图 4 – 19　全国主要院校发明人的专利申请量排名

图 4 – 20 为全国主要院校的发明人团队的技术热点分布。在激光加工方面，华中科技大学的曾晓雁、高明、胡乾午团队的专利申请数量优势明显，反映了曾晓雁、高明、胡乾午团队在该方面的技术研发产出比较大。而在机床的测量指示方面，哈尔滨理工大学的刘献礼、华中科技大学的李斌、西安理工大学的高峰、沈阳工业大学的孙兴伟专利申请量较大。而山东省内大学的发明人申请量最高的是山东大学的张进生，其在石材的加工方面技术优势明显。

单位：件

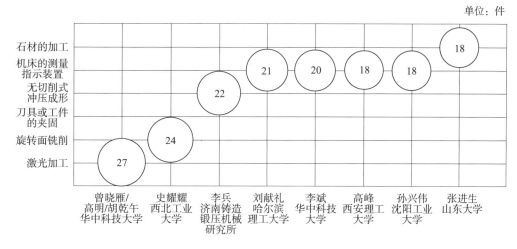

图 4 – 20　全国主要院校专利申请的发明人的主要技术热点分布

表 4 – 3 是国内院校与企业联合申请专利数目最多的几个大学，从以上几所大学的合作伙伴来看，重庆大学的合作企业是专业的机床生产企业，控制方面的合作伙伴占多数；上海交通大学的合作企业很多，而且合作内容丰富；西安交通大学苏州研究院与苏

州江南电梯和北京龙奥特科技有限公司的专利联合申请量较大；华中科技大学主要是与华中数控进行合作，而且主要内容都是针对机床的控制方面。

表4-3　全国重点高校与企业联合申请细目　　　　　　单位：件

大学	合作企业	合作内容	申请量
重庆大学/ 总申请量58	重庆三磨海达磨床有限公司	磨削加工	10
	四川普什宁江机床有限公司	加工中心故障检测、装配方法	4
	重庆机床（集团）有限公司	机床变形误差补偿	3
上海交通大学/ 总申请量82	上海拓璞数控科技有限公司	焊接装置和方法	5
	上海飞机制造有限公司	金属部件的加工	3
	上海开维喜阀门集团有限公司	加工中测量方法和精度控制	2
	上海工具厂有限公司	金刚石刀具制造方法	1
	上海德善机电科技发展有限公司	密封环内球面磨削方法	1
	恒锋工具股份有限公司	刀具在线监测	1
	上海第三机床厂	在线修整金刚石砂轮	1
	苏州信能精密机械有限公司	数控磨机	1
西安交通大学 苏州研究院/ 总申请量17	苏州江南电梯	加工中心	8
	北京龙奥特科技有限公司	光学部件磨抛装置及方法	6
华中科技大学/ 总申请量93	华中数控	控制系统、部件的监测标定及控制装置	11
	东风汽车精工齿轮厂	直齿圆锥齿轮修型方法	2

从大学与企业的专利联合申请量与自身专利总申请量相比，西安交通大学苏州研究院的专利申请绝大多数是与合作企业联合研发后的技术成果进行的专利申请；而其他学校与企业合作研发的技术成果进行联合专利申请的数量只占自身总量的一小部分。从这个角度来说，西安交通大学苏州研究院在以企业需求导向为主的技术研发方面更成熟。

4.4　全球高档数控机床专利状况

4.4.1　全球专利申请量趋势

全球的申请趋势与中国的申请趋势大致趋同，从2008年开始快速上涨，如图4-21所示。将中国的申请数据排除后比较可以看出，国外的专利申请高峰期位于1989~1999年间，之后则处于平稳发展的状态，这表明国外从1999年开始就进入了技术成熟发展期。而由于中国2009年后专利申请的暴涨才引起了全球总量的暴涨，从时间线看，中国专利申请的爆发期比国外晚了20年。

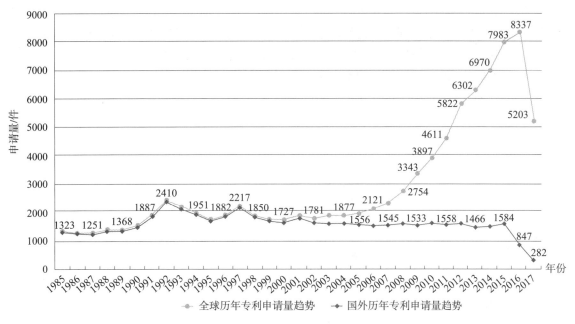

图 4 - 21 全球的专利申请趋势

从各国/地区的申请量分布来看，如图 4 - 22 所示，全球专利申请中，中国、日本、美国 3 国的专利申请量位居前 3，其中中国专利申请占到了高档数控机床全球专利申请总量的 41%，这是由于 2009 年以后国内关于高档数控机床的专利申请开始有大幅度上升而造成的。

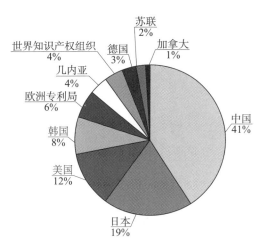

图 4 - 22 各国/地区专利申请量情况

4.4.2 全球主要申请人申请分析

从高档数控机床的市场情况和实际情况看，中国虽然在部分高档数控机床领域有所突破，但是在市场和技术方面，国外企业仍然处于领先的地位，国内高档数控机床的绝大多数市场份额仍然是由国外厂商占据。

图4-23为国外主要申请人的申请量排名情况。国外申请量排名靠前的主要申请人均是数控机床领域的国际知名的企业；其中三菱和发那科的专利申请量遥遥领先，这也体现了这两家公司在技术上的雄厚实力。

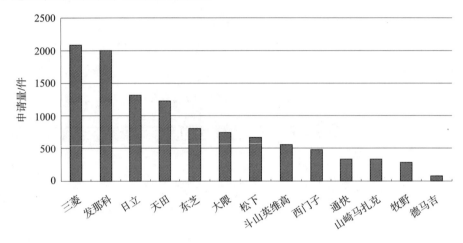

图4-23 国外主要申请人的专利申请量

从主要申请人中可知，日本的数控机床企业占到了9家，德国3家，韩国1家，这表明日本在高档数控机床领域中占领导地位。

从图4-24所示的国外主要申请人历年申请量趋势来看，国外各主要申请人从1999年开始就处于回落后的稳定状态，反映了国外主要高档数控机床的技术处于成熟发展期。

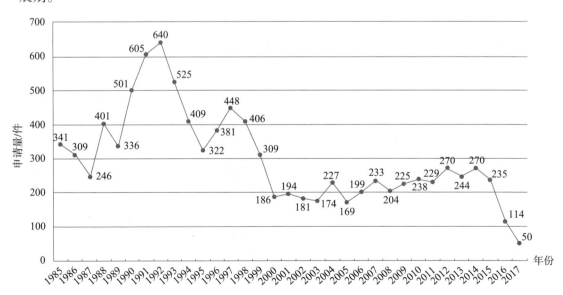

图4-24 国外主要申请人历年专利申请量趋势

4.4.3　全球主要申请人授权量分布情况

从国外主要申请人的分布来看，都是国际上知名的高档机床研发生产企业，而其中，日本的企业占了绝大多数，日本的企业在高档数控机床领域处于领先地位。这些企业在国际市场上占到主导地位，那么对于这些企业在主要国家的专利授权数量，也即专利布局和保护力度大小的了解就显得有所必要。

从图 4-25 的专利授权量的排名可以明显看出，发那科和三菱的专利授权数量依然遥遥领先，这就更进一步佐证了两家公司在高档数控机床领域的技术实力，以及很强的知识产权保护意识，进行了大量的专利布局并获得相应的保护；尤其是发那科在专利申请量略低于三菱的情况下，其授权数量反而超越了三菱，这是对其技术实力的有力体现。而其他公司的专利授权数量排名与其专利申请量的排名基本保持一致。

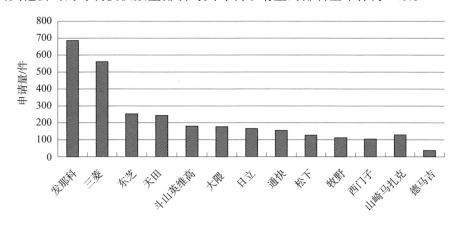

图 4-25　国外主要申请人的专利授权量

图 4-26 是国外主要申请人在各主要国家的专利授权量的分布情况。从图中可以看出，国外的主要申请人都非常重视日本、美国和欧洲的专利布局和保护，而这 3 个国家既是 3 个非常重要的研发国和主要市场，同时也是国际公认的高端装备以及机械加工制造的强国，这充分体现了在这些市场竞争的激烈性。从申请人的授权国度来看，日本企

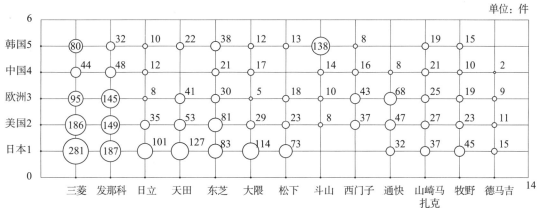

图 4-26　国外主要申请人的专利授权量在各国分布

业的日本专利的授权量普遍是其在其授权国家中最多的，美国和欧洲的专利授权量次之，而中国的授权量则相对少很多，这个尤其值得我们注意。

4.4.4　全球主要申请人技术热点分析

图 4 - 27 为国外主要申请人的技术热点分布。各主要申请人除了机床零部件之外，在控制系统方面的申请量巨大，这是与国内申请人不同的地方，同时也是体现高档数控机床功能性和精密性的重要因素。其中，特别的是三菱和发那科在控制系统方面申请量和技术实力优势非常明显。

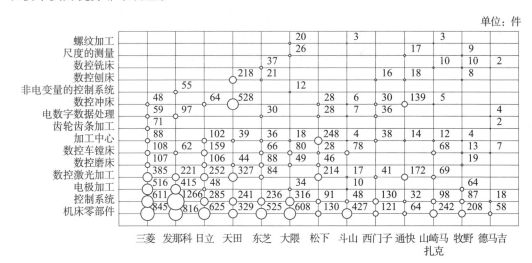

图 4 - 27　国外主要申请人的技术热点

天田在数控冲床和数控刨床方面优势明显。三菱和天田在数控激光加工方面优势明显，其后是日立、发那科、松下和通快。松下在加工中心方面的申请量最大。三菱和发那科在电极加工方面优势巨大。

从图 4 - 28 中可以看出，国外主要申请人的申请高峰期是在 1988 ~ 1999 年间，从时间上看，其领先国内和山东的时间为 20 年左右。他们的技术热点是机床零部件和控制系统，这两项申请量最大，特别是控制系统，这是国外的主要申请人与国内申请人的最大区别，同时这也是体现高档数控机床的技术水平高低的重要方面。

申请量排名其后的是电极加工和数控激光加工，其技术产出的高峰期为 1988 ~ 1999 年间，同样比国内和山东领先了 20 年左右。

值得注意的是，从 2015 ~ 2017 年开始，在高档数控机床领域出现了关于图像数据处理的少量的专利申请，这或许反映了一种新的控制方式。

图 4 - 29 是关于机床零部件方面的专利申请量的分布情况，国外申请人更关注的是刀具或工件进给运动的控制方面，而国内申请人则更关注数控机床附属性的零部件、刀具或工件的夹固、驱动机构等机械结构方面，而对于这些部件的控制方面专利申请量则相对少很多。

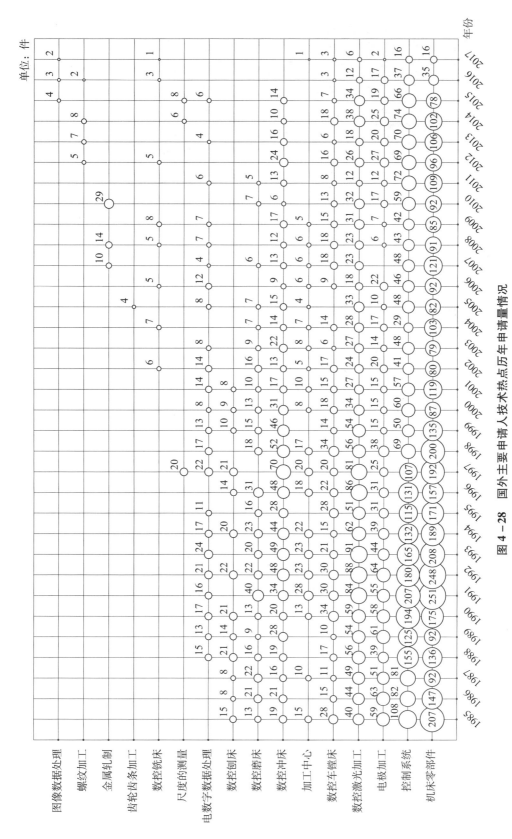

图 4 - 28　国外主要申请人技术热点历年申请量情况

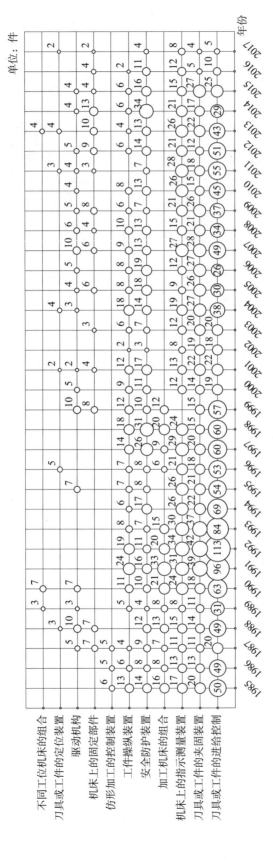

图 4-29　国外主要申请人关于机床零部件的申请情况

4.5　山东省高档数控机床产业总结

1. 专利申请趋势相比国外滞后，但近几年发展迅速

通过以上分析，国外关于高档数控机床的专利申请高峰期为 1988～1999 年，该阶段是技术研发产出的爆发期，之后专利申请量回落平稳，技术产出则处于稳定发展期。而国内的专利申请量则从 2007 年开始有爆发式增长，国内的专利申请在全球的专利申请中占多数地位，从时间线看，国内或山东的专利申请高峰期与国外相比相差 20 年。但是全国和山东 2007 年之后的专利申请量增长非常快，具体如图 4-30 和图 4-31 所示。

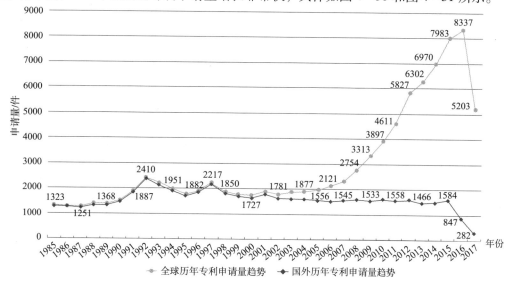

图 4-30　山东和全国历年专利申请趋势

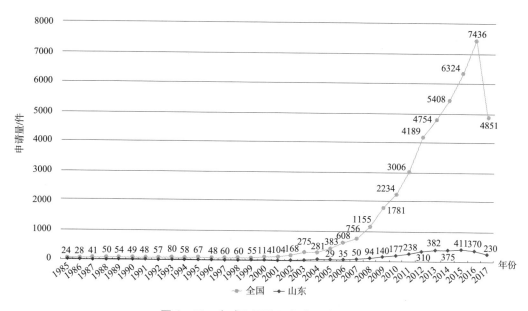

图 4-31　全球和国外历年专利申请趋势

2. 山东与全国领先省市仍存在差距

如图 4-32 所示，山东的申请量在全国各省市中排名第 4 位，落后于江苏、浙江和广东，差距较大；但是在第 2 梯队中则是最多的。

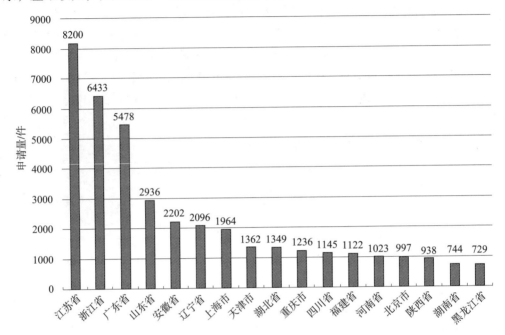

图 4-32　全国各省市专利申请量排名

3. 山东省内产业聚集化明显

山东省内关于高档数控机床的专利申请中，济南、青岛申请量排名前两位，且数量优势明显，其后潍坊、烟台、枣庄、威海、济宁作为第 2 梯队，这几个城市都是数控机床企业的聚集地，产业聚集效果明显。而其他地市则相对较弱，如图 4-33、图 4-34、图 4-35、图 4-36 所示。

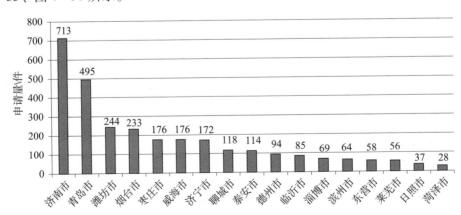

图 4-33　山东省各地市专利申请量分布

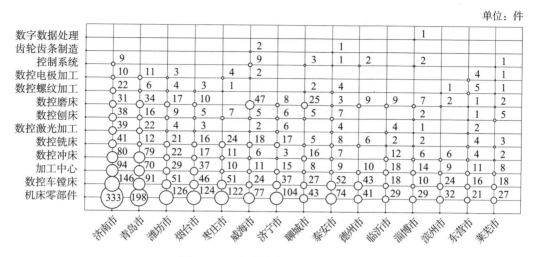

图 4 - 34　山东省各地市技术分布

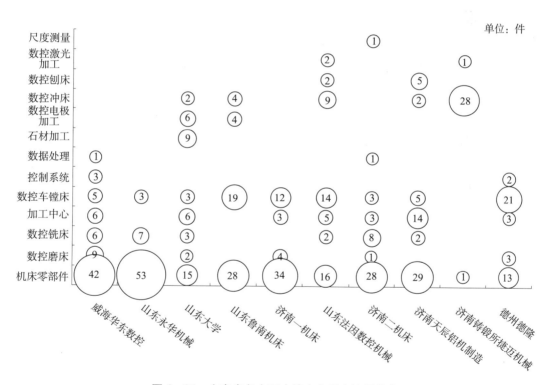

图 4 - 35　山东省各主要申请人专利申请量分布

4. 国内、国外重要申请人优势较大

对比国内的主要申请人的情况，如图 4 - 37 所示，沈阳机床集团排名第 1，这与其作为国内高档数控机床龙头老大位置相对应；18 位申请人中，企业有 14 家，高等院校和科研院所有 4 家；而在企业的申请人中，老牌的数控机床厂商有 9 家，数量占到大多数，但是其专利申请量相比江苏、浙江、广东的非传统厂商的申请人而言较少。

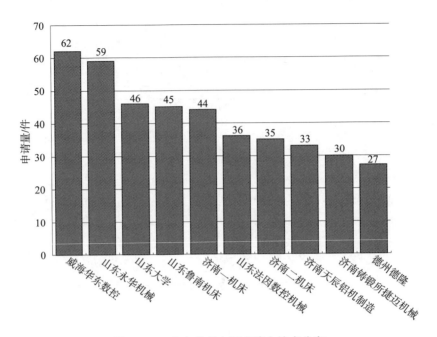

图4-36 山东省各主要申请人技术分布

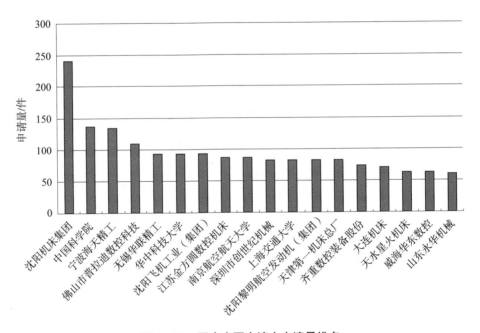

图4-37 国内主要申请人申请量排名

而山东申请量最大的两个申请人山东永华机械和威海华东数控与国内其他主要申请人相比，申请量差距较大。

从图4-38可以看出，国外申请量排名靠前的主要申请人均是数控机床领域的国际知名的企业；其中三菱和发那科的专利申请量遥遥领先，这也体现了这两家公司在技术上的雄厚实力。

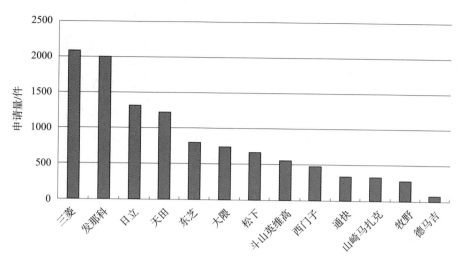

图 4 - 38　国外主要申请人申请量排名

从主要申请人中可知，日本的数控机床企业占到了 9 家，德国 3 家，韩国 1 家，这表明日本在高档数控机床领域中占领导地位。

5. 在控制方面需要提升

从技术分类看，如图 4 - 39、图 4 - 40、图 4 - 41、图 4 - 42 所示，山东的专利申请绝大多数集中在各类型数控机床的整机机械结构以及数控机床零部件的机械结构方面；而在国外的专利申请，特别是国外的主要申请人的专利申请，则主要集中在数控机床的程序控制系统以及机床零部件的控制方面。而控制方面是影响高档数控机床精度、功能性方面的重要因素，这也是国外高档数控机床在性能上领先的重要原因。

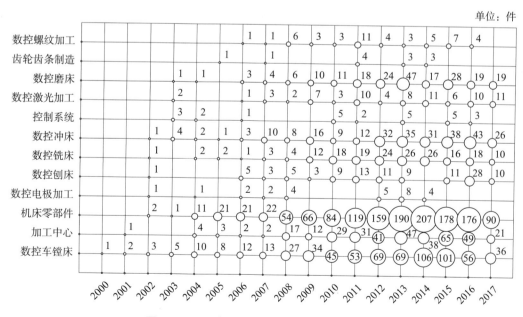

图 4 - 39　山东省技术热点历年申请趋势分布

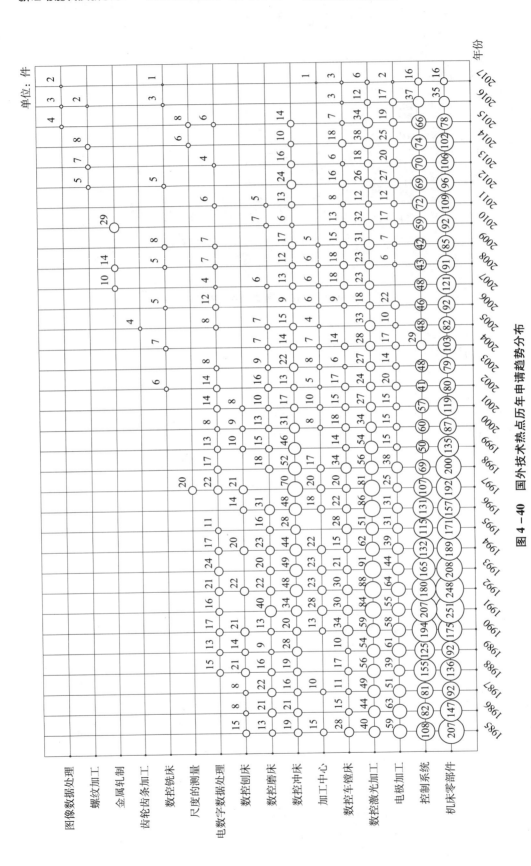

图 4－40　国外技术热点历年申请趋势分布

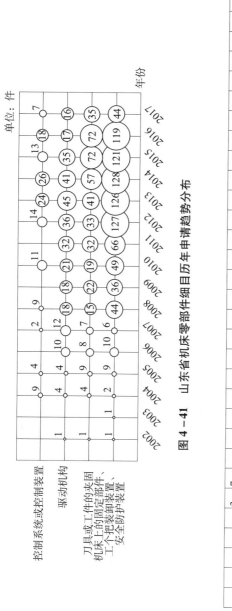

图 4-41　山东省机床零部件细目历年申请趋势分布

图 4-42　国外机床零部件细目历年申请趋势分布

　　但是控制方面的研发难度较大，研发周期长，国内的华中数控和华中科技大学有一定的技术积累，但是跟国外先进水平仍有差距，山东的威海华东数控虽然在高档数控机床的控制方面有所涉及，但是在控制方面的技术积累和产出相对来说仍然较少。

第5章　通用航空产业专利导航

5.1　通用航空产业发展概述

5.1.1　通用航空概述

1. 基本概念

通用航空，是指使用民用航空器从事公共航空运输以外的民用航空活动，包括从事工业、农业、林业、渔业和建筑业的作业飞行以及医疗卫生、抢险救灾、气象探测、海洋监测、科学实验、教育训练、文化体育等方面的飞行活动，如图 5 - 1 所示。通用航空作为民用航空业的两翼之一，与公共运输航空业一起为民用航空提供服务，通用航空产业的发展程度代表着一个国家和地区飞机制造和航空产业的发展水平。

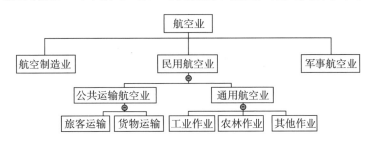

图 5 - 1　航空业构成

2. 通用航空的分类

通用航空按业务分类见表 5 - 1。

表 5 - 1　通用航空业务分类

业务分类	内　容
社会公益服务类市场	农林航空、船舶、航空物探、人工降雨、环境监测、医疗救护、城市消防、空中巡查等
建设服务类市场	石油服务、电力作业、直升机港口银行、直升机外载（吊挂、吊装）等
航空消费类市场	飞行驾驶执照培训、公务飞行、空中游览、空中广告、通用航空包机服务等

中国通用航空经营项目分类（《通用航空经营许可管理规定》（中国民用航空局信息公开，20160407）见表 5 - 2。

表 5 - 2 中国通用航空经营项目

分类	中国通用航空经营项目
甲类	通用航包机飞行、石油服务、直升机引航、医疗救护、商用驾驶员执照培训
乙类	空中游览、直升机机外载荷飞行、人工降水、航空探矿、航空摄影、海洋监测、渔业飞行、城市消防、空中巡查、电力作业、航空器代管、跳伞飞行服务
丙类	私用驾驶员执照培训、航空护林、航空喷洒、空中拍照、空中广告、科学实验、气象探测
丁类	使用具有标准试航证的载人自由气球、飞艇开展空中游览；使用具有特殊试航证的航空器开展航空表演飞行、个人娱乐飞行、运动驾驶员执照培训、航空喷洒、电力作业等经营项目

3. 通用航空产业发展的意义

从通用航空的产业链看，如图 5 - 2 所示，可将通用航空产业链分为通用航空核心产业和关联产业。核心产业包括通用航空器制造、通航运营和运行所需的各类保障资源三大板块。关联产业则包含基础产业和应用产业，基础产业为通用航空的上游产业，为通用航空器制造提供资源保障和技术基础；应用产业是通用航空的下游产业，主要是通用航空作为生产工具或消费物品服务于国民经济三次产业。

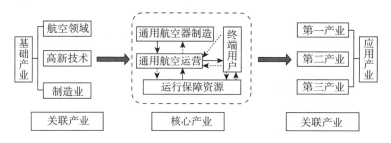

图 5 - 2 通用航空产业链

从通用航空的产业链构成来看，通用飞机制造是核心，上游是配件制造，下游是销售；前端是设计、后端是试飞；接下来是通用航空运营配套产业链，包括直接运营、人员培训和机场服务；最后是维修。其与汽车产业、房地产业相比，其产业链更长，大众可参与程度更高，通用航空产业的发展将大力带动地方相关产业的发展，制造大量就业机会，增加政府税收。

同时，通用航空作为 21 世纪发展最快的空域交通方式之一，未来有望取代公共运输航空业而成为人们常见的交通方式。随着我国空域管制的放开，通用航空将迎来快速发展时期，未来将会出现爆发增长，并带动大量的投资需求。

5.1.2 通用航空产业发展现状与趋势

1. 全球通用航空产业发展概况

按照世界各大国通用航空的发展路径，发现国土面积较大的国家都经历了长时间持续的通用航空产业的发展，目前已经成为一个国家国民经济重要的经济增长点，也是各国新兴经济发展的重要组成部分。通用航空在欧美发达国家都是经历过政策扶持、技术创新、人才培训、通航文化培养等阶段的发展。

（1）美国

美国是世界上通用航空最发达的国家，也是通用航空大国，美国通用航空的现状和发展趋势代表着世界通用航空发展的趋势。目前全世界大约有通用航空飞机 34 万架，其中美国大约占 2/3，达 22 万架。在美国，有供通用航空器使用的机场、直升机起降机场 17500 个。在美国大约有 2.5 万架飞机由个人驾驶进行商业飞行，约有 10 万架飞机由私人使用；约有 1.5 万多家公司拥有自己的通用航空飞机，进行公务飞行。1998 年仅通用航空就为美国创造产值 450 亿美元，为 54 万个劳动力提供了就业机会。

（2）加拿大

同美国一样，加拿大通用航空在"二战"之后经历了快速增长，通用飞行器数量从 20 世纪 50 年代初的 2000 多架增长到 80 年代的近 30000 架，年度增长率超过 8%。加拿大通用航空产业发展的驱动要素和美国相似，都伴随着政府支持、机场建设、飞行员培训和国内航空器建造能力的提升。

（3）澳大利亚

澳大利亚通用航空也在"二战"之后得到了快速发展，飞行小时数在 20 世纪 90 年代末达到 169 万小时。澳大利亚通用航空产业的发展也伴随着机场建设和监管体系的放松，同时通用航空的发展为其自主通用航空制造业的发展提供了坚实的市场基础。

（4）巴西

巴西通用航空市场在 20 世纪 60～90 年代进入高速增长阶段，通用航空器从不足 2000 台上升为 90 年代初期的接近 10000 台，年均增长速度也达到了 6%。伴随着巴西通用航空市场的快速增长，巴西最大的通用航空公司 Embraer 公司，在政府的资助下也快速成长，成为世界支线、通用航空市场有力的竞争者。

2. 全国通用航空产业发展概况

中国通用航空发展可以追溯到 1912 年，当时航空界的先驱冯如驾驶自制的飞机在广州燕塘进行的飞行表演，揭开了大陆航空事业发展的序幕。发展到 20 世纪七八十年代，是我国通用航空的一个辉煌时期，民航工业航空服务公司已拥有 4 个分公司和民航广州、上海直升机公司；以农林业飞行为主的 12 个专业飞行大队、2 个独立飞行中队，分布在全国 19 个省、自治区和直辖市。1986 年，国务院发布了《国务院关于通用航空管理的暂行规定》。20 世纪 80 年代，通用航空逐渐不景气，企业入不敷出，经营艰难，年作业量下降。20 世纪 90 年代以来，通用航空的规模萎缩和作业量下降水平十分明显，通用航空传统的计划式运作已远远适应不了市场经济下各行业的要求。为了更好地适应市场经济的需要，民航总局在直属企业中把通用航空从运输航空中剥离出来，并且先后批准成立了其他行业和地方的通用航空企业，使通用航空队伍一度迅速壮大，同时进一步完善的行业管理规章和运行标准。1996 年以来通用航空市场规模扩大了将近 1 倍，2006 年的市场规模达到 17.9 亿元人民币。

近年来，中国经济的快速发展，带来通用航空业务巨大的需求，尤其是公务航空、私人航空、紧急救护、工业航空和农林航空存在巨大增长潜力。新通用航空管理办法的实施和通用航空市场准入的放松，使得通用航空成为企业家和民营资本投资的热点，促进通用航空业发展。2001 年开始，我国通用航空发展加速，2007 年，我国通用航空业务量突破 10 万小时大关。2016 年，全国通用航空行业完成通用航空生产作业飞行 76.47 万小时，其中，工业航空作业完成 8.29 万小时，占作业总量的 10.8%；农林业航空作业完成 5.10 万小时，作业总量的 6.7%，其他通用航空飞行 63.08 万小时。截至 2017 年 6 月 30 日，中国获得民航局经营许可证的通用航空企业有 345 家。

但与发达国家相比，我国现在的通用航空显著落后。我国通用航空在册飞机数仅为美国的 0.7%，加拿大的 5.3%，澳大利亚的 13.8%，巴西的 9.5%；中国通用航空飞行小时数仅为美国的 2.4%、加拿大的 15%、澳大利亚的 37.5%、巴西的 45%。通用航空飞行员数量为美国的 0.3%、加拿大的 2.6%、澳大利亚的 7.1%，中国的通用机场数是美国的 1/10。现在美国通用航空产业一年的产值为 1500 亿美元，提供了 126.5 万个就业岗位，而我国一年的产值仅 17.9 亿元人民币，提供就业岗位仅 8000 余个，我国通用航空产业对经济发展的拉动作用还没有体现出来。与国外发达国家通用航空相比较，我国通用航空起步晚，低空开放不足，力量弱小，发展缓慢，通用航空飞机数量少，飞行员等专业人员少，空域使用和机场建设等方面审批程序烦琐，通用航空机场或起降点得不到保障。

与此同时，随着社会的不断发展，我国通用航空市场结构也发生了明显变化。过去，通用航空主要服务于社会公益服务领域，包括农林飞行、人工降雨、航空摄影、航空探矿等准公共产品，作业价格依靠政府制定的作业收费标准执行，费用一般由政府部门财政支出，这一领域还将继续稳定增长，但占整个通用航空市场的比重在缩小。近年来，通用航空在经济建设和航空消费类领域的市场增速迅猛，主要服务项目有石油服务、飞行培训、空中旅游、公务飞行等，其作业价格完全按照市场供需关系来确定。随着人们收入的增长和生活水平的提高，这一领域增长空间更加巨大。比如资源勘探方面，企业需求增多；电力行业的改革使得电力企业更加注重使用直升机服务以提高生产效率；公务飞行、飞行驾驶执照培训飞行、观光游览飞行等项目发展较快，飞行量逐年递增。2012 年，我国通用航空业务总量中，工业航空作业完成 7.71 万小时，比上年增长 36%；农林业航空作业完成 3.19 万小时，比上年降低 3.9%；其他通用航空作业完成 40.81 小时，比上年减少 1.2%。过去 5 年，工业航空年复合增速超过 11%，高于农林业约 6.6% 的复合增速。

通用航空是民航的两翼之一，是民航完整产业链的组成部分，但我国通航产业发展速度一直滞后于经济发展。经过几十年的曲折发展，中国通用航空产业形成了一定的规模。未来国内通用航空在传统的农林作业、工业作业将保持较快增长，同时旅游观光、短途客货运输、公务飞行、私人飞行、医疗救护、城市治安巡逻、缉私巡逻等领域需求将呈现更快增长，中国通用航空发展空间巨大。

2016 年 5 月，国务院出台《关于促进通用航空业发展的指导意见》，明确了"十三五"期间通用航空发展的目标，到 2020 年建成 500 个以上通用机场，基本实现地级以上城市拥有通用机场或兼顾通用航空服务的运输机场，覆盖农产品主产区、主要林区、50% 以上的 5A 级旅游景区。通用航空器达到 5000 架以上，年飞行量 200 万小时以上，培育一批具有市场竞争力的通用航空企业。

3. 山东省通用航空产业发展概况

山东省拥有运输机场、通航机场、航空器运营、航空器制造、航空器维修、航空人才培训等产业，涵盖了通航领域的全产业链，各部分发展起来将会成为山东省的经济增长点之一。山东太古飞机工程公司，青岛、滨州的航空培训机构，南山国际飞行公司和南山航空学院等项目均已有相应规模，这已经成为山东省通用航空的发展基础。

到 2014 年年底，山东省拥有获得通用航空经营许可证的通用航空企业 14 家，占全国通用航空企业总量的 5.9%，其中按照民航 91 部运行的企业 10 家、民航 141 部运行企业 2 家、民航 135 部运行企业 2 家，主要分布在山东省 8 个地市。山东省拥有通用航空飞机 83 架，占全国通用航空飞机总量的 7.8%，通用航空作业时间 4.17 万小时，起降 1.34 万架次，其中教学训练 3.5 万小时，航空护林 0.53 小时，山东省通用航空作业主要集中在教学训练、航空护林两大领域，分别占全年总作业时间的 83.9%、12.7%。近三年来，山东省通用航空作业时间以年均超过 50% 的高速在增长，作业起降架次也以年均超过 50% 的高速在增长。山东省通用航空作业形势较好、作业比较繁忙，2014 年总飞行小时占全国总飞行小时数的 6%。山东省拥有蓬莱、大高、平阴、雪野 4 个通用航空机场；持证通用航空飞行员 100 人，其中飞行教员 70 人，持证通用航空维修人员 60 人。但是支线机场设施投入不足，通用航空专业人才短缺，作业类型较为单一，制约了山东省通用航空的健康发展，山东省通用航空产业的发展还面临着诸多挑战。

为推动山东省通用航空的健康快速发展，山东省制定了相关的政策和规划来推动和扶持其发展。2014 年 12 月，山东省政府发布的《山东省人民政府办公厅关于进一步加快民航业发展的意见》中指出，其主要任务之一就是要加快通用航空发展；2016 年，山东省人民政府印发了《〈中国制造 2025〉山东省行动纲要》，其中指出要聚焦航空航天等行业，要重点发展航空航天用铝材；2017 年 3 月，《山东省"十三五"战略性新兴产业发展规划》中也指出要重点发展通用航空装备，加快通用航空整机研发产业化，提高通用航空产业配套能力，提高通用航空服务业比重。2018 年，国家发改委印发了《山东新旧动能转换综合试验区建设总体方案》，随后山东省人民政府印发了《山东省新旧动能转换重大工程实施规划》，其中要求推动通用航空装备的突破发展。

通用航空作为我国未来一个重要的发展目标，已到了行业爆发的临界点，山东全省也已开始全面推动通用航空的发展。本章将从专利的角度出发，全面分析山东省通用航空的发展现状及其在全国的位置，希冀能够更全面清楚的了解山东省的通用航空现状，以为山东省通用航空产业以及企业的发展提供些许帮助。

5.2　山东省通用航空装备专利状况

5.2.1　山东省历年专利申请量分析

山东省通用航空申请历年申请总量为 4411 件（检索日期 2018 - 3 - 8），其历年专利申请量如图 5 - 3 所示，整体上呈现一个增长的趋势，最早起步于 1985 年，经过 30

多年的发展，从最初的每年不到 10 件的申请量，发展到 2016 年的 928 件（由于专利从申请到公开需要至多 18 个月，因而 2016 年的小部分申请及 2017 年的部分申请未公开）。从申请趋势上看，大致可将其分为三个阶段：

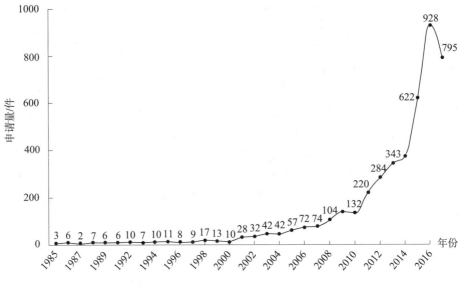

图 5 - 3　山东省历年专利申请量趋势

（1）探索发展阶段（1985～2000 年）

2000 年之前，我国通用航空发展速度较慢，作业量一直在 4 万小时左右，在全国的大环境下，山东省的申请量也呈现一个较低的水平，每年申请量平均只有 10 件左右，并未形成规模。

（2）稳步发展阶段（2001～2010 年）

随着经济的快速发展和通用航空在各领域需求量的不断增加，从 2001 年开始，我国通用航空发展加速，2007 年，我国通用航空业务量首次突破了 10 万小时大关，2008 年，我国通用航空作业飞行量达到了 11 多万小时，同比增长了 10%；而这 10 年间，山东省的通用航空业也稳步发展，专利申请量呈现稳定的增长态势，从 2008 年开始，山东省每年的专利申请量均维持在 100 件以上。

（3）迅猛发展阶段（2011 年至今）

2010 年以后，国家和地方不断出台各项政策扶持通用航空产业的发展，在国家和地方的激励下，近年来我国通用航空快速迅猛，"十二五"以来，通用航空的作用总量、在册航空器、通航企业年均增长率均在两位数以上。山东省也出台了多项政策法规来推动通用航空的发展，更多通航企业的成立以及更大研发成本的投入，使得山东省专利申请量也呈现快速增长的态势，特别是在 2015 年后，呈现井喷式增长。

5.2.2　山东省专利类型及法律状态分布

专利类型包括了发明与实用新型，从图 5 - 4 可以看出，山东省通用航空装备的发明专利为 2146 件，占总申请量的 48.7%，实用新型为 2265 件，占 51.3%，两者差距不大。

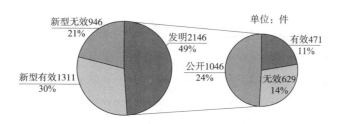

图5-4 山东省专利类型及法律状态分布

对于发明专利，处于授权有效状态的为471件，占总申请量的11%，处于公开未决状态的为1046件，占总申请量的24%，其余的为失效状态，包括了撤回、驳回和无效状态，总计占14%。

对于实用新型专利，处于有效状态的为1311件，占总申请量的30%，处于失效状态的为946件，占总申请量的21%。

综上而言，发明专利的总量小于实用新型的总量，但差距较小，可见山东省在整体上对于知识产权的保护较为重视，很多企业力图通过发明专利的授权来获得更为稳定的专利保护，然而发明专利中处于授权有效状态的比例并不高，从侧面反映了在技术上与世界先进水平存在一定的差距。同时可以看出，发明专利中近一半的申请处于公开未决的状态，这也反映了在近两年中山东省在通用航空装备上迅猛的发展态势，各企业通过加大研发投入及更多专利的申请，力争在竞争激烈的行业中取得有力的专利保护。

5.2.3 山东省地市及主要申请人分布

如图5-5所示，东部地区的申请量要多于中西部地区，申请量主要集中在青岛、济南、威海和烟台，其专利申请量分别为1184件、990件、447件和376件，与山东总申请总量的占比分别达到了27%、22%、10%和9%，上述4个地市的申请总量占了山东省申请总量的68%，可见，作为山东省三核的济南、青岛和烟台，依靠其雄厚的经济实力以及创新资源富集的综合优势，在专利申请方面也起到了较好的带头作用。而威海作为另一个沿海城市，与其邻近的青岛、烟台形成了良好的呼应，在专利申请量上排在了全省第4。

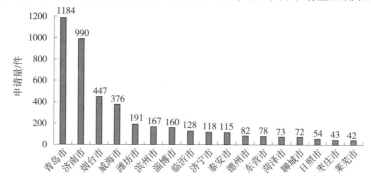

图5-5 山东省通用航空专利申请量各地市排名

从申请人的分布来看，如图5-6所示，国家电网占据了第1的位置，其专利申请达到了224件，这是由于国家电网的专利申请主要是由于其下属的国网山东省电力公司电力科学研究院、山东电力集团电力科学研究院、国网山东省电力公司检修公司、山东电力研究院、国网山东省电力公司各地市的供电公司等各申请人在申请专利时，国家电网通常作为其联合申请人，因而依靠上述各电力研究院和电力公司的专利申请，使国家电网在总量上处于领先的地位；威海广泰空港设备股份有限公司作为全球空港设备品牌最全的供应商，其覆盖了机场的机务、地面服务、飞机货运、场道维护、油料加注和客舱服务六大作业单元，因而其申请了大量涉及机场地面服务的相关专利，在专利申请量上排在了第 2 位。同时应注意到，在前 22 位申请人中，企业为 9 家，分别为威海广泰空港设备、山东太古飞机工程、歌尔、青岛锐擎航空科技、山东鲁能智能、国网山东省电力公司、青岛爱飞客航空科技、青岛飞宇航空科技、山东翔宇航空科技服务；大学申请人 8 家，分别为中国人民解放军海军航空工程学院、滨州学院、山东大学、山东科技大学、石油大学、哈尔滨工业大学威海校区、青岛科技大学和济南大学，1 个研究所申请以及 3 个个人申请。可见总体上企业申请人占比并不是很高；同时可以看出，由于高校的专利申请多停留在学术或试验研究上，社会服务化程度不高，因而如何利用好上述专利申请，提高其成果转化率，是今后一段时间可以研究和努力的方向。

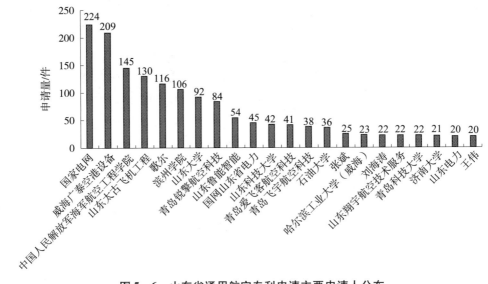

图 5-6 山东省通用航空专利申请主要申请人分布

注：其中歌尔包括了歌尔科技和歌尔声学。

另外，表 5-3 为山东省通用航空各地市主要申请人及其主要方向。

表 5-3 山东省通用航空各地市主要申请人及主要方向　　　　单位：件

地市	主要申请人	申请量	专利申请主要方向
青岛	青岛锐擎航空	84	农用植保无人机
	歌尔科技	81	消费级无人机
	中国人民解放军海军航空工程学院青岛校区	73	飞机部件、地面测试
	青岛爱飞客航空	41	飞机材料
	青岛飞宇航空	38	飞艇、热气球

续表

地市	主要申请人	申请量	专利申请主要方向
济南	山东太古飞机工程	130	飞机维修
	山东大学	85	飞机材料
	国家电网	84	电力巡线无人机
	山东鲁能智能	35	电力巡线无人机
	山东翔宇航空技术服务	22	飞机测试系统
烟台	中国人民解放军海军航空工程学院	70	飞行方法
	烟台朗欣航空	14	无人机
威海	威海广泰空港设备	209	机场服务
	哈尔滨工业大学威海校区	23	无人机
潍坊	歌尔/歌尔声学	34	消费级无人机
	山东兆源智能科技	9	农业植保无人机
	山东长空雁航空	9	无人机
滨州	滨州学院	106	无人机
淄博	山东工业陶瓷研究设计院	6	飞机材料
临沂	山东卫士植保机械	18	农业植保无人机
	临沂风云航空	14	农业植保无人机
济宁	张斌	25	电动直升机
	山东英特力光通信开发	13	无人直升机
泰安	山东农业大学	16	农业植保无人机
德州	银世德	19	弹射器
东营	尖蜂航空科技	4	农业植保无人机
菏泽	王伟	19	变距螺旋桨
聊城	山东萌萌哒航空	11	农业植保无人机
日照	冯加伟	13	飞行器气动结构
枣庄	国家电网	3	电力巡线无人机
莱芜	国家电网	10	电力巡线无人机

5.2.4　山东省通用航空各技术分支分布

将通用航空装备领域简单地划分为：

（1）飞机及其部件：包括各种不同类型的飞机，例如固定翼飞机、旋翼飞机等，以及飞机的部件，例如机身、机翼、螺旋桨与起落架等。

（2）机载设备：以飞机作为载体安装在飞机上的设备，例如植保无人机的喷洒设备、航拍云台、降落伞、飞机座椅等。

（3）航电设备：飞机的飞行控制、导航、通信等设备。

（4）飞艇与气球：通过浮力飘浮在空中的飞行器，如飞艇与气球。

（5）地面服务：机场的相关服务设备，例如飞机牵引车、机场除雪车、乘客或货物的运输以及飞机维修设备等。

（6）飞机材料：可用于通用航空飞机上的材料，例如复合材料、涂层等。

从图5-7可以看出，山东省对于通用航空的各个技术分支均有涉猎，但发展侧重点不同。其中申请量较大的为机载设备和飞机及其部件，其次依次为地面服务、航电设备、飞机材料和飞艇与气球，其中飞艇与气球的申请量仅占1%，可见，在这一技术上，山东省的这类企业并不是很多。

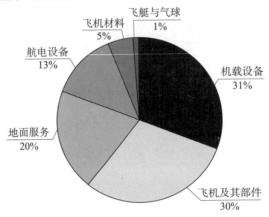

图5-7　山东省通用航空技术构成比例

从各地市的技术分支来看，如图5-8所示，青岛作为专利产出最多的城市，其在各个技术分支上均在全省处于前列，其中机载设备、飞机及其部件、航电设备、飞机材料和飞艇与气球方面均位于全省首位，可见其在通用航空领域的领先地位；在地面服务方面，青岛落后于济南和威海，位于全省第3；而威海和济南之所以能够在地面服务领域处于领先地位，主要是依托于威海广泰空港设备股份有限公司和山东太古飞机工程有限公司的大量涉及地面服务的专利申请。

单位：件

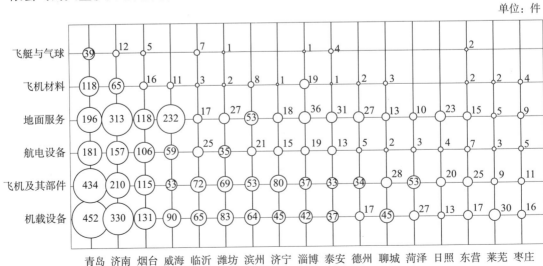

图5-8　山东省通用航空各技术分支在各地市的分布

5.2.5　山东省创新热点分析

从上一节可以看出，机载设备、飞机及其部件、航电设备方面的专利申请量较大，而其中多涉及无人机的飞行控制、无人机的部件以及机载设备等，就山东省的无人机专利申请总量看，其达到了 1329 件，占申请总量的 30%，成为一个行业热点；同时，地面服务作为山东省另一个具有特色的行业，其申请总量达到了 1148 件，占比为 26%，也形成了一个创新热点，因而本节将分别从无人机和地面服务方面展开分析研究。

1. 无人机

（1）历年申请量

山东省的无人机专利申请总量达到了 1329 件，图 5 - 9 为山东省无人机历年专利申请趋势，无人机的专利申请起始于 1993 年，并在 2013 年之前，其发展较为缓慢，专利申请量并不多；而随着无人机在各个领域需求量的不断增大以及在全国乃至全球掀起的无人机热潮下，2013 年之后，山东省的无人机专利申请量也迅猛增加，就 2017 年而言，在部分专利申请并未公开的情况下，申请量已经达到了 429 件，超过 2016 年的申请总量，可见，其发展势头相当迅猛。

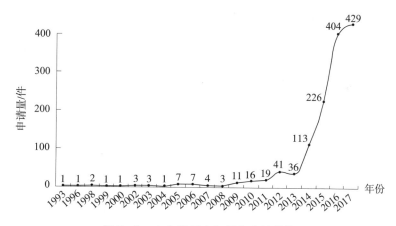

图 5 - 9　山东省无人机历年申请趋势

（2）地市分布及主要申请人分析

图 5 - 10 为山东省无人机专利申请的各地市分布，从地市分布来看，无人机在山东省各地市的分布也存在差异，青岛处于绝对领先的地位，其申请量达到了 417 件，济南以 222 件无人机专利申请位于第 2 位，而位于第 3 梯队的包括了潍坊（102 件）、烟台（95 件）、临沂（78 件）、威海（66 件）和滨州（58 件）。

图 5 - 11 为山东省无人机专利申请的主要申请人排名，国家电网以 174 件无人机申请位于第 1 位，其主要涉及电力巡检无人机；歌尔（包括了歌尔科技和歌尔声学）以 108 件申请位于第 2 位，其主要涉及的为消费级无人机；而排在第 3 位的为青岛锐擎航空科技，其在植保无人机方面申请了大量专利，达到了 84 件；排在之后的主要申请人包括了山东鲁能智能（51 件）、滨州学院（46 件）、国网山东省电力公司（31 件）、山

东科技大学（25件）等。

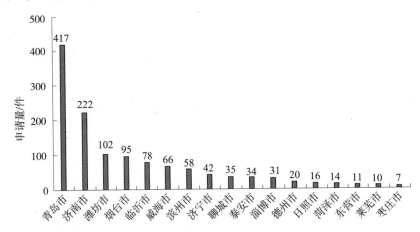

图 5－10　山东省无人机专利申请地市分布

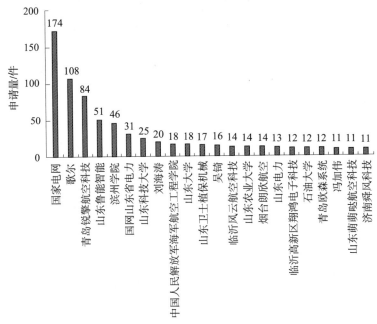

图 5－11　山东省无人机专利申请主要申请人排名

（3）山东省无人机技术分布

从无人机的结构上分，可将无人机分为固定翼无人机、旋翼无人机和扑翼无人机，如图 5－12 所示。山东省对上述三类无人机的专利申请分别为 606 件、690 件以及 33 件，其占比分别为 46%、52% 和 2%，如图 5－13 所示，可以看出，山东省在旋翼无人机方面发展较快，旋翼无人机依靠其益于操控、能够垂直起降的优点，在农业植保、电力巡线、公共服务等多个领域得到了广泛的应用，其申请量超过了总量的一半；而扑翼无人机作为一种微型无人机，由于其控制相对复杂，技术壁垒较高，因而申请量也相对较少。

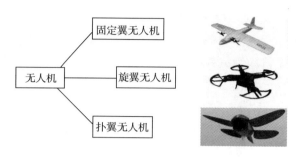

图 5 – 12　从结构上对无人机的分类

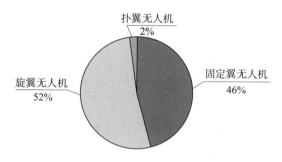

图 5 – 13　各类型无人机的占比

从无人机的用途来看，可将无人机分为工业级无人机和消费级无人机，而工业级无人机主要用于农业植保、电力巡线、环境监测、物流运输等，而消费级无人机主要用于航拍、娱乐等，如图 5 – 14 所示。而山东省依靠多家工业级方面的申请人，包括国家电网、青岛锐擎航空科技、山东鲁能智能等，其工业级无人机的申请总量占了近三分之二，而其中又以电力巡线无人机和农业植保无人机为首，其申请量分别达到了 210 件和 194 件，分别占山东省无人机申请总量的 16% 和 15%。

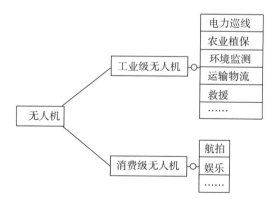

图 5 – 14　从应用角度对无人机的分类

电力巡线无人机，即通过无人机进行电力巡线、异物清洗等，可以避免作业人员高空作用，降低作业风险，减轻工作负担，同时克服了地形等环境条件，大大降低了电力巡检作业的难度。从山东省的申请人分布上看，如图 5 – 15 所示，国家电网和其下属的国网山东省电力公司以及山东电力集团公司电力科学研究院处于领先的位置，分别达到了116件、25件和13件，而山东鲁能智能作为一家在电力行业有多年积累的公司，在专利申请上也与国家电网有紧密的合作，其申请量达到了40件，位于全省第2位；其他的主要申请人包括了济南舜风科技和王秋临。

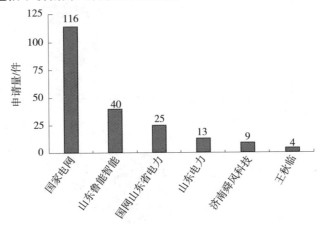

图5-15 山东省电力巡线无人机主要申请人排名

农业植保无人机，即通过无人机进行农药喷洒、播种等工作，能够远距离控制操作，避免喷洒人员暴露于农药的危害，提高了喷洒作业的安全性，同时通过无人机采用的喷雾喷洒技术可以大量节约农药使用量和用水量，很大程度上降低了资源成本。从申请人分布看，如图5-16所示，青岛锐擎航空科技处于第1位，远大于其他申请人，该公司成立于2016年，主要从事农用无人机的研发、生产与销售，并于2017年申请了大量农用无人机的专利，在农用无人机尚未完全成熟及普及的环境下，力求于做好专利布局，为其自身产品的研发生产和销售保驾护航。排在之后的申请人依次为山东卫士植保机械、临沂风云航空科技、山东农业大学、山东兆源智能科技、山东华盛中天机械、滨州学院和周保东。

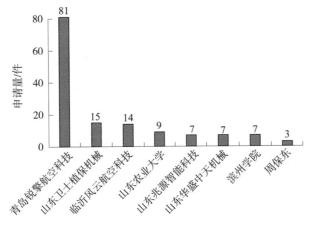

图5-16 山东省农业植保无人机主要申请人排名

2. 地面服务

（1）历年专利申请量

地面服务，即在地面上从事与飞机相关的服务工作，包括当飞机在地面或机场时，对飞机进行维护检修等。例如，对在机场的飞机进行牵引、除冰，以及地面安装维修等，同时地面服务还包括对机场进行除雪、道路维护等。山东省关于地面服务的专利申请共 1148 件，近 20 年的申请趋势如图 5 – 17 所示。从中可以看出，其整体上呈现一个稳定增长的态势，在近几年发展加速，2016 年的专利申请达到了 205 件。

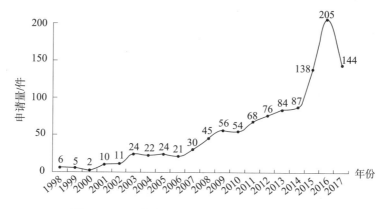

图 5 – 17　山东省地面服务专利申请历年申请量

（2）地市分布及主要申请人分析

从地市分布来看，如图 5 – 18 所示，济南依靠济南太古航空产业基地及其辐射效应，在申请量上达到了 313 件，位居全省首位；排在第 2 位的为威海，申请量为 232 件，其主要得益于威海广泰空港设备的贡献。而青岛和烟台作为山东省创新资源富集的地市，在申请量上分别达到了 196 件和 118 件，位居全省第 3 位和第 4 位。

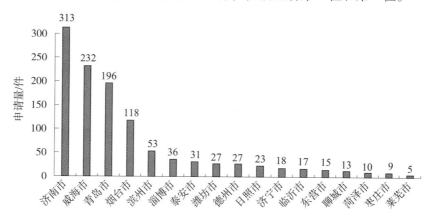

图 5 – 18　山东省地面服务专利申请地市分布

从申请人排名来看，如图 5 – 19 所示，威海广泰空港设备以 192 件地面服务的相关专利申请位于全省首位，处于绝对领先的位置；排在第 2 位的山东太古飞机工程，申请量为 71 件。从上述主要申请人所处的地市看，山东太古飞机工程、山东大学、山东交通大学等位于济南；威海广泰空港设备位于威海；中国人民解放军海军航空工程学院青岛校区、青特集团、青岛科技大学、青岛重汽特种汽车位于青岛，而烟台有江晓、烟台国际机场、中国人民解放军海军航空工程学院。

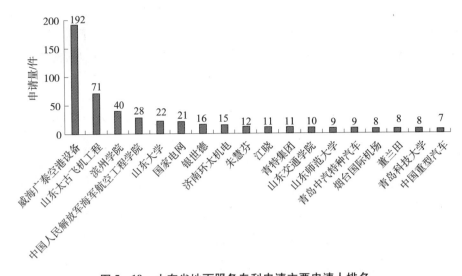

图 5-19 山东省地面服务专利申请主要申请人排名

（3）山东省地面服务重点申请人分析

作为山东省内在地面服务方面位于前两位的威海广泰空港设备和山东太古飞机工程，其在专利申请和布局方面也有自身的特点，分析如下。

① 威海广泰空港设备股份有限公司

威海广泰空港设备股份有限公司是全球空港地面设备品种最全的供应商，产品达30个系列269种型号，覆盖机场的机务、地面服务、飞机运货、场道维护、油料加注和客舱服务六大作业单元，能为一架飞机配齐所有地面设备，部分主导产品国内市场占有率达40%~60%。

从其历年专利申请趋势看，如图5-20所示，整体上呈现上下波动的形态，并在2007~2009年达到了高峰，然而之后出现了小幅回落，在近几年呈现小幅波动的形态，每年的申请量维持在10件左右。

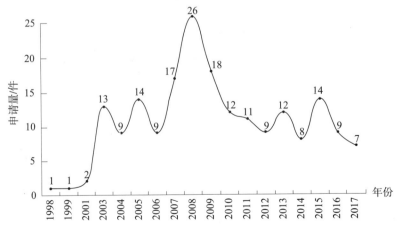

图 5-20 威海广泰空港设备股份有限公司的历年专利申请趋势

从威海广泰空港设备股份有限公司申请的专利类型看，如图 5−21 所示，实用新型达到了 148 件，其中 102 件已失效，发明专利为 41 件，其中 18 件处于有效状态，10 件处于公开未决状态，其余 13 件发明专利处于失效状态。可见，实用新型和处于失效状态的比例偏高，说明申请的平均创新高度和知识产权保护力度有待进一步提高。

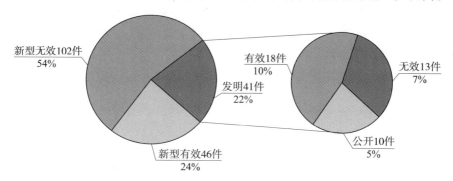

图 5−21　威海广泰空港设备专利申请类型与法律状态分布

从专利的技术布局来看，如图 5−22 所示，其绝大部分申请涉及机场的服务类车辆，具体分布包括了飞机牵引车 47 件、机场除雪车 16 件、飞机地面空调车 15 件、平台车 12 件、行李牵引车 8 件、客梯车 7 件、飞机除冰车 4 件、飞机清水车 4 件、机场洒布车 4 件、飞机加油车 2 件、电源车 2 件、摆渡车 1 件、手推照明车 1 件以及飞机污水车 1 件；可见其对机场服务类车辆进行了较为全面的专利布局，为其产品的生产销售保驾护航。

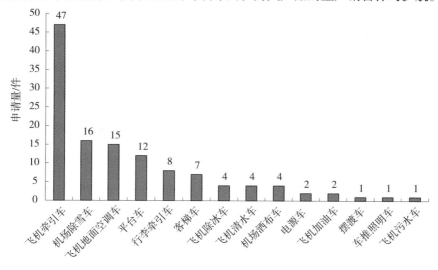

图 5−22　威海广泰空港设备的机场服务类车辆的类型分布

此外，可以注意到威海广泰空港设备股份有限公司申请了 4 项 PCT 申请，均集中在申请量较大的 2010 年和 2011 年，可见，其作为以服务全球为目标的空港设备公司，已意识到在海外布局的重要性，然而整体数量并不多，且近年来并无 PCT 申请，公司应继续保持研发力度和研发热情，力求在海外市场获得有利的专利布局，为其产品在海外的拓展打好基础。

② 山东太古飞机工程有限公司

山东太古飞机工程有限公司位于中国济南遥墙国际机场内，是中国国内主要的民用航空器大修基地之一，主要面向中小型航空器开展大修和维护业务，范围涵盖：机体大修和改装、系统升级、航线维护、部件翻修、器材加工、工程咨询、维修培训、梯台设计与制造和航材销售等。可见，其公司业务主要以飞机维修为主，而这也体现在其申请的专利局部上。

山东太古飞机工程共有 71 件涉及地面服务的专利申请，其中 60 件涉及飞机维修类的专利，涉及机场除冰设备的仅有 2 件。

从其历年专利申请趋势看，如图 5 - 23 所示，其整体上呈现稳步上升的趋势，在近几年发展较快。

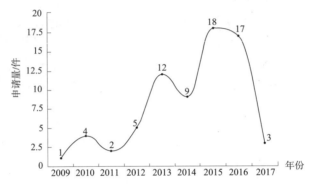

图 5 - 23　山东太古飞机工程历年专利申请趋势

从其申请的类型看，如图 5 - 24 所示，实用新型 40 件，其中 32 件已失效，发明专利 31 件，其中 23 件处于有效状态，6 件处于公开未决状态，2 件处于无效状态；可见发明专利的比例与实用新型差距不大，同时发明中处于有效状态的比例较高，说明企业能够根据自身的技术能力，制定合理的专利申请策略，企业也具备较好的研发实力。

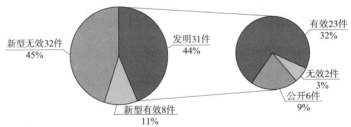

图 5 - 24　山东太古飞机工程专利申请类型与法律状态分布

5.3　全国通用航空装备专利状况

5.3.1　全国通用航空装备专利整体情况

1. 全国通用航空装备历年申请量

从通用航空领域的全国范围而言，其总的申请量达到了约 11.3 万件，就其历年申请量趋势而言，如图 5－25 所示，整体上呈现一个快速增长的态势，特别是进入 21 世纪后，增长速度迅猛。随着科技与制造技术的不断提升，可以预见未来的通用航空将继续呈现一个高速增长的趋势。

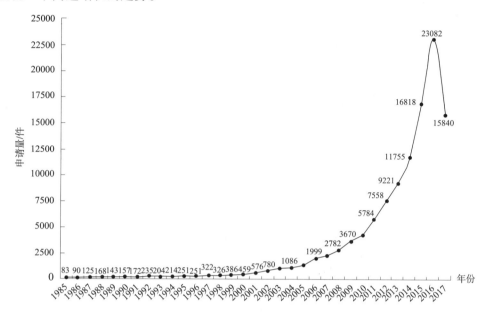

图 5－25　全国通用航空历年专利申请量

2. 全国通用航空装备主要申请人

从全国范围内的主要申请人看，如图 5－26 所示，中国航空工业占据了第一的位置，中国航空工业集团作为国内在航空设计与制造领域的绝对领导者，其专利申请量也处于绝对的领先地位，遥遥领先于其他申请人。而其他的国内申请人包括了中国航天科技集团、北京航空航天大学、中国科学院、国家电网、南京航空航天大学、西北工业大学和哈尔滨工业大学。与此同时，国外的两大航空巨头空客和波音在中国也申请了较多的专利，其申请量分别排在了第 3 位和第 8 位，可见其在专利布局方面的重视程度。

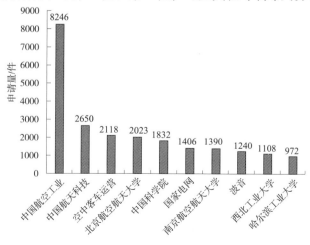

图 5－26　全国通用航空主要申请人

5.3.2 通用航空领域主要省份专利对比

1. 山东省与全国主要省份的对比分析

从通用航空领域的全国范围而言，如图 5-27 所示，其总的申请量为 11.2 万件，其中北京、广东和江苏分别以 1.37 万件、1.22 万件和 1 万件位于全国前 3，而山东以 4411 件申请排在了全国第 8，与辽宁、浙江相当，但与前 3 的省市存在一定的差距。

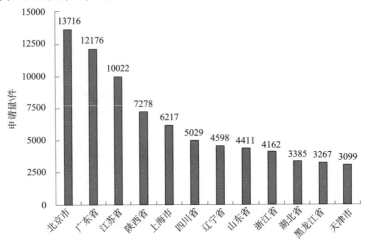

图 5-27　全国通用航空申请量省市排名

从山东省和排名前 3 的省市的近 10 年申请趋势及增长率看，如图 5-28 和图 5-29 所示，各省市整体上均呈现增长的态势，特别是近几年增长快速；从增长率来看，山东省近两年的增长率已经超过了江苏和北京，可见山东省在通用航空领域的发展势头正好。

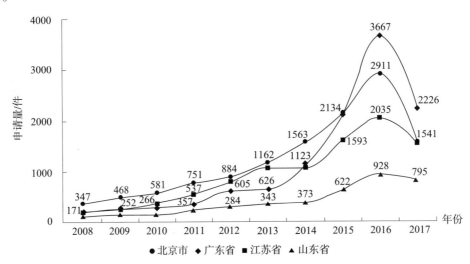

图 5-28　山东省和全国前 3 位省市近 10 年申请趋势

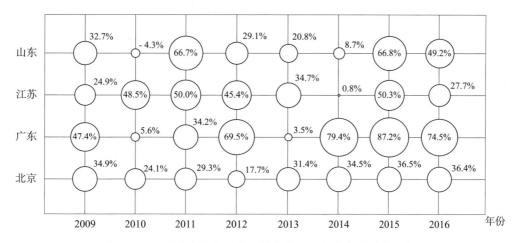

图 5 - 29　山东省和全国前 3 位省市近 8 年的申请量增长率

2. 山东省创新热点与全国创新热点的对比分析

根据第 5.2.5 节的分析，山东省的创新热点集中在无人机领域的电力巡线无人机和农业植保无人机，以及地面服务领域，本节将从这两点出发，分析其与全国创新热点之间的异同。

（1）无人机领域

① 总体情况

全国无人机领域共有专利申请 31062 件，如图 5 - 30 所示，其中广东、北京和江苏分别以 6143 件、4374 件和 3297 件位于第 1 梯队，而山东省以 1329 件位于全国第 5，处于第 2 梯队中，与四川、湖北等省相当。

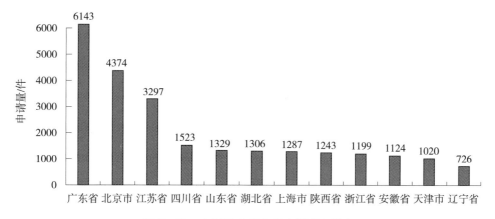

图 5 - 30　全国无人机专利申请省市排名

从无人机的全国申请人看，如图 5 - 31 所示，深圳市大疆创新科技以 990 件无人机相关申请位于首位，且优势明显；位于之后的为国家电网、北京航空航天大学、易瓦特、中国科学院等，同时注意到，前 20 位的无人机申请人中并未出现山东高校或企业。

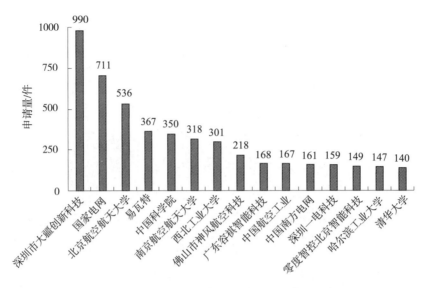

图 5-31　全国无人机专利申请主要申请人排名

对上述申请中的企业进行研究，分析其具体研究的无人机类型，如表 5-4 所示。

表 5-4　全国主要无人机申请企业及其主要研究方向

申请人	主要研究方向
深圳市大疆创新科技	航拍、娱乐为主的消费级无人机
国家电网	电力巡线为主的工业级无人机
易瓦特	电力测绘、农林海事、安防救援等工业级无人机
佛山市神风航空科技	扑翼无人机
广东容祺智能科技	警用、消防、电力、海事等工业级无人机
中国航空工业	多种类型
中国南方电网	电力巡线为主的工业级无人机
深圳一电科技	航拍、自拍为主的消费级无人机
零度智控北京智能科技	消费级、工业级无人机

　　就全国范围的无人机市场而言，消费级无人机已成为全国乃至全球的研发与市场热点，深圳市大疆创新科技公司作为消费级无人机市场的领军企业，在全球市场上占据了 70% 以上的份额，其在国内的无人机申请总量已达到近 1000 件；其他做消费级无人机的企业还包括深圳一电科技、零度智控北京智能科技，同时随着消费级无人机市场的持续升温，越来越多的消费级无人机公司成立，望能在消费级市场上分得一杯羹。

　　② 电力巡线无人机

　　对于电力巡线无人机，就全国范围而言，电力巡线无人机专利申请共 2478 件，如

图 5-32 所示，山东省以 210 件排在了全国第 4，仅落后于综合实力强劲的广东、北京和江苏，排名上要优于山东省在通用航空领域全国第 8 的排名，可见，电力巡线无人机在山东省得到了较好的发展与运用。

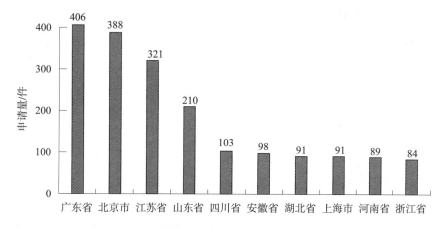

图 5-32　全国电力巡线无人机专利申请省市排名

从电力巡线无人机的全国申请人看，如图 5-33 所示，国家电网以 448 件申请位于首位，处于绝对领先的地位，主要是国家电网作为全国范围内集成度很高的企业，其包括了各省市、地市的电力研究所、供电公司等，因而总的申请量很大；除此之外，山东省的两家企业即山东鲁能智能和国网山东省电力公司进入了全国前 12 位，分别排在了全国第 3 和第 7，表现优异。

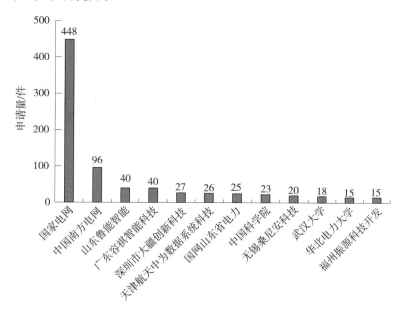

图 5-33　电力巡线无人机全国申请人排名

从电力巡线无人机的全国主要发明人看，如图 5-34 所示，各主要发明人的差距并不是很大，其中刘俍、王海滨、郑天茹、魏传虎、张晶晶、王骞、幕世友、王万国、任杰均是国家电网的发明人,同时上述发明人还隶属于山东鲁能智能技术有限公司或者国网山东省电力公司,可见,在国家电网和山东鲁能智能以及国网山东省电力公司之间有着紧密的合作,也反映了山东省在电力巡线无人机方面的发明人集中度较高。其他的发明人包括杨鹤猛、于虹、张巍,隶属中国南方电网;陈建伟、叶茂林隶属广东容祺智能科技。

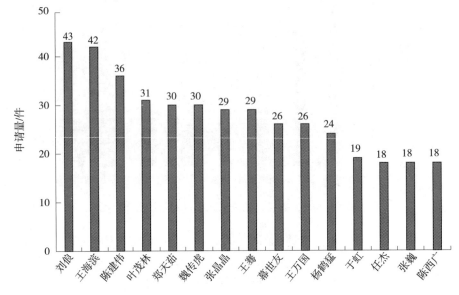

图 5 – 34　电力巡线无人机全国主要发明人

③ 农业植保无人机

全国农业植保无人机专利申请共 2842 件,如图 5 – 35 所示,其中山东省以 194 件申请超过了北京,排在了全国第 3,仅落后于综合实力强劲的广东和另一个农业大省江苏,同样优于整个通用航空在全国第 8 的排名,可见山东省作为农业大省,农业植保无人机得到较好的应用,并且有着广阔的市场前景。

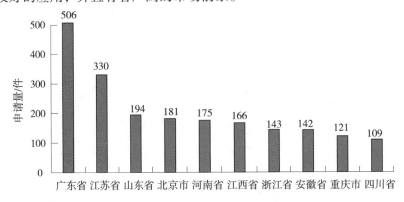

图 5 – 35　全国农业植保无人机专利申请省市排名

从全国的主要申请人看,如图 5 – 36 所示,山东省的青岛锐擎航空科技公司以 81 件申请位于全国第 2 位,位于第 1 的为重庆金泰航空工业,申请量为 103 件。同时从图中可以看出,农业植保无人机的主要申请人遍布在全国各省市,并且在申请量上差距不大，可见，国内多家企业已经在积极布局农业植保无人机，对这一领域投入了较高的研发力度，全国整体上竞争激烈。

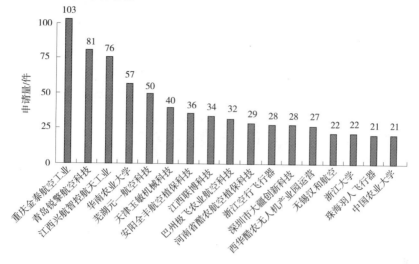

图 5 - 36　农业植保无人机全国申请人排名

从全国主要发明人看，如图 5 - 37 所示，其中戴相超隶属重庆金泰航空工业有限公司；徐金琨隶属青岛锐擎航空科技有限公司；孙德来隶属江西兴航智控航空工业有限公司；王会恩、臧楠、王启源隶属芜湖元一航空科技有限公司；杨玉敏隶属天津玉敏机械科技有限公司；李波、黄德昌隶属江西联博科技有限公司；兰玉彬、周志艳隶属华南农业大学；陈博隶属珠海羽人飞行器有限公司；张斌斐、汪万里隶属浙江空行飞行器；李继宇隶属华南农业大学；周国强隶属安阳全丰航空植保有限公司。

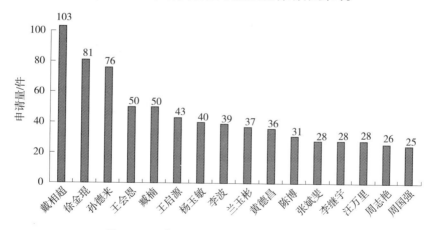

图 5 - 37　农业植保无人机全国发明人排名

（2）地面服务

① 整体情况

全国涉及地面服务的专利申请总共近 2.3 万件，如图 5 - 38 所示，山东省以 1148 件申请排在了全国第 8，与通用航空领域的整体排名持平。

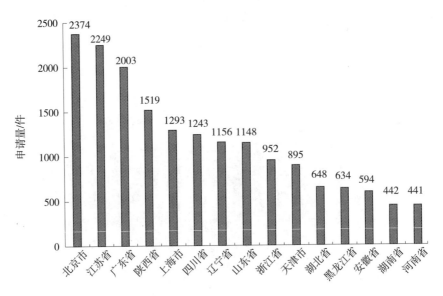

图 5－38　全国地面服务专利申请省市排名

从地面服务的全国申请人排名来看，如图 5－39 所示，排在第 1 的为中国航空工业，其作为全国范围内拥有多家飞机研究所的集团，申请量达到了 445 件，优势明显；山东省的威海广泰空港设备股份有限公司排在了全国第 8 位；同时应注意到，空客和波音作为全球的两大航空巨头，在地面服务领域已在国内进行了较多的专利申请，通过专利布局能够为其在国内的发展打好基础。

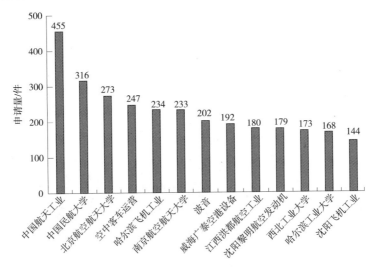

图 5－39　地面服务专利申请全国主要申请人排名

② 山东省重点企业与全国重点企业的对比

山东省在地面服务方面有两家较为有特点的企业，即威海广泰空港设备股份有限公司和山东太古航空工程，在前述的 5.2.5 节可知，威海广泰空港设备的重点申请领域为机场服务类车辆，而山东太古航空工程的申请重点在飞机的安装维修上，因而寄希望于通过分析来得到上述两家企业的重点申请领域在全国范围内的主要申请人，以明确自身的位置及潜在的竞争或合作伙伴。

a. 机场服务类车辆

从全国的主要申请人看，如图 5 - 40 所示，威海广泰空港设备股份有限公司以 124 件机场服务类车辆的专利申请位居全国首位，并且优势较大，可见其在该领域上为全国的领先企业。排在第 2 位的为中国民航大学，申请量为 52 件，而位于全国第 3 阶梯的各申请人申请量均为 10 多件，与前两位存在一定差距。

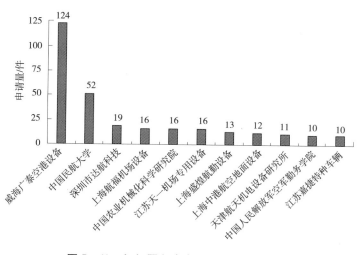

图 5 - 40 机场服务类车辆全国申请人排名

b. 飞机安装维修领域

从飞机安装维修领域的全国申请人看，如图 5 - 41 所示，山东太古飞机工程位于全国第 15 位，与第 1 梯队的申请人存在一定的差距，中国航空工业、哈尔滨飞机工业以及沈阳黎明航空发动机位于全国前 3。

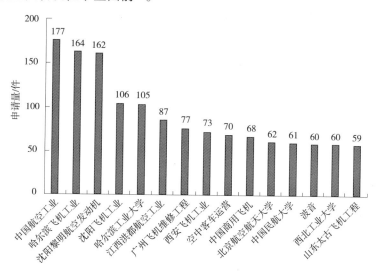

图 5 - 41 飞机安装维修领域中国专利申请人排名

5.4 全球通用航空装备专利状况

5.4.1 全球通用航空装备专利整体情况

1. 全球通用航空装备历年申请量与授权量分析

全球通用航空装备历年专利申请量达到了 57 万件，从其历年专利申请量看，如图 5 - 42 所示，其整体上呈现稳步增长的态势，特别是近 30 年发展迅速，这主要是得益于科技与制造技术的不断发展，并且可以预见的是，未来通用航空将继续呈现快速增加的趋势。

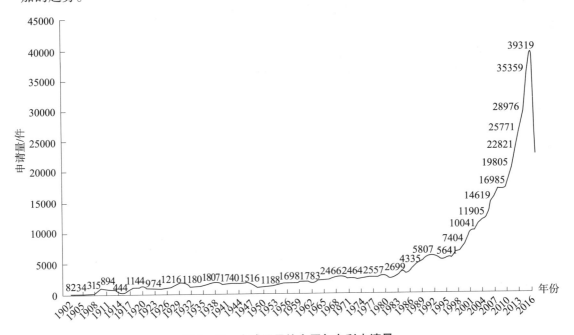

图 5 - 42　全球通用航空历年专利申请量

2. 全球通用航空装备主要申请人

从全球的主要申请人看，如图 5 - 43 所示，空客和波音作为全球的两大航空巨头，在专利申请量上也处于领先的地位，并且两者的申请量也相当，可见其两者在航空领域形成了良好的相互竞争和相互促进。而其他的主要申请人包括了联合科技、霍尼韦尔、三菱、通用电气、中国航空工业、劳斯莱斯、泰雷兹和斯奈克玛。

5.4.2 山东省创新热点分析

本节针对山东省涉及的无人机以及地面服务领域的两个创新热点，分析该两个热点在全球范围内的专利申请概况。

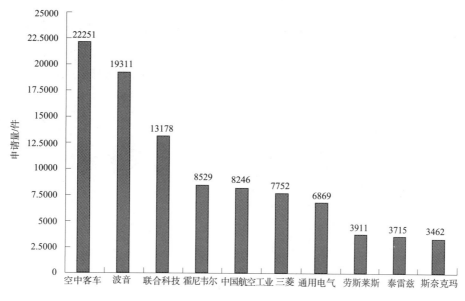

图 5-43　全球通用航空主要申请人

1. 全球无人机专利申请概况

（1）全球无人机历年申请趋势

全球无人机专利申请量共 6.3 万多件，从全球无人机的历年申请趋势看，如图 5-44 所示，全球的申请趋势大致可分为三个阶段。在 2000 年之前，全球申请量相对较少，这主要是因为在这一时期，无人机的主要应用集中在国防军工，在工业和消费领域应用较少。从 2000~2011 年，随着全球无人机技术的稳步发展，申请量也逐渐增加，呈现稳步增长的态势。而从 2012 年之后，随着电子智能科技发展和硬件产业链的成熟，多旋翼无人机技术快速发展，使得无人机在工业和消费市场迅速升温，无人机专利申请也进入爆发期。与此同时可以看出，中国的无人机虽然起步较晚，但发展势头相当迅猛，近几年已成为全球无人机专利申请量增长的主要力量。

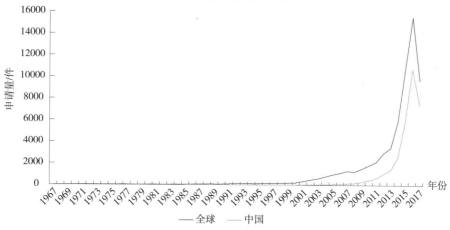

图 5-44　全球无人机历年申请量发展趋势

（2）无人机申请地域分布

如图5-45所示，从全球无人机的地域分布看，中国处于绝对领先的地位，其申请量占了全球总申请量的一半以上，可见中国为全球主要的无人机市场；美国位于第2位，其占比为20.8%；其他的主要地域包括了国际申请、欧洲、韩国、日本等。

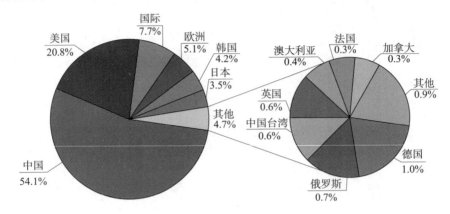

图5-45 全球无人机专利申请地域分布

（3）全球无人机主要申请人分析

从全球无人机的主要申请人看，如图5-46所示，前12位申请人均来自于中国和美国，其中，中国的申请人有7家，美国的有5家，说明中美两国在无人机领域实力较强。中国的大疆创新科技位于第1位，美国的波音公司位于第2位，上述两个申请人领先优势明显。其他的主要申请人包括了中国的国家电网、北京航空航天大学、易瓦特、中国科学院、南京航空航天大学和西北工业大学，以及美国的雷神、霍尼韦尔、B/E航空和洛克希德-马丁。

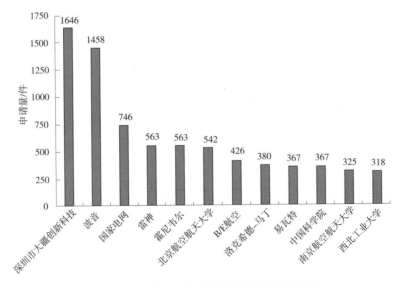

图5-46 全球无人机主要申请人及其申请量

2. 全球地面服务专利申请概况

（1）地面服务历年申请趋势

从地面服务的全球历年申请趋势看，如图 5－47 所示，其申请量出现了一些小的波动，其整体上呈现稳步增长的态势，而中国在这方面起步较晚，但发展良好，呈现逐年增长的趋势，近几年发展快速。

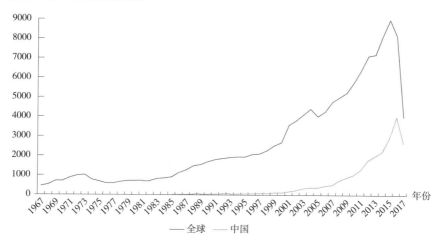

图 5－47 全球地面服务历年申请量发展趋势

（2）地面服务申请地域分布

从全球地面服务申请的地域分布看，如图 5－48 所示，美国处于领先的地位，其申请量约占全球总申请量的 1/3，中国、日本、欧洲紧随其后。其他的主要申请国家包括了韩国、德国、英国、法国和加拿大等。

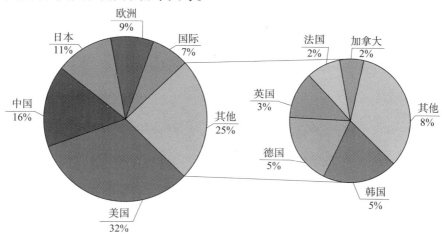

图 5－48 全球地面服务专利申请地域分布

（3）地面服务主要申请人分析

从全球地面服务的主要申请人看，如图 5－49 所述，波音和空客公司作为全球的两大航空巨头，在地面服务的申请上分别排在了第 1 位和第 2 位，且优势较为明显；韩国的现代位于第 3 位，其主要涉及机场的车辆及其配件；美国的休斯飞机和通用航空分别位于第 4 位和第 5 位。其他的主要申请人包括了西门子、日本的三菱公司、固特异、米其林和联合技术。

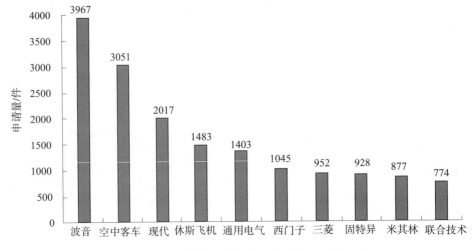

图 5-49 全球地面服务主要申请人及其申请量

5.5 山东省通用航空装备产业总结

1. 总体发展迅速

山东省通用航空申请历年申请总量为 4411 件，位于全国第 8，如图 5-50、图 5-51 所示。其整体上呈现快速增长的态势，特别是近几年，申请量保持了很高的增长速度，至 2016 年达到了 928 件。而近两年增长率已经超过了通用航空水平全国领先的北京和江苏省。

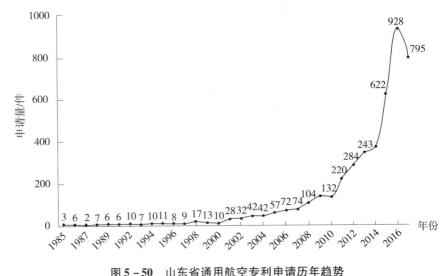

图 5-50 山东省通用航空专利申请历年趋势

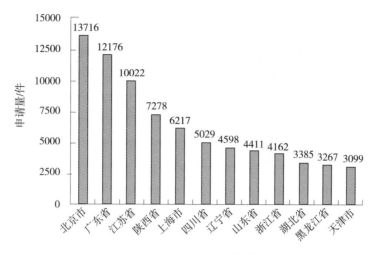

图5-51 山东省在全国的排名

2. 省内地域差异明显

从山东省地域分布来看,东部地区依靠其更为富足的资源优势,整体上优于中西部地区,东部地区主要地市有青岛、烟台和威海,而中部地区仅有济南市,上述四市无论在通用航空整体还是不同领域的申请量上,均位于全省前列,且优势较为明显;与此同时,其余各地市申请量整体较少,且没有突出的特点或优势行业,整体而言山东省地域差异较为明显,如图5-52、图5-53所示。

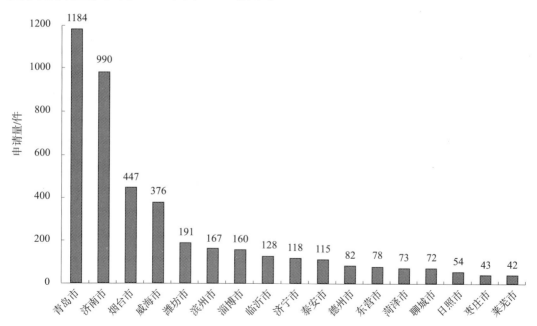

图5-52 山东省通用航空专利申请地市分布

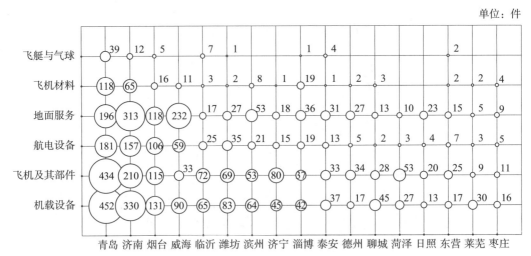

图 5-53 山东省各地市技术分布

3. 企业研发实力有待进一步提高

从主要申请人的类型看，前 22 位的申请人中，企业申请人仅为 9 家、高校申请人 8 家、个人申请 3 个，企业的占比并不是很高。从类型和法律状态看，山东省通用航空的申请以实用新型占多数，达到了 51%，并且发明专利中处于有效状态的并不是很多，仅为 11%，这反映了与全球先进水平仍存在一定的差距，企业的研发实力有待进一步提高，如图 5-54、图 5-55 所示。

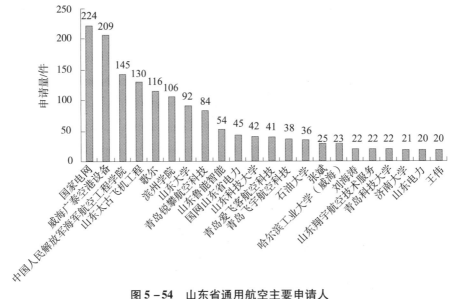

图 5-54 山东省通用航空主要申请人

4. 技术分布特点鲜明

对于山东省专利申请的技术分布看，较为鲜明的两个申请领域即为无人机领域及地面服务领域，无人机的专利申请达到了 1329 件，占通用航空申请总量的 30%；地面服务的申请为 1148 件，占通用航空申请总量的 26%。其中无人机领域又以电力巡线无人

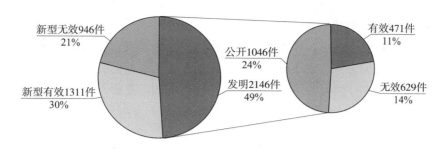

图 5 - 55 专利类型及法律状态

机和农业植保无人机为首，分别达到了 210 件和 194 件（见表 5 - 5）。而地面服务领域以机场服务车辆以及飞机维护维修类为首。对于气球飞艇类以及扑翼无人机等领域的研究和申请相对较少，并未形成规模。整体而言，山东省通用航空的技术分布特点鲜明。

表 5 - 5 山东省创新热点及其主要申请人

申请量		主要申请人
无人机（1329 件）	电力巡线（210 件）	国家电网
		山东鲁能智能
	农业植保（194 件）	青岛锐擎航空科技
		山东卫士植保机械
地面服务（1148 件）		威海广泰空港设备
		山东太古飞机工程

5. 与全国领先省市差距仍存在

从申请量上看，与全国领先的北京、广东、江苏仍存在一定的差距，位于全国第 8 位。从领域看，山东省较为有特色的无人机领域和地面服务领域整体上处于全国中上游水平，分别位于全国第 5 位和第 8 位；从企业看，山东省在全国的优势企业并不多，仅有威海广泰空港设备有限公司、山东鲁能智能、青岛锐擎航空科技等少数几家（见表 5 - 6）。整体而言，山东省与全国领先省市差距仍存在。

表 5 - 6 山东省通用航空、创新热点及其主要申请人在全国的排名

山东省各项目	申请量/件	全国排名
通用航空	4411	8
无人机	1329	5
电力巡线	210	4
山东鲁能智能	40	3
农业植保	194	3
青岛锐擎航空科技	81	2
地面服务	1148	8
威海广泰空港设备	192	8

6. 创新热点领域国内、国际主要申请人及国内主要发明人

对于山东省的创新热点，即无人机领域和地面服务领域，以及山东省无人机领域重点涉及的电力巡线无人机与农业植保无人机，以及山东省地面服务重点涉及的机场服务类车辆领域与飞机安装维修领域，在此总结了国内、国际主要申请人及国内主要发明人信息，如表 5 - 7 所示。

表 5 - 7　创新热点领域国内、国际主要申请人及国内主要发明人

无人机	
国内主要申请人	深圳市大疆创新科技
	国家电网
	北京航空航天大学
	易瓦特
国外主要申请人	波音
	雷神
	霍尼韦尔
	B/E 航空
电力巡线无人机	
国内主要申请人	国家电网
	中国南方电网
	山东鲁能智能
	广东容祺智能科技
国内主要发明人	刘俍、王海滨、郑天茹、魏传虎、张晶晶、王骞、幕世友、王万国、任杰均（山东鲁能智能/国网山东省电力）
	杨鹤猛、于虹、张巍（中国南方电网）
	陈建伟、叶茂林（广东容祺智能科技）
农业植保无人机	
国内主要申请人	重庆金泰航空工业
	青岛锐擎航空科技
	江西兴航智控航空工业
	华南农业大学
	芜湖元一航空科技
	天津玉敏机械科技
国内主要发明人	戴相超（重庆金泰航空工业）
	徐金琨（青岛锐擎航空科技）
	孙德来（江西兴航智控航空工业）
	王会恩、臧楠、王启源（芜湖元一航空科技）
	杨玉敏（天津玉敏机械科技）

续表

地面服务	
国内主要申请人	中国航空工业集团
	中国民航大学
	北京航空航天大学
	哈尔滨飞机工业
国外主要申请人	波音
	空客
	现代
	通用电气
机场服务类车辆	
国内主要申请人	威海广泰空港设备
	中国民航大学
	深圳市达航科技
	上海航福机场设备
飞机安装维修	
国内主要申请人	中国航空工业
	哈尔滨飞机工业
	沈阳黎明航空发动机
	沈阳飞机工业

第6章 发动机产业专利导航

6.1 发动机产业概述

6.1.1 发动机基本概念

作为传统的重工业基地,山东一直都是发动机生产和消费大省,省内出现了诸如"潍柴动力""中国重汽"等知名品牌,生产出在可靠性、动力性、经济性等各方面均有良好表现,各项性能指标均达到先进水平动力产品,省内发动机产业在国际国内打造出响当当的"山东制造"品牌。

下面将从发动机的构造、发展历程及发展趋势介绍发动机产业的基本状况。

1. 发动机构造

发动机是核心的原动机器,是一个能量转换站,山东省发动机行业所生产的主要是将燃料置于密闭的气缸内,通过气体的膨胀,推动活塞运动,使热能转化为机械能的内燃机。内燃发动机具有复杂的结构,以我们所熟知的柴油发动机为例,它主要由配气机构、曲柄连杆机构、燃油供给系、润滑系统、冷却系统、启动系统等几大系统构成,采用柴油压燃技术进行点火启动;与之不同的是汽油发动机,由于燃油种类的不同,比柴油发动机多出了一个点火系统,采用火花塞点火的方式将燃油蒸汽引燃。然而无论哪种类型发动机,都必须依靠其内部多种构件协作运行,才能实现能量的安全、稳定、持续转化,无论哪种构件都是为发动机的正常运作提供服务的,为发动机不可或缺的部分。常用的活塞式内燃机[8-9]如图6-1所示。

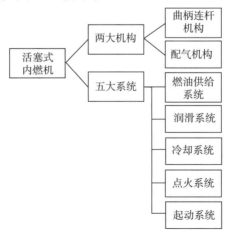

图6-1 发动机构成

2. 发动机发展历程

将化石燃料的内能转化为机械能的发动机的诞生、发展与人们对运载工具的需求息息相关，这其中，发动机与汽车产业的发展关联紧密，在汽车发展的百年时间里，发动机的制造水平也发生了一次又一次的巨大变革。汽车之所以能够运动，完全建立在发动机为其提供的机械能的基础上，在基本工作原理不变的前提下，发动机在设计、制造、工艺、性能等方面获得的不断提升，发动机的机械性能向理想状态的步步趋近，得益于新兴科技的不断融入。汽车发动机的发展历程主要可以分为以下几个阶段：

（1）化油器式发动机

化油器式发动机距今已有百年历史，具有维修、保养方便，可靠性高等特点，是由美国人杜里埃发明的。化油器式发动机的发明，推动了汽车的发展，但同时由于当时的科学技术还不够发达，因此，还存在一定的缺陷，主要表现在冷车启动、急加速与低气压等情况下，无法全面满足运转需求，它的正常运作，主要依靠供油系统、起动系统、怠速系统、省油器和加速系统来完成。

（2）电喷式发动机

电喷式发动机的问世是在 1967 年，它是人类首次开始将计算机技术引入到汽车的发动机系统中，是发动机发展历程中的一个重要转折点，它的运用，使得汽车在能耗、噪音、污染方面都有大大的改善，是以进气管内的空气流量做参数，并根据发动机转速与进气流量判断进气量。

（3）缸内直喷发动机

缸内直喷发动机与电喷式发动机相比，在结构上有了部分改变，主要表现在缸内直喷发动机将喷油嘴移动到了气缸内部，油气的量不会受到气门的影响，而是直接由电脑自动控制其喷油实际与分量，气门仅仅掌控着空气的进入时间。

3. 发动机的发展趋势

现代发动机设计技术的发展趋势一定是向着节能、环保、排污、除噪、降耗的方向前进的。环境污染和能源消耗是当下人们关注的焦点问题，也是我国急需解决的重点问题，发动机技术要想发展下去，就必须要顺应历史发展潮流，向着节能减排、绿色环保的方向发展。

（1）发动机轻量化

对于发动机来说，其在运转的过程中，重量越轻，燃油的效率越高，消耗的油量越低，这是发动机追求的目标之一。因此，在发动机技术未来发展的趋势中，发动机的材质一定会向着质量轻型化的方向发展，这就需要科研人员在满足发动机性能需求的基础之上致力于减轻发动机材质重量。

（2）机"小"、芯"静"

随着人们对汽车性能和个性化要求的提高，对发动机的要求也逐渐向着"小"型化发展。发动机体积变得越来越小，意味着发动机的效能性需求也就越来越高，这需要研发人员不断地改进发动机内部气缸、进排气门、燃烧配合等关键技术。此外，发动机体积越来越小，意味着车辆的重心有下降空间，可以有效提升车辆的汽车行驶速度和操控平稳性，促进制动系统精确度的提高，保证人们的安全，并能够在一定程度上降低车辆运行过程中的噪声。

（3）机"劲"、持"久"

发动机的功率是保证车辆运行速度和效率的重要因素，因此，在发动机技术的发展过程中，设计者需将发动机的"强劲"和"持久"有机结合起来。发动机动力提升，可以有效提高车辆运行的效率，加大扭矩，提高功率，征服难以驾驭的"坎坷"道路。随着发动机向着"劲""久"的方向不断发展，使得发动机技术有一个飞跃的里程碑，从而提我国高汽车发动机整体设计水平，促进汽车行业的可持续发展。

6.1.2　发动机产业政策

在《中国制造2025》战略的影响下，作为机械装备类产品的心脏，我国内燃机行业正在向绿色制造、智能制造方向发展。具体目标具有以下三个方面：首要目标是提高内燃机热效率，降低燃油消耗满足日益严格的油耗和 CO_2 法规，二是满足近零排放有害排放法规，三是把优化的内燃机同新型燃料和动力系统技术带向市场。

目前，以欧、日、美及中国等为首的国家和地区投入了大量的人力、物力和财力开展新型发动机的研究，政府也纷纷出台各种利好政策，针对各自国情努力推动发动机技术的研发，并取得了很好的成果。

近年来，各个国家与地区出台的发动机产业政策列举如表6-1所示。

表6-1　国内外发动机产业政策

政府部门	发布/实施时间	文件名称	文件内容
日本经济产业省	2010年4月	《新一代汽车战略2010》	先进环境对应车（包括新一代汽车和环境性能优越的传统汽车）普及、车载电池研发、资源战略、体系建设国际标准制定
日本经济产业省	2014年11月	《汽车产业战略2014》	新一代汽车的普及、传统汽车环境性能的提升、研发战略、汽车社会体系、摩托车商用车等非乘用车的相关战略
日本经济产业省	2012年6月	《CEV导入补贴（汽车方面）》	FCV、EV、PHV、CDV补贴
日本国土交通省	2009年4月	《绿色税制（汽车税的减免）》	EV、PHV、CDV、FCV，符合一定排放标准的HV、CNG
日本国土交通省	2009年4月	《环保车减税（汽车购置税和汽车重量税的减免）》	EV、PHV、CDV、FCV，符合一定排放标准的HV、CNG

续表

政府部门	发布/实施时间	文件名称	文件内容
德国政府	2013 年 4 月	《国家电动汽车发展规划》	联邦经济和能源部、交通和数字基础实施部、环境部以及教育与科研部共同制定的电动汽车发展目标
德国政府	2009 年 8 月	《国家电动车发展规划》	纯电动汽车和插电式混合动力汽车
美国	2016 年 8 月	《燃油效率和温室气体排放》第二阶段标准	在于提高商用车燃油效率、减少温室气体污染
美国	2015 年 7 月	《中型和重型发动机及车辆温室气体排放和燃料效率标准 – 阶段 2》	减少新的道路重型车辆和发动机温室气体排放和燃料消耗
中国	2012 年 6 月	《节能与新能源汽车产业发展规划（2012—2020）》	纯电动汽车和插电式混合动力汽车
中国	2001 年	《863 计划电动汽车重大专项》	新能源汽车产业形成"三纵三横"的开发布局
中国	2004 年	《汽车产业发展政策》	要突出发展节能环保和可持续发展的汽车技术
中国	2005 年	《优化汽车产业结构，促进发展清洁汽车和电动汽车政策措施》	明确了 2010 年和 2030 年电动汽车保有量占汽车保有量的发展目标
中国财政部、科技部	2009 年	《关于开展节能与新能源汽车示范推广试点工作的通知》	财政鼓励在公交、出租、公务、环卫和邮政等公共服务领域率先推广使用新能源汽车
中国财政部、国税总局和工信部	2012 年 3 月	《关于节约能源使用新能源车船车船税政策的通知》	新能源汽车，免征车船税
中国环保部	2005 年 4 月	《轻型汽车污染物排放限值及测量方法》	汽油车从 2010 年 7 月 1 日开始执行国四标准，柴油车实施分车型分地域执行
中国环保部	2013 年 9 月	《轻型汽车污染物排放限值及测量方法》	2018 年 1 月 1 日起，全国机动车将全面实施国五排放标准

政府部门	发布/实施时间	文件名称	文件内容
国务院	2016 年 5 月	《中国制造 2025》	开发一批标志性、劳动性强的重点产品和重大装备，提升自主设计水平和系统集成能力，突破关键技术与工程化、产业化瓶颈。
科技部、财政部、国家税务总局	2015 年	《国家重点支持的高薪技术领域目录》	先进制造与自动化，汽车及轨道车辆相关技术，车用发动机及其相关技术
中国共产党第十八届中央委员会第五次全体会议	2015 年 10 月	《中共中央关于制定国民经济和社会发展第十三个五年规划的建议》	实施系能源汽车推广计划，提高电动车产业化水平
中共中央、国务院	2016 年 5 月	《国家创新驱动发展规划纲要》	发展智能绿色制造技术，推动制造业向价值链高端攀升，发展航空发动机等高端装备与产品，推动新能源汽车的研发应用
中国工业与信息化部	2016 年 10 月	《产业技术创新能力发展规划（2016—2020 年）》	提升高效内燃机等核心技术的工程化和产业化能力，推动自主品牌节能与新能源汽车同国际先进水平接轨
中国国家发改委	2013 年 2 月	《产业结构调整指导目录》	高效柴油发动机，高效汽油发动机

山东省发动机产业政策如表 6-2 所示。

表 6-2　山东省发动机产业政策

政府部门	发布/实施时间	文件名称	文件内容
山东省	2017 年 3 月	《山东省"十三五"科技创新规划》	绿色制造关键技术，研制发动机、汽车零部件、工程机械、款山机械等产品高效、清洁再制造工艺装备
山东省	2016 年 3 月	《〈中国制造 2025〉山东省行动纲要》	汽车及零部件，大力发展各类新能源汽车以及高性能发动机等配套产品

政府部门	发布/实施时间	文件名称	文件内容
山东省	2015 年 12 月	《中共山东省委山东省人民政府关于深入实施创新驱动发展战略的意见》	围绕全省工业、农业、服务业转型升级急需的关键共性技术，面向社会公开征集科技项目，由企业牵头、政府引导、联合高校和科研院所实施，开展系统公关
山东省	2017 年 3 月	《山东省"十三五"战略性能新兴产业发展规划》	推动国五及以上低能耗发动机在重卡汽车的推广应用，降低卡车排放水平。到 2020 年建成聊城、临沂、枣庄、潍坊、德州等一批新能源汽车产业集聚区，纯电动轿车、载货电动车等各类新能源汽车产量达到 100 万辆

6.2　发动机领域专利状况

随着山东省供给侧结构改革和新旧动能转换，省内发动机产业转型升级势在必行，而推动产业的转型升级离不开知识产权的保护和运用。因此，山东省发动机产业申请并拥有更多具有高技术含量的发动机专利具有极强的紧迫性和战略意义。下面将针对山东省发动机相关专利以及全国和全球的发动机相关专利进行详细分析。

6.2.1　专利申请态势

图 6-2 显示了自 2000 年到 2017 年国家知识产权局公开的全国发动机专利申请数量和山东发动机专利申请数量以及山东发动机专利申请数量占全国的比例，从图 6-2

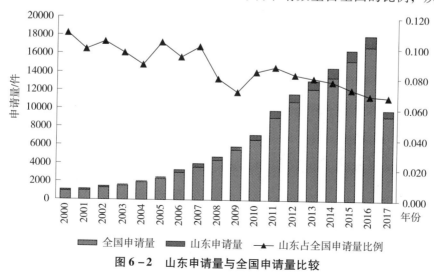

图 6-2　山东申请量与全国申请量比较

163

中可以看出，进入新世纪以来，全国和山东发动机专利申请数量都在稳步增长中，这说明在 2000 年以后，山东省和我国其他地区均在发动机研发方面进行了大量且稳定的投入，在发动机技术领域取得了稳定且快速的发展。但在 2000 ~ 2017 年，山东省申请量占全国申请量的比例整体呈振荡下行趋势，说明国内发动机行业的技术竞争日趋激烈。

图 6 – 3 显示了自 2000 年到 2017 年国家知识产权局公开的发动机发明专利申请数量和实用新型申请数量，从图 6 – 3 中可以看出，2000 ~ 2009 年专利申请数量呈缓慢增长趋势；2010 ~ 2016 年的专利申请数量呈快速增长的趋势（由于专利申请公开的周期较长，2017 年提交的专利申请数据目前还不能从数据库中完全获得，因此图 6 – 3 中显示的 2017 年申请数量较少）。可以看出山东发动机行业近几年得到了较大的发展，专利保护意识在不断加强。

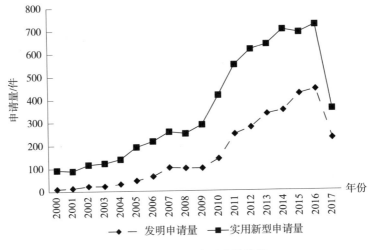

图 6 – 3　山东省专利申请趋势

6.2.2　专利申请区域分布

图 6 – 4 和图 6 – 5 分别显示了发动机全球专利主要申请地域分布以及全国各省市发动机专利申请量排名，如图 6 – 4 所示，日本、美国、德国位居申请量的前 3 名，尤其是日本，在全球申请量排名中处于绝对优势地位，中国全球专利申请量位于第 4。从

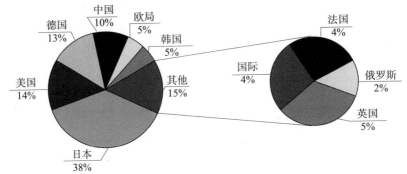

图 6 – 4　专利申请地域分布

图6-5中可知国内申请量最多的是江苏省，其次是浙江省，再次是山东省，山东省申请总量位列全国第3位，由此可以看出，山东省在全国发动机产业中具有重要地位，山东发动机行业经过多年的发展已具有较大规模，并且自主创新能力不断提高。

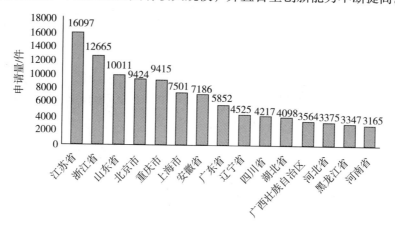

图6-5 全国主要省市发动机专利申请量排名

图6-6显示了山东省2000年以后各地市申请量，从图中可以看出，山东发动机产业地区差异性较大，专利申请量主要集中在济南和潍坊等少数几个地区，具有明显的集聚态势，经过多年的发展，山东已经形成了潍坊、济南等高端动力产业基地和产业园区，产业集群及相关配套企业迅速成长起来，产业链不断完善，促进了优势企业、先进技术、高端人才及资金的集聚和发展。

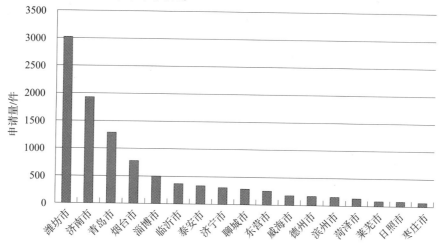

图6-6 山东各地市申请量

6.2.3 专利类型组成

图6-7和图6-8显示了山东省和全国发动机专利申请数量构成以及专利状态。从图6-3、图6-7以及图6-8中不难看出，山东省发动机的专利申请量虽在增加，但申请类型以实用新型为主，山东发明专利占专利申请总量的31%，全国发明专利占专利申请总

量的 37%，山东发明申请量占比小于全国发明申请量占比，省内处于有效状态的发明占比也低于全国。山东有效实用新型占实用新型申请总量的 46.37%，全国实用新型有效占实用新型申请总量的 50.79%，因此，山东有效实用新型占比同样小于全国有效实用新型占比。

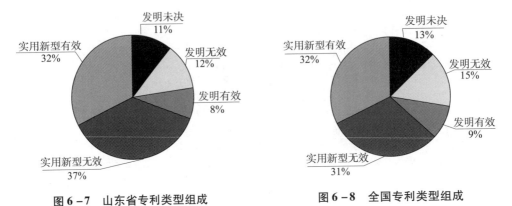

图 6-7　山东省专利类型组成　　　图 6-8　全国专利类型组成

6.2.4　专利申请人组成

图 6-9 为全国发动机产业前 20 位申请人排名，包括 15 家企业和 5 家科研院所或大学。国内申请人以企业为主，前 3 位分别是广西玉柴机器、潍柴动力和东风汽车。山东省内申请人潍柴动力申请量在全国排名第 2，中国重汽排在全国第 12 位。申请量最多的大学或科研院所为哈尔滨工程大学，中国科学院、上海交通大学、天津大学以及吉林大学依次位列第 2 到第 5 位。上述排名证明发动机产业是一个充分发展、高度竞争的产业，国内发动机产业中直接参与市场的企业是发动机技术研发的最大需求者和产出者。

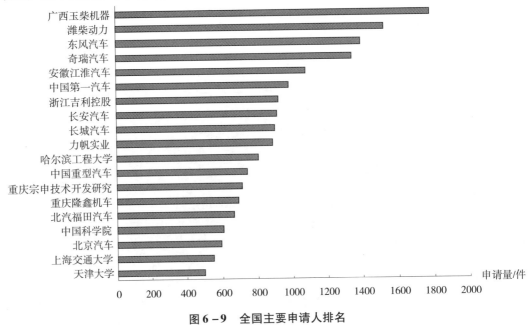

图 6-9　全国主要申请人排名

图 6-10 为山东省前 15 位专利申请人排名，排在第 1 位的是潍柴动力股份有限公司（简称"潍柴动力"），占山东省申请总量的 46%，其次是中国重汽，占总量的 18%，第 3 位是潍柴西港新能源动力有限公司（简称"潍柴动力西港新能源发动机"），占总量的 5%，前 3 位申请人的申请数量总计超过山东省发动机申请总量的 70%，并且，仅潍柴动力就接近总量的 50%，作为省内乃至国内的技术研发领先者，潍柴动力当之无愧。

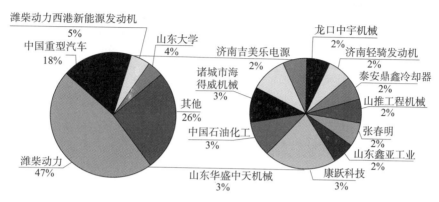

图 6-10　山东省主要申请人排名

潍柴动力股份有限公司和潍柴西港新能源动力有限公司都是潍柴控股集团有限公司（简称"潍柴集团"）的下属子公司，其中，潍柴动力在山东省发动机行业中已经占有绝对的竞争优势，并有一定的垄断地位。潍柴动力拥有行业内的内燃机可靠性企业国家重点实验室、现代化的"企业技术中心"及国内一流水平的产品实验中心，公司自主研发的 WP9H、WP10H 高端发动机，以"180 万公里/3 万小时"树立了高速重型发动机寿命最高标准，在山东省新旧动能转换过程中，可成为推动行业结构调整和技术向高端迈进的重要力量。

潍柴西港新能源动力有限公司是潍柴集团在清洁能源发动机板块的专业研发制造企业。公司拥有先进的专业装配线和亚洲最先进的燃气发动机实验装备，产品包括 WP5NG、WP6NG、WP7NG、WP10NG、WP12NG、WP13NG 等，功率覆盖 120～353 千瓦，达到国IV、国V排放标准，广泛应用于城市公交、公路客车、重型卡车、工程机械、船舶动力、发电设备等多个行业领域。其中，燃气重卡系列产品在国内市场已占据主导地位，公交客车产品在国内市场也呈现高速发展的态势。

中国重汽于 1958 年开始研制柴油发动机，为我国最早专业生产重型高速发动机的企业，重汽发动机已经形成斯太尔和 MC 两大系列的柴油机和气体燃料发动机，功率从 140 到 540 马力，广泛地应用在重型卡车、工程机械、农机、船舶、发电机组等领域。

图 6-11 为山东省前 15 位申请人专利类型组成，可以看出，除潍柴、山东大学等少数几个申请人以外，其他申请人的发明专利占比都比较小，以中国重汽为例，其总申请量虽然较多，但是实用新型数量远超过发明数量。以更能体现企业的技术创新能力的发明专利比例来看，省内大部分申请人的技术创新力度有待进一步加强。

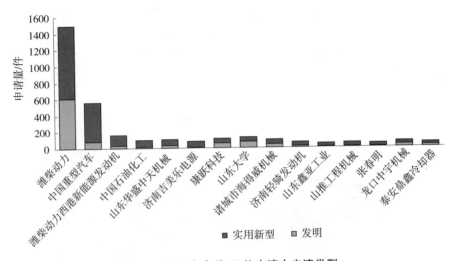

图 6-11　山东省前 15 位申请人申请类型

从上文可知，山东发动机专利申请主要集中在潍坊和济南两地，图 6-12 和图 6-13 分别为潍坊市和济南市主要申请人，从图 6-12 和图 6-13 中可以看出，潍柴动力和潍柴西港新能源动力在潍坊市处于行业的龙头地位，这也表明了潍柴动力和潍柴西港新能源动力突出的创新能力以及对知识产权的良好保护意识。中国重汽在济南市发动机产业中也处于绝对优势地位，此外，山东大学作为国家"双一流大学"，对发动机研究有着悠久的历史，并具有强大的科研实力，其设有"动力工程及工程热物理"博士后科研流动站。"动力工程与工程热物理"学科是"211 工程""985"的重点建设学科之一。"动力机械及工程""工程热物理"和"热能工程"3 个学科为山东省重点学科，学院现有燃煤污染物减排国家工程实验室；环境热工过程教育部工程技术研究中心；能源碳减排技术与资源利用山东省重点实验室；热交换、节能工程、工业生态、能源与环境 4 个山东省工程技术研究中心。

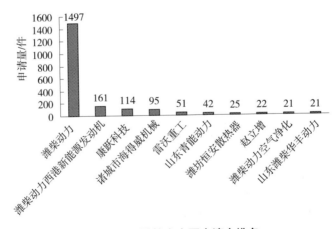

图 6-12　潍坊市主要申请人排名

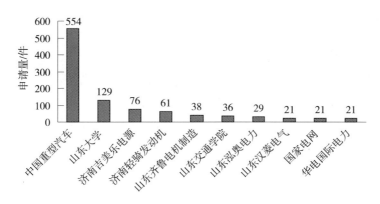

图 6-13　济南市主要申请人排名

6.2.5　主要发明人团队

从前文可知，潍柴动力股份有限公司（简称"潍柴动力"）、中国重汽和潍柴西港新能源动力有限公司（下文称"潍柴动力西港新能源发动机"）的申请数量超过山东省发动机申请总量的 70%，山东大学对发动机研究有着深厚的基础，因此，省内发明人团队的分析主要对上述 4 位申请人进行分析，如表 6-3 所示。

表 6-3　省内主要发明人   单位：件

申请人	发明人	主要研究方向	专利数量
潍柴动力	佟德辉	发动机的电气控制，排气处理的电控等	87
	孙少军	发动机的电气控制，排气处理的电控等	84
中国重汽	姚章涛	发动机零部件，包括阀、润滑和冷却等	65
潍柴西港新能源动力	周胜余	气体燃料发动机	17
山东大学	张强	气体燃料发动机	30

分析发明人团队，从表 6-3 可以看出，潍柴的发明人团队规模最大，专利申请数量最多，中国重汽对气体燃料发动机、燃料喷射装置和发动机阀、润滑都有较多申请量，具有一定的发明人规模，潍柴西港新能源发动机和山东大学都对气体燃料发动机有着较深入的研究，具有较强的科研实力，在纯电动没有完全克服电池容量和快充等技术难题的情况下，新能源气体发动机可以满足日益严格的排放要求，气体发动机仍然有广阔的市场前景。

佟德辉，博士，研究员，潍柴动力副总裁，山东省内燃机可靠性重点实验室主任，中国内燃机学会燃烧节能净化分会、测试技术分会、油品与清洁燃料分会副主任委员，山东省内燃机学会发动机可靠性专业委员会主任，国家科学技术奖评审专家，中国内燃机工业突出贡献奖获得者，山东省泰山学者，山东省有突出贡献的中青年专家，山东省十大杰出工程师，《内燃机与动力装置》副主编，《内燃机学报》编委，《汽车节能与安全学报》编委。先后主持或参与开发了国家科技计划项目 8 项，荣获省部级以上科技奖励 9 项,获得国家授权专利 33 项,发表论文 10 余篇,其中 EI 检索 4 篇。

孙少军,博士,现任潍柴动力股份有限公司执行总裁、高级工程师,是山东省首批企业泰山学者特聘专家,中国内燃机学会首届"突出贡献奖"获得者、国家 863 计划"汽车开发先进技术"专家组成员和"柴油机高增压技术"国防科技重点实验室学术委员会委员,国家 863 计划专家组成员和国防科技重点实验室学术委员会委员,并享受政府特殊津贴。孙少军以"大功率先进电控柴油机技术"泰山学者岗位为核心,开发了拥有完全自主知识产权的蓝擎 WP4、WP5、WP6、WP7、WP10、WP12 这 6 大系列柴油机。先后牵头承担 4 项国家"863"计划项目,3 项国家科技攻关计划项目,2 项国家火炬计划项目;获省部级以上科技进步奖 16 项,主持和参与制定国家及行业标准 27 项,他带领的团队授权专利达 577 项,作为主要发明人的授权发明专利 23 项,实用新型 47 项。其中,其主持研发的 WD12 系列柴油机,是采用世界顶尖技术和全新设计理念研发的新一代柴油机,主要经济指标达到世界领先水平,是目前国内唯一成熟的最大排量柴油机。

姚章涛毕业于山东大学能源与动力工程学院,获工学硕士学位,主要从事车用柴油机设计和开发工作并获得多项集团、济南市及山东省的荣誉。2005~2008 年姚章涛参与完成了 WD615 系列机型所有图纸及技术文件的完善统一工作,试制工作、技术提升及质量改进工作。并且完成了 WD615 两气门发动机排气门制动(EVB)设计、台架性能试验及台架耐久性试验。2009 年之后,他又先后参与完成了国家 863 项目《重型汽车集成开发先进技术》;主持了 D12EGR 国 4 发动机设计、零部件试制工作;主持了 WD615 中置风扇发动机前端轮系设计优化,D12EVB 设计改进、D12 水泵改进、D12 曲轴减振器质量改进等项目。姚章涛在 2011 年 9 月凭《D12 国 3 共轨系列柴油机》项目获 2011 年度中国重型汽车集团有限公司科技进步奖二等奖和济南市科学技术进步奖三等奖。

张强,副教授,工学博士,山东大学硕士生导师。研究领域:内燃机燃烧及排放控制技术、车辆 NVH(减震降噪及舒适性)研究、车辆及发动机总能利用技术等。主持和参与国家 863 计划、国家科技支撑计划、国家高技术船舶计划、自然基金青年项目、山东省自然基金面上项目 10 余项;企业委托课题 20 余项。在所研究的领域申请和获得授权国家发明专利 20 多项,获得授权发明专利 13 项。在《Applied Energy》《Energy》《Energy & Fuels》等本领域知名期刊发表 SCI、EI 收录论文 30 余篇。

李国祥,教授,博士生导师。1989 年 7 月研究生毕业后留校工作至今。科研成果荣获山东省科技进步二等奖项,三等奖 3 项,中国机械工业科技进步特等奖 1 项,2010 年荣获"史绍熙人才奖"。研究领域:主要从事内燃机可靠性与排放控制技术研究和汽车混合动力系统研究。承担的课题有:863 项目"高原共轨重型柴油机关键技术研究"(2012AA1117065),国家科技支撑计划项目"通用的商用车与工程机械模块化混合动力总成"(2011BAG04B00),以及多项企业委托项目。

表 6-4 为国内其他主要发明人研究方向,从表中可以看出,随着国内排放法规的日益严格,研究方向较多的主要是发动机的气流消音器或排气装置、发动机部件以及可燃混合物的供给。

表 6 - 4　国内其他主要发明人　　　　单位：件

申请人	发明人	主要研究方向	数量
广西玉柴机器	覃　文	汽缸；汽缸盖	66
东风汽车	程　伟	非液体燃料的供给	26
奇瑞汽车	倪　伟	润滑部件、零件或附件	33
安徽江淮汽车	张应兵	以提供进气或扫气设备为特点的发动机及其零件	33
中国第一汽车	戈　非	排气或消音装置	63
浙江吉利控股	赵福全	装于内燃机上的燃烧空气滤清器、空气进气装置、进气消音器或输送系统	90
长安汽车	成卫国	汽缸；汽缸盖	20
长城汽车	崔亚彬	可燃混合气或其组分供给的电气控制	11
力帆实业	尹明善	阀机构或阀装置	23
重庆宗申技术开发研究	王义超	装于内燃机上的燃烧空气滤清器、空气进气装置、进气消音器或输送系统	10
重庆隆鑫机车	刘　兵	曲轴箱	32
北汽福田汽车	何　定	曲轴箱的通风或换气	9
中国科学院	陈海生	将热能或流体能转变为机械能的装置	18
北京汽车	贺燕铭	润滑部件、零件或附件	35
上海交通大学	邓康耀	以提供至少一部分时间由排气驱动的泵为特征的发动机	75
天津大学	尧命发	可燃混合气或其组分供给的电气控制	11
吉林大学	许　允	活塞	29

6.3　全国和全球专利技术构成

6.3.1　技术集中度

图 6 - 14 和图 6 - 15 分别为全国发动机技术集中度和全球发动机技术集中度，国内发动机专利申请量最多的领域是燃料的供给，其次是气流消音或排气以及活塞式内燃机。其他的申请数量相对较少，主要技术集中在上述三个方面。全球发动机专利申请量最多的也是燃料的供给，这一点全球与国内相同，其次是发动机的控制、气流消音或排气以及活塞式内燃机。全球在发动机控制方面申请的专利比较多，而国内在发动机控制方面申请量较少，发动机控制技术整体较为复杂，可以看出国内在这方面相对薄弱，可

以进一步加大科研投入。

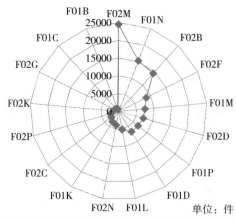

F01B	蒸汽机	F01N	气流消音器或排气装置	F02G	变容式发动机
F01C	旋转或摆动发动机	F01P	冷却	F02K	喷气推进装置
F01D	汽轮机	F02B	活塞式内燃机	F02M	可燃混合物的供给
F01K	蒸汽机	F02C	燃气轮机装置	F02N	发动机的起动
F01L	阀	F02D	发动机的控制	F02P	点火；点火测试
F01M	润滑	F02F	汽缸、活塞或曲轴箱；密封		

图 6-14　全国发动机技术集中度

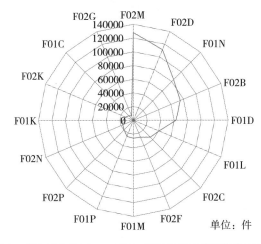

F01B	蒸汽机	F01N	气流消音器或排气装置	F02G	变容式发动机
F01C	旋转或摆动发动机	F01P	冷却	F02K	喷气推进装置
F01D	汽轮机	F02B	活塞式内燃机	F02M	可燃混合物的供给
F01K	蒸汽机	F02C	燃气轮机装置	F02N	发动机的起动
F01L	阀	F02D	发动机的控制	F02P	点火；点火测试
F01M	润滑	F02F	汽缸、活塞或曲轴箱；密封		

图 6-15　全球发动机技术集中度

图 6－16、图 6－17 和图 6－18 分别是潍柴动力、中国重汽和广西玉柴机器的技术集中度，从发动机产业的技术集中程度来看，排气或消音、发动机的控制、润滑、混合物的供给及进气、起燃等活塞式内燃机等是潍柴动力技术最集中的领域；其中，排气或消音是潍柴申请量最多的方向，这也看出了潍柴对发动机环保性的重视，潍柴发动机排放最高可满足欧 V 标准，现已获得德国 TUV 签发的欧 Ⅳ 排放认证、俄罗斯欧 Ⅳ 排放认证、欧洲非道路三阶段排放认证、国际海事组织 NOX 二阶段排放认证等资格。混合物的供给是中国重汽技术最集中的区域，申请量最多，占据绝对优势，这与全国技术集中度和全球技术集中度相同，其次是排气或消音装置，这两个领域集中了中国重汽大量的专利技术，是整个产业技术研发和专利保护的重点。而全国发动机专利申请量最多的广西玉柴，其申请量最多的是发动机汽缸、活塞或曲轴箱；密封（F02F），可见玉柴对发动机整体部件研究较多，技术集中度与潍柴和中国重汽略有不同，申请量其次是混合物的供给（F02M）与国内和全球技术集中度保持一致。

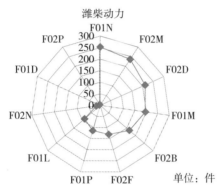

F01B	蒸汽机	F01N	气流消音器或排气装置	F02G	变容式发动机
F01C	旋转或摆动发动机	F01P	冷却	F02K	喷气推进装置
F01D	汽轮机	F02B	活塞式内燃机	F02M	可燃混合物的供给
F01K	蒸汽机	F02C	燃气轮机装置	F02N	发动机的起动
F01L	阀	F02D	发动机的控制	F02P	点火；点火测试
F01M	润滑	F02F	汽缸、活塞或曲轴箱；密封		

图 6－16　潍柴动力发动机技术集中度

6.3.2　技术活跃度

图 6－19 和图 6－20 分别是全国和全球发动机技术活跃度，从全国发动机产业的技术活跃程度来看，从 2007 年以后，关于发动机混合物的供给（F02M）和发动机消音和排气（F01N）方面的专利申请量迅速增加，占比也不断提高，这与国家颁布排放标准有关，《车用压燃式、气体燃料点燃式发动机与汽车排气污染物排放限值及测量方法（中国Ⅲ、Ⅳ、Ⅴ阶段）》，修改采用了欧盟指令 2001/27/EC 的有关技术内容，于 2005 年

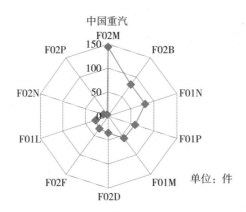

F01B	蒸汽机	F01N	气流消音器或排气装置	F02G	变容式发动机
F01C	旋转或摆动发动机	F01P	冷却	F02K	喷气推进装置
F01D	汽轮机	F02B	活塞式内燃机	F02M	可燃混合物的供给
F01K	蒸汽机	F02C	燃气轮机装置	F02N	发动机的起动
F01L	阀	F02D	发动机的控制	F02P	点火；点火测试
F01M	润滑	F02F	汽缸、活塞或曲轴箱；密封		

图 6 – 17　中国重汽发动机技术集中度

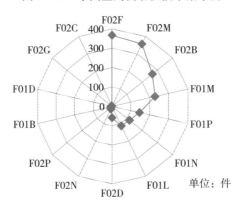

F01B	蒸汽机	F01N	气流消音器或排气装置	F02G	变容式发动机
F01C	旋转或摆动发动机	F01P	冷却	F02K	喷气推进装置
F01D	汽轮机	F02B	活塞式内燃机	F02M	可燃混合物的供给
F01K	蒸汽机	F02C	燃气轮机装置	F02N	发动机的起动
F01L	阀	F02D	发动机的控制	F02P	点火；点火测试
F01M	润滑	F02F	汽缸、活塞或曲轴箱；密封		

图 6 – 18　广西玉柴发动机技术集中度

5 月发布，分别于 2007 年、2010 年、2012 年 1 月 1 日实施。国外发动机发展早，专利技术相对国内较为成熟，发动机各个部分发展较为平衡，其中燃料的供给、消音和排气以及发动机的控制自 2000 年就一直保持相当数量的申请量，可见，国内技术相对于全球技术发展起步较晚。尤其是发动机的控制方面，发动机的控制包括发动机的一般控制、以起动或其操作装置为特点的控制、特殊发动机的控制以及其他控制。发动机的控制庞大而且复杂，并且关系到发动机效率的提升、排放污染物的降低，而国内在该项技术专利申请量较少，近年来虽得到快速的发展，但是由于起步较晚，和国外仍有较大的差距，省内企业和科研院所应当加大此方面的科研投入，缩小与国外的差距。

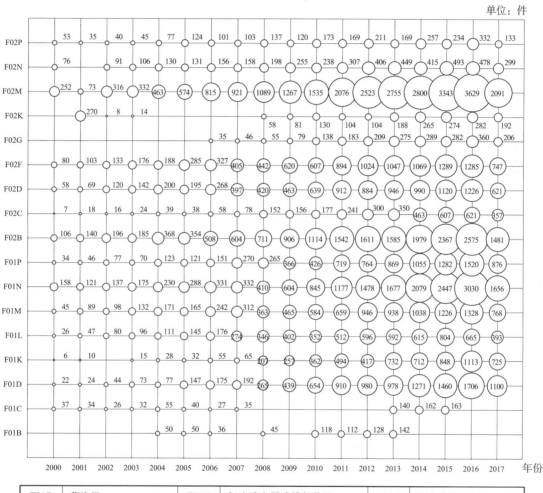

F01B	蒸汽机	F01N	气流消音器或排气装置	F02G	变容式发动机
F01C	旋转或摆动发动机	F01P	冷却	F02K	喷气推进装置
F01D	汽轮机	F02B	活塞式内燃机	F02M	可燃混合物的供给
F01K	蒸汽机	F02C	燃气轮机装置	F02N	发动机的起动
F01L	阀	F02D	发动机的控制	F02P	点火；点火测试
F01M	润滑	F02F	汽缸、活塞或曲轴箱；密封		

图 6 - 19　全国发动机技术活跃度

单位：件

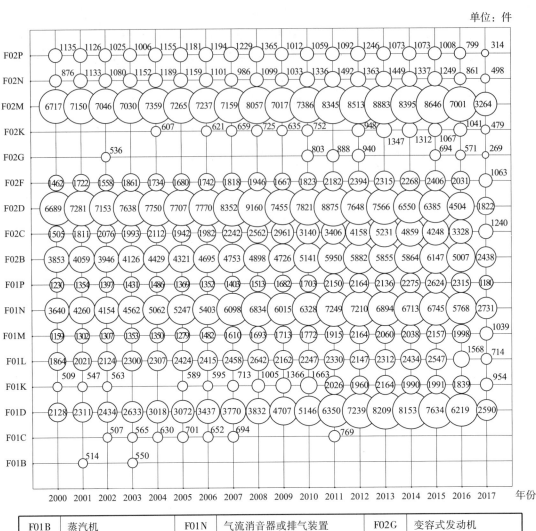

F01B	蒸汽机	F01N	气流消音器或排气装置	F02G	变容式发动机
F01C	旋转或摆动发动机	F01P	冷却	F02K	喷气推进装置
F01D	汽轮机	F02B	活塞式内燃机	F02M	可燃混合物的供给
F01K	蒸汽机	F02C	燃气轮机装置	F02N	发动机的起动
F01L	阀	F02D	发动机的控制	F02P	点火；点火测试
F01M	润滑	F02F	汽缸、活塞或曲轴箱；密封		

图 6-20　全球发动机技术活跃度

图 6-21、图 6-22 和图 6-23 分别为潍柴动力、中国重汽和广西玉柴发动机技术活跃度，从图 6-21 可以看出，2009 年之前潍柴动力专利申请量较少，在 2010 年之后，申请量有了较大的增长；并且随着发动机排放法规的日益严格和电子系统的飞速发展，潍柴动力在发动机排气或消音（F01N）、发动机控制（F02D）以及混合物的供给（F02M）专利申请量迅速增长，同时，其他如发动机的冷却（F01P）、润滑（F01M）自 2010 年后也有较大的专利申请量。从图 6-22 中可以看出，可燃混合物的供给

（F02M）一直是中国重汽的专利申请热点，可以看出，中国重汽在发动机可燃混合供给方面的研究是持续的并且是其研究的重点，以及在发动机的排气或消音（F01N）申请量也越来越多。从图6-23可以看出，玉柴在发动机汽缸、活塞、曲轴箱、密封（F02F）以及可燃混合物的供给（F02M）申请量较为活跃，可见玉柴对发动机整体部件以及燃料的供给方面研究较多，近几年的技术活跃度与之前玉柴呈现的技术集中度相同，同时，玉柴在活塞式内燃机（F02B）也有着较大的申请量。但在排气或消音（F01N）技术活跃度低，与国内产业技术活跃程度稍有不同。

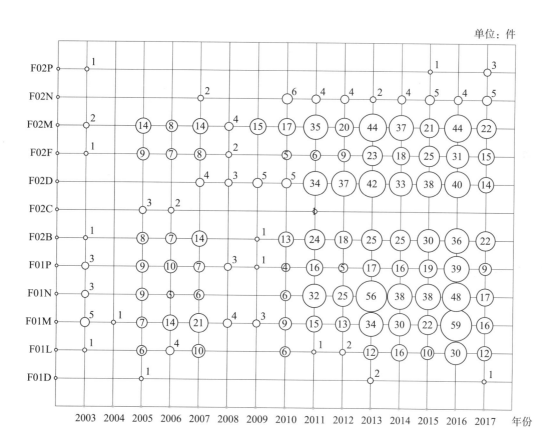

F01B	蒸汽机	F01N	气流消音器或排气装置	F02G	变容式发动机
F01C	旋转或摆动发动机	F01P	冷却	F02K	喷气推进装置
F01D	汽轮机	F02B	活塞式内燃机	F02M	可燃混合物的供给
F01K	蒸汽机	F02C	燃气轮机装置	F02N	发动机的起动
F01L	阀	F02D	发动机的控制	F02P	点火；点火测试
F01M	润滑	F02F	汽缸、活塞或曲轴箱；密封		

图6-21 潍柴动力技术活跃度

单位：件

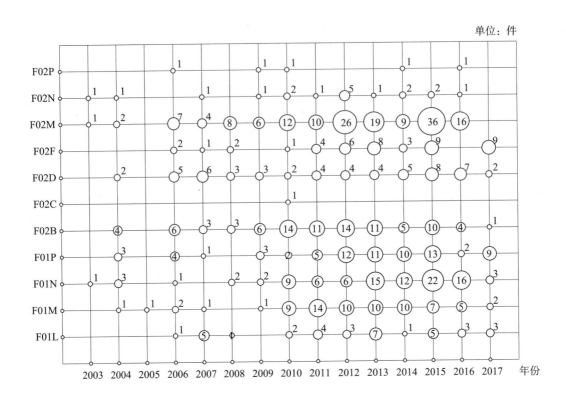

F01B	蒸汽机	F01N	气流消音器或排气装置	F02G	变容式发动机
F01C	旋转或摆动发动机	F01P	冷却	F02K	喷气推进装置
F01D	汽轮机	F02B	活塞式内燃机	F02M	可燃混合物的供给
F01K	蒸汽机	F02C	燃气轮机装置	F02N	发动机的起动
F01L	阀	F02D	发动机的控制	F02P	点火；点火测试
F01M	润滑	F02F	汽缸、活塞或曲轴箱；密封		

图6-22 中国重汽技术活跃度

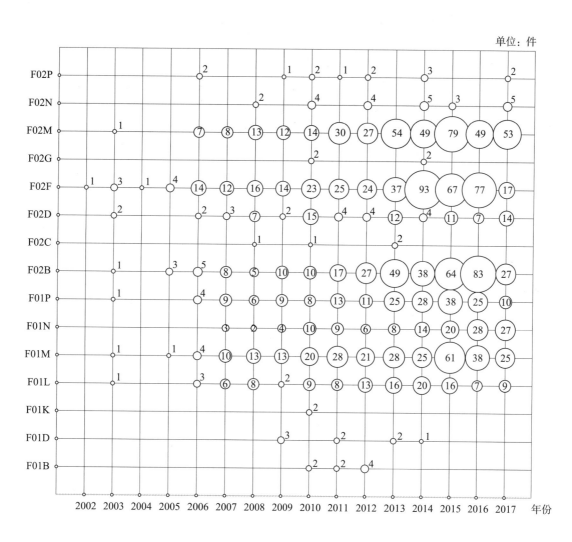

F01B	蒸汽机	F01N	气流消音器或排气装置	F02G	变容式发动机
F01C	旋转或摆动发动机	F01P	冷却	F02K	喷气推进装置
F01D	汽轮机	F02B	活塞式内燃机	F02M	可燃混合物的供给
F01K	蒸汽机	F02C	燃气轮机装置	F02N	发动机的起动
F01L	阀	F02D	发动机的控制	F02P	点火；点火测试
F01M	润滑	F02F	汽缸、活塞或曲轴箱；密封		

图6-23 广西玉柴技术活跃度

6.4 发动机关键技术分析

随着新旧动能的转换，发动机行业也必然掀起一场革命，关键技术和核心技术在新旧动能转换过程中必然起到决定性作用。在之前全国和全球技术集中度和技术活跃度的分析来看，目前国内外，对发动机集中申请量较多并且较为重要的技术主要集中在燃料的供给（F02M）、排气或消音（F01N）以及发动机的控制（F02D）等方面，上述3个方面也是未来发动机的研究热点和难点，下面就上述3种关键技术和核心技术进行分析。

6.4.1 新能源气体发动机

在燃料的供给（F02M）中研发热点是新能源气体发动机的研发，这是由于随着国家环保法规的日益严格和新旧动能转换的要求，对发动机排放控制越来越严格，气体发动机也越来越受到发动机产业的重视。气体燃料包括非烃燃料，例如，氢、氨或一氧化碳；烃燃料，例如，甲烷或乙炔以及气态燃料混合物；天然气；生物气；矿山气体；垃圾填埋气体。

图6-24是气体发动机全国和全球申请量随年份比较图，从图中可以看出，全球气体发动机申请量在2010年之前，申请量在一定范围内波动，在2010年之后，申请量有较大增长，国内气体发动机发展较晚，气体发动机申请量在最近几年整体上有了较大的增长。

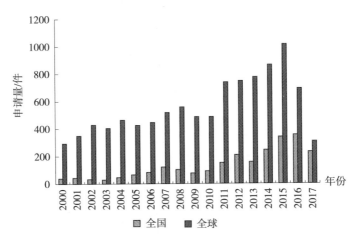

图6-24 气体发动机全国和全球申请量随年份比较

图6-25为全国发动机产业气体发动机前10位申请人排名，其中哈尔滨工程大学申请量排在第1位，其次是广西玉柴机器，再次是潍柴西港新能源动力，由此可见，哈尔滨工程大学和广西玉柴机器在国内气体新能源发动机中研发和专利申请中占有重要的位置。

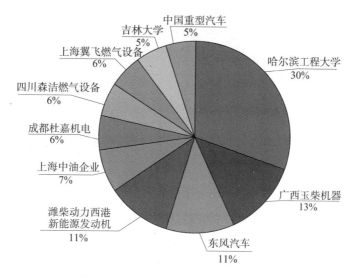

图6-25 全国气体发动机主要申请人

哈尔滨工程大学作为国家"双一流"大学,其科研团队突破并掌握双燃料发动机控制关键技术,成功研制的控制系统采用柴油/LNG(液化天然气)双燃料,能够大幅度降低有害物排放,其主要研发团队是哈尔滨工程大学宋恩哲、范立云。

作为山东发动机产业的品牌企业,潍柴和中国重汽都生产有自己的天然气发动机。潍柴天然气发动机主要有 WP5NG、WP6NG、WP7NG、WP10NG、WP12NG、WP13NG等,功率覆盖120千瓦~353千瓦,无论是轻卡、中卡、重卡,都能得到最好的匹配。目前,潍柴天然气发动机 WP5、WP6、WP7 主要在客车上得到广泛应用,而 WP10、WP12 则主要配装在重卡及重型专用车上。中国重汽集团杭州发动机销售有限公司展出了拥有曼技术的 MC 系列柴油发动机以及在曼发动机基础上开发的 MT 系列发动机和T10、T12 系列天然气发动机,功率可以覆盖140马力~420马力,可以满足卡车与客车的需求。气体发动机的研发和专利申请量上还有着进一步上升的空间,在政府新旧动能的推动下,省内企业可以寻求更多与外界,例如,与高校的合作,从而加快自身在新能源发动机的研发和运用。

表6-5为全国气体发动机主要发明人,为了促进气体发动机技术不断地进步和完善,使山东企业始终保持在该领域的技术领先优势,可以搭建平台,促进省内企业与高校或科研院交流,推动气体发动机产业的进一步发展。

表6-5 全国气体发动机主要发明人

申请人	主要发明人
广西玉柴机器	盛 利
	陶喜军
东风汽车	程 伟
	贾李水

续表

申请人	主要发明人
吉林大学	刘忠长
	许 允
中国重型汽车	孙 霞
	丁 彬

图 6 - 26 为全球主要气体发动机申请人及申请量，主要申请人有丰田汽车、三菱、现代自动车、罗伯特·博世、本田、大宇电子、日产汽车、洋马，由此可见，新能源气体发动机主要研发国为日本、德国和韩国。山东气体发动机产业和国外相比还有较大距离，在新旧动能转换过程中，需要持续加大发动机的研发力度，提高专利质量，加大专利申请和布局的力度，保持行业竞争力。省内企业和院校还需要投入更多的资源到新技术中，提高新能源气体发动机的竞争力。

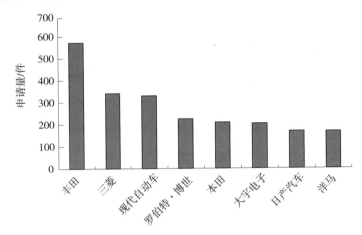

图 6 - 26   全球主要气体发动机申请人及申请量

6.4.2   催化反应器

催化反应器是发动机排气处理装置（F01N）中的重要组成部分，是排气净化装置的关键部件。催化反应器，是安装在汽车排气系统中最重要的机外净化装置，它可将汽车尾气排出的 CO、HC 和 NO_x 等有害气体通过氧化和还原作用转变为无害的二氧化碳、水和氮气等无害物质。当高温的汽车尾气通过净化装置时，催化反应器中的净化剂将增强 CO、HC 和 NO_x 三种气体的活性，促使其进行一定的氧化 - 还原化学反应，其中 CO 在高温下氧化成为无色、无毒的二氧化碳气体；HC 化合物在高温下氧化成水（H_2O）和二氧化碳；NO_x 还原成氮气和氧气。三种有害气体变成无害气体，使汽车尾气得以净化。

图 6 - 27 为全国和全球催化反应器申请量，从图中可以看出，2015 年之前，全球催化反应器申请量整体上处于上升阶段（2016 年和 2017 年部分未公开，不完全统计）；但就国内来看，催化反应器 2007 年之前保持较低申请量，2008 年之后，随着排放法规的日益严

格，申请量才快速增加，处于高速发展阶段，由于起步较晚，而且，随着公众环保意识的增强以及排放要求的进一步提高，对催化反应器的研究必将进入新的阶段，加大对催化反应器的研发，进一步降低发动机排放污染物，也会是未来的发展趋势和研究热点。

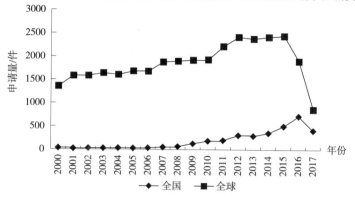

图6-27　发动机催化反应器申请量

图6-28为国内催化反应器主要申请人排名，从图中可以看出，国内申请量最多的是天纳克（苏州）排放系统有限公司，其次是潍柴动力，第3是中国第一汽车股份有限公司。其中天纳克总部位于美国伊利诺伊州Lake Forest，天纳克在排气系统及产品领域方面是全球领先的设计者、制造商和销售商之一，天纳克（苏州）排放系统有限公司，成立于2006年，设计、开发、生产和销售车辆排放后处理系统，在催化反应领域在国内处于领先的地位。

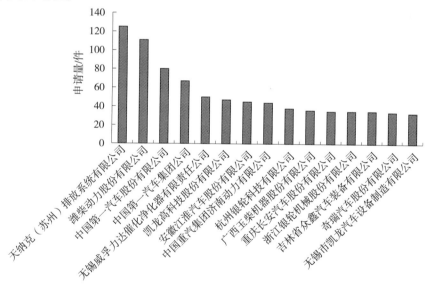

图6-28　全国催化反应器主要申请人排名

图6-29为全球催化反应器主要申请人，不难看出，催化反应器主要研发过集中在日本、美国、德国等西方国家，尤其是日本对此申请量处于绝对领先地位，前10位申请人有7位来自日本，核心技术垄断被国外大公司垄断。催化反应器是对尾气处理的重

要部件，在新旧动能转换过程中起到重要的作用，山东作为制造大省，应该加大科研投入，掌握核心技术，提高竞争力。

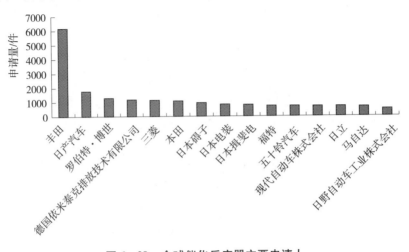

图 6 – 29　全球催化反应器主要申请人

6.4.3　燃料发动机的电气控制

从之前的国内外技术集中度和技术活跃度可知，发动机的控制（F02D）是专利申请的热点，其中，对包括可燃混合气或其组分供给的电气控制（F02D41）是整个发动机控制中的关键技术，其涉及包括发动机怠速、加速以及减速等各种工况下的发动机可燃混合气的或其组分供给的电气控制。

图 6 – 30 为全国和全球燃料的电气控制申请趋势图，从图中可以看出，全球申请量一直都保持较高的申请量，这就说明国外燃料的电气控制技术积累雄厚，而国内 2006 年之前申请量非常少，从 2007 年申请量才逐渐增多，经过十年的发展，申请量有了较大增长，但是国内起步较晚，基础比较薄弱，需要进一步进行技术积累，争取能够在该领域具有竞争力。

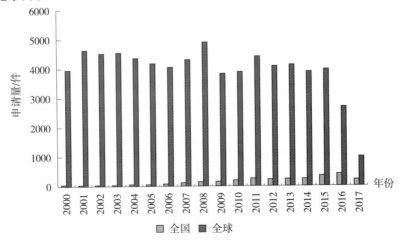

图 6 – 30　全国和全球燃料的电气控制申请趋势

图 6-31 为全国燃料电气控制的主要申请人排名，从图中可以看出，国内申请量最多的是潍柴动力，可见潍柴动力对燃料的电气控制技术的重视，其次是中国第一汽车，第 3 是奇瑞汽车。同时，天津大学、清华大学、吉林大学申请量也较多，省内的山东大学在该领域也有一定量申请。

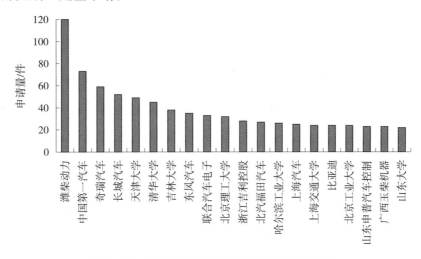

图 6-31　全国燃料电气控制的主要申请人排名

图 6-32 为全球燃料电气控制主要申请人及申请量，不难看出，催化反应器主要研发集中在日本、美国、德国等西方国家，尤其是日本的申请量处于绝对领先地位，关键技术被国外大公司垄断。燃料电气控制是发动机控制的重要组成部分，在新旧动能转换过程中，起到重要的作用，山东作为制造大省，应该不断加大科研投入，不断提升创新能力。

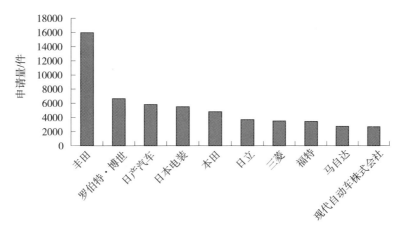

图 6-32　全球燃料电气控制主要申请人及申请量

图 6-33 和图 6-34 分别是丰田汽车、罗伯特·博世、本田、福特和现代汽车近年来的申请量和在中、日、欧、美、韩等 5 国授权量比较图，从图中可以看出，丰田汽车在 2000 年以后申请量进入快速增长期，大约在 2002 年超过罗伯特·博世公司，并在

2008 年申请量达到最大值，随后保持缓慢下降趋势，除了本田汽车以外的其他 3 家公司，包括罗伯特·博世、福特和现代汽车，在 2003 年以后申请量大体处于稳定期。

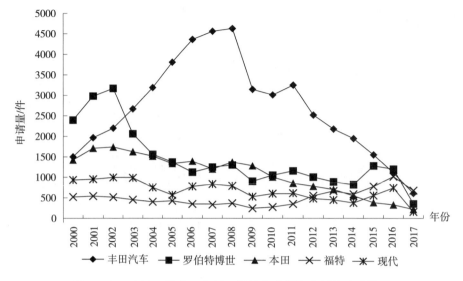

图 6 - 33　丰田、博世、本田、福特和现代汽车近年来申请量

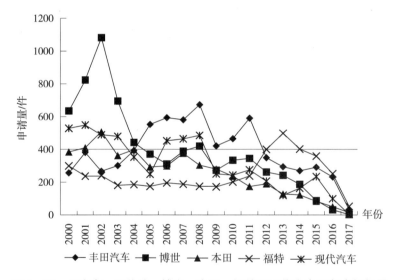

图 6 - 34　田汽车、罗伯特·博世、本田、福特和现代汽车近年来授权量

　　从丰田汽车、罗伯特博世、本田、福特和现代汽车近年来在中日欧美韩等 5 国授权量来看，福特汽车在 2010 年以后授权量处于快速增长期并一度保持领先，其中，丰田汽车授权量在 2004～2012 年相比于其他 4 家公司一直处于高位，罗伯特博世、福特和现代汽车近几年授权量大体在一定范围波动。

6.5 山东省发动机产业总结

山东是发动机制造研发大省，省内具有全国重要企业，并且全省专利申请量排在全国前列。但客观上看，山东传统发动机占比较大，新动能培育不足，发展的质量效益还不够高，发动机产业整体结构依然不够合理，产业结构调整的任务艰巨。通过之前分析，山东省发动机产业主要有以下特点。

1. 专利申请态势与专利类型组成

自 2000 年以来，全国和山东发动机专利申请数量都在稳步增长中，但山东省申请量占全国申请量的比例整体呈下降趋势，如图 6－35 所示。

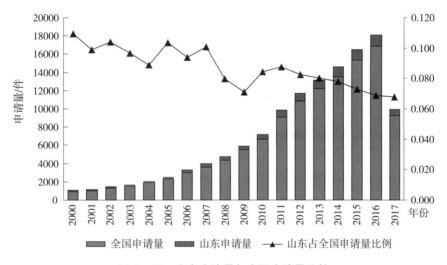

图 6－35　山东申请量与全国申请量比较

省内发动机的专利申请量虽在增加，但实用新型居多，山东发明占比小于全国发明占比，山东新型有效占比小于全国新型有占比，山东拥有较强的技术创新能力，但同时还有进一步提升的空间，如图 6－36、图 6－37 所示。

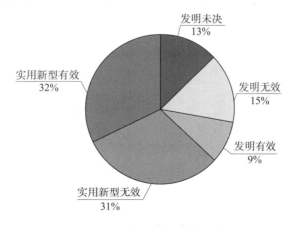

图 6－36　全国专利类型组成

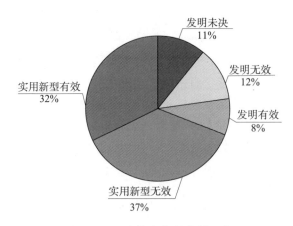

图 6-37　山东省专利类型组成

2. 重要申请人和发明人

全国申请人主要以企业为主，第 1 位申请人是广西玉柴，其次是潍柴动力，中国重汽排在全国第 12 位。

省内申请人主要集中在济南、潍坊两地，其中，潍柴动力、中国重汽、潍柴动力西港新能源和山东大学是前 4 位申请人。

省内潍柴动力、中国重汽和潍柴动力西港新能源发动机的申请数量超过山东省发动机申请总量的 70%；山东大学对气体燃料发动机有着较深入的研究，具有较强的科研实力，见表 6-6。

表 6-6　省内主要发明人　　　　　　　　　　　　　　　　单位：件

申请人	发明人	主要研究方向	专利数量
潍柴动力	佟德辉、孙少军、刘兴义	发动机的电气控制	57
	王奉双、陶建忠	排气或消音装置	70
中国重汽	孙霞、丁彬	气体燃料发动机	19
	周斌	燃料喷射装置	32
	姚章涛	阀，润滑	15
潍柴西港新能源动力	周伟伟、周胜余、赵红兵	气体燃料发动机	45
山东大学	李国祥、张强、李孟涵、李娜	气体燃料发动机	13

3. 技术集中度和技术活跃度

全国技术集中度主要分布在燃料的供给、气流消音或排气以及活塞式内燃机。全球技术集中度主要分布在燃料的供给、发动机的控制、气流消音或排气以及活塞式内燃机。并且，全球有关发动机的控制的申请量排在全球发动机申请量的第 2 位，仅少于燃料的供给的申请量，而国内发动机的控制的申请量排在全国第 6 位，且申请量较少。可见，全球的技术集中度与国内的主要差别在于全球专利在发动机的控制方面专利申请量比较大。国内在发动机的控制方面整体专利申请量较少，但是省内的潍柴动力在发动机的控制方面，相对于国内其他企业申请量较多，技术积累雄厚，科研实力较强。

　　潍柴动力技术活跃度分布在燃料的供给、发动机的控制以及气流消音或排气，中国重汽在发动机可燃混合的供给方面的研究是持续的并且近年来申请量有大的增长。国外技术活跃度分布较为均衡，在燃料的供给、发动机的控制、气流消音或排气以及活塞式内燃机等方面都有持续且较大的申请量。

　　4. 关键技术/核心技术

　　潍柴动力西港新能源发动机是省内主要的气体发动机申请人，省外的哈尔滨工程大学以及广西玉柴、东风汽车对气体发动机也有着较高的申请量；全国催化反应器的前两位申请人是天纳克（苏州）排放系统有限公司以及潍柴动力股份有限公司；燃料的电气控制申请量最多的是潍柴动力股份有限公司。在气体发动机、催化反应器和燃料的电气控制方面来看，全球的主要申请人集中在国外，尤其是包括丰田汽车在内的日本企业，见表 6 - 7。

表 6 - 7　关键/核心技术主要申请人

专利申请量较多的区域	关键技术/核心技术	前三位主要申请人
燃料的供给（分类号 F02M）	新能源气体发动机	丰田汽车 三菱 现代汽车
排气处理装置（分类号 F01N）	催化反应器	丰田汽车 日产汽车 罗伯特·博世
发动机的控制（分类号 F02D）	可燃混合气或其组分 供给的电气控制	丰田汽车 罗伯特·博世 日产汽车

第7章　农业机械产业专利导航

7.1　农业机械产业发展概述

我国是农业大国，农业是国民经济发展的基础。随着我国社会主义和谐社会建设的深化，农村、农业和农民问题逐渐成为新时期国民经济发展和社会稳定和谐的关键因素。传统农业生产方式在新型先进生产力、创新农业科技和坚实农业经济基础的带动下向农业机械化生产方式转变的动态过程是农业现代化的主要发展途径。因此，农业机械化是农业现代化的重要标志，在现代农业乃至经济社会发展全局中发挥着越来越重要的装备支撑、技术引领、人才培育和劳动替代作用。农业机械是发展现代农业的重要物质基础。推进农业机械发展是提高农业劳动生产率、土地产出率、资源利用率的客观要求，是支撑农业机械化发展、农业发展方式转变、农业质量效益和国际竞争力提升的现实需要[10]。

如图7-1所示，广义上讲，农业机械是指在作物种植业和畜牧业生产过程中，以及农、畜产品初加工和处理过程中所使用的各种机械。在具体构成上，农业机械通常包括耕整地机械、种植施肥机械、田间管理机械、收获机械、收获后处理机械、农产品初加工机械、畜牧水产养殖机械、动力输送机械、排灌机械以及基建设施农业设备等。

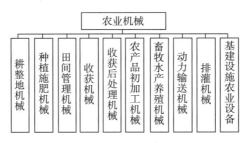

图7-1　农业机械分类

如图7-2所示，由于山东省农村经济发展的特点是以种植业为主，以小麦、玉米、花生、棉花、马铃薯、大蒜六大作物为主要对象，因此本文基于目前山东省的农业机械化发展现状，以种植业机械为主攻方向，从耕整地机械、种植施肥机械、收获机械、动力输送机械4个方面对农业机械的专利申请情况进行介绍。

图 7 - 2　农业机械研究方向

7.2　农业机械的发展现状和发展要求

7.2.1　国外农业机械的发展现状

国外农业机械的水平和特点，主要以美国、加拿大、澳大利亚、德国、日本、以色列等为代表。这些国家在土地经营规模、农作物种植、自然条件以及农业装备水平等方面各有特色。美国是世界上农业最发达、技术最先进的国家之一。机械、化肥、航空航天等为农业提供大量农业机械、化肥、农用飞机等先进生产资料和装备，使农业一直是主要出口产业[11]。

1. 美国

美国高度重视农业保护性耕作技术与机械的推广和使用。长期以来，美国广泛推行保护性耕作，并取得了可观的效果。近几年，美国在谷物联合收割机、喷雾机、播种机等农业装备上开始采用卫星全球定位系统等高新技术，致力于向精准农业方向发展。美国约翰迪尔公司、凯斯万国公司、福特公司（拖拉机）等大型跨国农机公司生产的农业机械生产率高，性能先进，标准化、系列化、通用化程度高，制造质量好，使用可靠，方便、舒适性好，为世界先进水平。在本国和世界使用广泛，深受用户欢迎。

2. 加拿大

加拿大的种植业和畜牧业产值大致相等，粮食生产和畜类生产的机械与设备配备成套性强，田间作业机械多为大功率、宽幅、高效机具。耕作技术主要以保护性耕作为主。总体来讲，加拿大的机械生产水平高且规模大。

3. 澳大利亚

澳大利亚的小麦、水稻、牧草等作物始终保持较高的机械化水平。用机动喷雾机和农用飞机对牧草喷洒农药，采用收割、搂草、压扁、打捆联合收割机收获牧草。广泛采用大功率轮式拖拉机配带宽幅联合作业机组进行作业。

4. 德国

德国的农业机械化水平也很高，农业和畜牧业均已实现机械化。尤其是其农机工业很发达，每年有50%的农业机械出口，出口额占西欧各国前列。农机产品制造水平高，农机企业对市场需求反应及时，因此在世界上占有较高份额。大型农机企业主要有约翰迪尔公司、凯斯万国公司、福特公司和麦赛福格森公司等跨国公司，主要农机产品有：拖拉机系列、农业机械系列。德国道依茨联合公司的发动机、拖拉机、农业机械；芬特公司的拖拉机、自走底盘、农业机械；克拉斯机器制造公司的联合收割机均较有名。克拉斯机器制造公司为欧洲三大收割机公司之一，年产量2000多台。除谷物联合收割机外，该公司的青饲收获机、牧草捡拾压捆机等也较有名。除上述企业外，大型企业还有原东德的前进农机联合企业。主要农机产品有E512、E514、E516、E517及E524系列谷物联合收割机和青饲料联合收割机系列；该企业还生产马铃薯联合收割机、挖掘分离半截机、各种挤奶设备、谷物与牧草种子清选分级与贮存机械，试验室用种子分级机，磁选与风选机、烘干设备等。

5. 日本

日本是一个工业和农业均高度发达的国家。水稻育秧、插秧、半喂入联合收获机械居世界领先水平。除水稻生产外，奶牛饲养、养猪业及设施农业也都实现了集约化与机械化。每公顷农用地拖拉机的功率比美国、英国、法国等高度机械化国家投入多。日本的重要农机企业包括久保田、洋马、井关等。

6. 以色列

以色列是一个干旱少雨、水资源严重缺乏的国家。为了充分利用水资源，国家大力发展节水灌溉技术与设备，喷滴灌面积占总灌溉面积的70%。水灌溉设备广泛地用于花卉、蔬菜的温室种植。

7. 荷兰

荷兰农业以畜牧、园艺和渔业为主，机械化程度高，为世界第三大农产品出口国。农业、畜牧业、渔业的机械化水平较高。园艺业非常发达，为世界最大花卉出口国，且温室设备居世界领先水平，是世界日光温室的主要供应国。

8. 法国

法国农业发达，农业机械化水平也较高，谷物生产及畜禽饲养均已实现全过程机械化。从种床准备、播种、田间管理、收获到收获后的清选、分级、包装、包衣等，都有相应机械，特别是种子加工厂的设备配套齐全，自动化程度也较高。葡萄采收机械生产量较大，多用于出口。联合收割机、铧式犁、拖拉机、柴油机、大型喷雾喷粉机等也是法国重要的农机出口产品。法国的农机企业主要有雷诺公司、麦赛福格森公司、萨朗约翰迪尔柴油机厂、于阿尔犁业联合公司、圣迪洛埃拖拉机厂、史陶普手扶拖拉机厂、布朗排灌机械厂以及生产各种喷雾机、喷粉机的埃伏拉特公司等。其中如拖拉机、柴油机、联合收割机、铧式犁、葡萄园机械、大型喷雾喷粉机等皆为法国重要农机出口产品。

如表7-1所示，欧美发达国家农业机械化起步早，且多数都基本实现了机械化。

表 7-1　欧美发达国家农业机械化概况

国家	农业机械化开始年份	基本实现农业机械化年份	历时/年
美国	1910	1940	30
加拿大	1920	1950	30
英国	1931	1948	17
法国	1930	1955	25
德国	1931	1953	22
意大利	1930	1960	30
日本	1946	1967	21
韩国	1976	1996	20

7.2.2　国内农业机械的发展现状

"十二五"期间，我国农业机械装备发展取得明显成效，已成为农业机械生产大国。2015 年，全国规模以上农业机械工业企业主营业务收入达到了 4523 亿元，较"十一五"末增长 73.6%；农业机械产品种类不断增加、生产能力日益增强，一些大型高效、精准、节能型装备研发制造取得积极进展，为我国农业机械化事业快速发展提供了良好保障，全国农作物耕种收综合机械化率达到 63%，但仍存在着产品品种不全、品质不高、中高端产品供给不足、关键零部件受制于人、共性技术研究基础薄弱、农业机械农艺融合不紧密等诸多问题，与我国现代农业建设需求的矛盾突出，亟待转型升级。

7.2.3　国内农业机械的发展要求

针对目前中高端农业机械产品有效供给不足的问题，以发展高能效、高效率、低污染的"两高一低"农业机械产品为目标，以完善农业机械产品品种为重点，提高农业机械产品的信息感知、智能决策和精准作业能力。适应我国不同地区经济水平、高中低端产品共同发展的格局，鼓励农业机械主机生产企业由单机制造为主向成套装备集成为主转变。目前，在耕整地机械、种植施肥机械、收获机械、动力输送机械四个方面的发展要求如下。

1. 耕整地机械

围绕高标准农田建设、黑土地保护、中低产田与盐碱地改造、流转土地规模化与地力提升改造、建设占用耕地剥离耕作层土壤再利用对工程技术装备需求，重点突破土壤取样及检测校准、节能高效深松、土壤耕层剥离等关键技术，提升激光平地、深松、开沟铺管、标准筑埂等装备的技术性能。

2. 种植施肥机械

重点突破高速精量排种、播深调控、种肥远距离输送、高效育秧播种、健壮苗识别、精准插秧、膜上栽植、智能化监控等关键技术，开发玉米、小麦、大豆、马铃薯、花生精量播种，水稻精量直播、育秧及高速移栽、油菜直播、甘薯栽插、蔬菜高速移栽机械，以及适应南方叶菜种植的多行密距移栽机、大棚无土栽培的高速移栽机械、无土栽培叶菜棚内机械设备、移动苗床、收割机械等，形成适应不同栽培种植模式和农艺要求的高效机械化栽种技术装备。

3. 收获机械

重点突破粮棉油糖收获装备大型化、智能化、高效管控升级关键技术，研制籽粒直收和茎穗兼收等玉米联合收割机、马铃薯联合收获机、大型智能及区域适应性棉花采收机、油菜分段与联合低损收割机、高效甘蔗联合收割机、机械收获甘蔗除杂处理设备等。研发木本油料、橡胶、麻类、薯类、果蔬类等特色农作物收获技术与装备。

4. 动力输送机械

重点突破低油耗、低排放、低噪声的发动机、清洁燃料与新能源农用动力、动力换挡与全自动换挡、自动导航作业等关键技术，研制重型动力换挡、无级变速拖拉机，大型动力换挡、动力换向拖拉机，大型橡胶履带拖拉机，电控喷射与新能源拖拉机，大中功率智能操控拖拉机和菜园、果园、设施园艺及水田、丘陵山地等专用拖拉机。

7.3 农业机械的整体专利状况

7.3.1 山东农业机械的整体专利状况

如图 7-3 所示，从山东重要申请人的技术分支分布情况可以看出，山东胜伟园林科技有限公司、潍坊友容实业有限公司的技术研发多集中在耕整地机械和种植施肥机械；山东农业大学、青岛农业大学、山东理工大学、山东省农业机械科学研究院的技术研发多集中在种植施肥机械和收获机械；雷沃重工股份有限公司的技术研发多集中在收获机械和动力输送机械；济南大学、山东五征集团有限公司、山东常林农业装备股份有限公司的技术研发多集中在收获机械。

单位：件

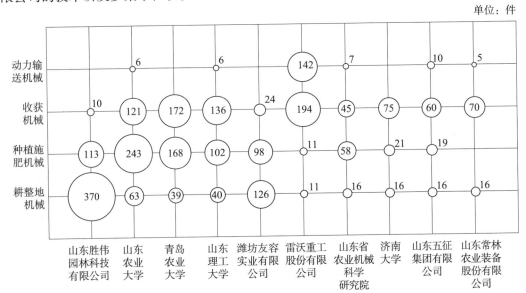

图 7-3 山东重要申请人各技术分支分布

如图7-4所示，从山东中药申请人专利申请的法律状态可以看出，山东胜伟园林科技有限公司和潍坊友容实业有限公司发明公开占比较大，发明申请有效占比较小，实用新型有效占比较大，通过对其申请量进行统计可知，上述两家公司自2015年开始申请专利，即大部分申请为近期申请，因此，由于其专利申请大多处于公开未决的状态，后续对上述两家公司将不做介绍；山东农业大学、青岛农业大学发明有效占比处于中等水平，实用新型无效占比较大；山东理工大学发明申请的数量明显优于实用新型，且发明有效占比较大，实用新型多数申请处于无效状态；雷沃重工股份有限公司的发明申请都为公开状态，实用新型有效占比较大，且实用新型的申请量明显大于发明的申请量；山东省农业机械科学研究院、济南大学的实用新型有效占比较大；山东五征集团有限公司的实用新型无效占比较大；山东常林农业装备股份有限公司发明和实用新型的有效占比处于中等水平。

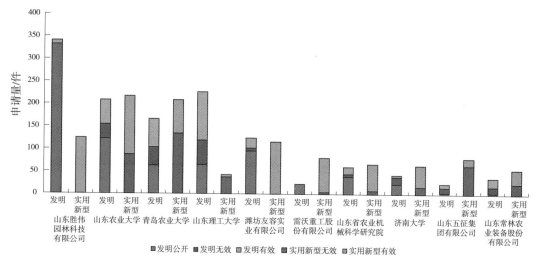

图7-4　山东重要申请人专利法律状态

如图7-5所示，从山东地级市各技术分支的分布情况可以看出，在耕整地机械、

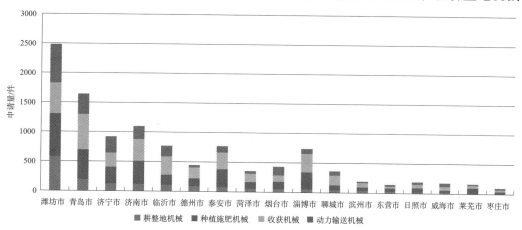

图7-5　山东地级市各技术分支分布

动力输送机械方面，山东省各地级市呈现集聚态势，潍坊、青岛的申请量稳居前两位，且潍坊、青岛的申请量明显高于其他地级市，可见山东的地级市之间在耕整地机械、动力输送机械方面差异较为明显。在收获机械、种植施肥机械方面，各地级市分布相对更均匀，多集中在中部，差异性相对耕整地机械、动力输送机械缩小，但还是存在一定的差异性。

7.3.2 中国农业机械的整体专利状况

如图7-6所示，从中国重要申请人各技术分支的分布情况可以看出，农业部南京农业机械化研究所、中国农业大学、西北农林科技大学、东北农业大学、石河子大学、山东农业大学的技术研发多集中在耕整地机械、种植施肥机械、收获机械，技术研发相对比较全面，排名第2位的久保田株式会社和排名第7位的江苏大学的技术研发多集中在种植施肥机械和收获机械。

单位：件

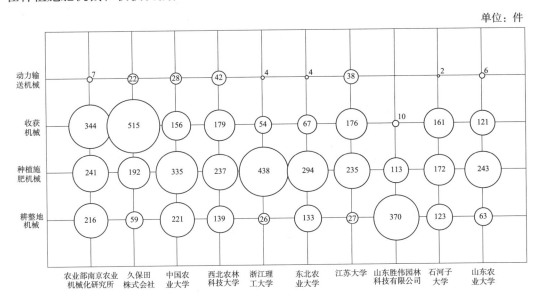

图7-6 中国重要申请人各技术分支分布

如图7-7所示，通过对中国重要申请人专利申请的法律状态进行分析后发现，农业部南京农业机械化研究所的发明有效量较大，实用新型有效占比属于中上水平，实用新型无效占比较多；久保田株式会社的发明有效量较大，实用新型有效量居第1位；中国农业大学、西北农林科技大学、浙江理工大学、东北农业大学、江苏大学、石河子大学的发明无效占比和实用新型无效占比都较大。

7.3.3 全球农业机械的整体专利状况

如图7-8所示，通过对全球农业机械在中国、美国、欧洲、日本、韩国的申请量和授权量进行分析后发现，申请量呈现逐年递增趋势，授权量则维持平稳发展态势，并有逐年下降的趋势。

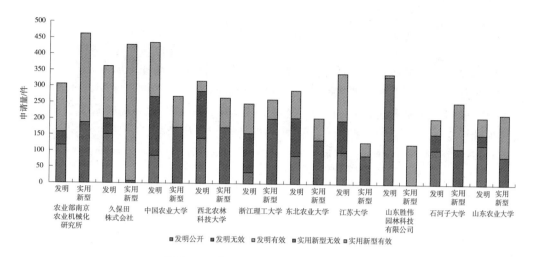

图 7-7　中国重要申请人专利法律状态

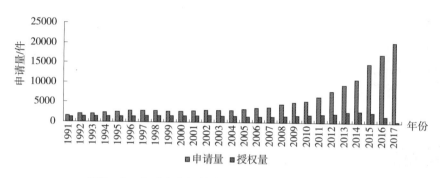

图 7-8　全球农业机械在主要国家的申请授权趋势

如图 7-9 所示，从全球重要申请人的技术分支分布可以看出，除亚马逊人 - 威尔克·H·德雷尔有限两合公司（以下简称亚马逊人 - 威尔克）在收获机械方面略显不足外，其他公司在上述四个技术分支上都占据较大比重，由此可见，国外重要申请人在技术研发上相比中国重要申请人更为全面。

单位：件

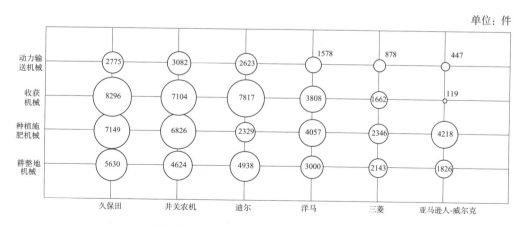

图 7-9　全球重要申请人各技术分支分布

如图 7-10 所示，从全球重要申请人的专利申请分布国家可以看出，各国申请人在本国的申请量最大；久保田在国外的专利申请多集中在中国，其次是韩国、美国；井关农机在国外的专利申请多集中在中国和韩国；迪尔在国外的专利申请多集中在德国，其次是欧洲专利局、加拿大、澳大利亚、巴西，并且通过对迪尔在国外专利申请国家数量进行统计可知，其数量达到 47 个，占据第 1 位；洋马在国外的专利申请多集中在中国，其次是世界知识产权组织、韩国；三菱在国外的专利申请较少，亚马逊人－威尔克在国外的专利申请多集中在欧洲专利局。

单位：件

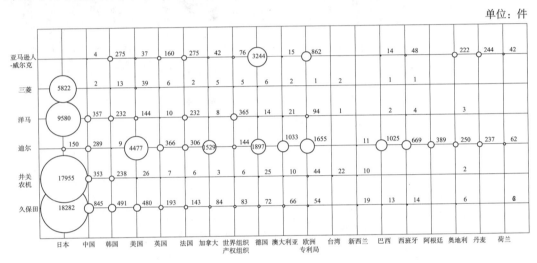

图 7-10　全球重要申请人专利申请分布

如图 7-11、图 7-12 所示，目前，欧、美、日等发达国家农业产业已基本实现全面机械化，并且智能化农业机械装备应用也有相当高的水平。通过对国外五大重要农业

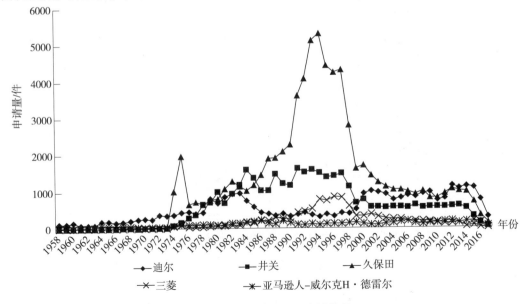

图 7-11　国外重要公司申请趋势

机械公司的专利申请情况进行分析后发现，从其历年申请量和国外五大重要农业机械公司在中国、美国、欧洲、日本、韩国的授权量可以看出，其专利申请多集中于 1960～2000 年间，近 2001 年开始，专利申请量和授权量都出现一定幅度下降，并且对整个农业机械的国外申请历年排布进行分析可知，国外在农业机械方面的申请量也趋向于下降趋势，趋向于技术成熟阶段。

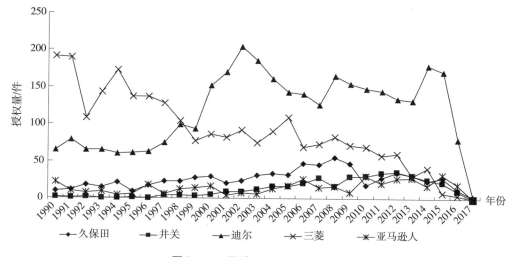

图 7 - 12　国外重要公司授权趋势

7.4　耕整地机械的专利状况

7.4.1　中国状况分析

1. 中国和全球在耕整地机械方面申请趋势对比

如图 7 - 13 所示，全球耕整地机械的专利申请起始于 1901 年，1966 年开始出现大幅攀升，到 1975 年出现峰值，之后在 1976～2002 年出现下跌震荡趋势，随后从 2003 年开始又出现大幅攀升，而中国耕整地机械的专利申请起始于 1985 年，可见晚于全球80 多年，在 1985～2001 年间处于平稳发展阶段，从 2003 年开始至今，出现大幅攀升，这也可从侧面得出，全球的专利申请量之所以从 2003 年开始又出现大幅攀升，这与中国的申请量持续增长不无关系。另外，从中国专利申请量持续紧逼全球申请量的图示也能看出，国外申请呈现下降趋势。由此可见，中国耕整地机械的专利申请量目前还处于稳步提高阶段，在全球的位置在逐步提高目前已跃升至第 2 位，这与中国是农业大国的地位息息相关。

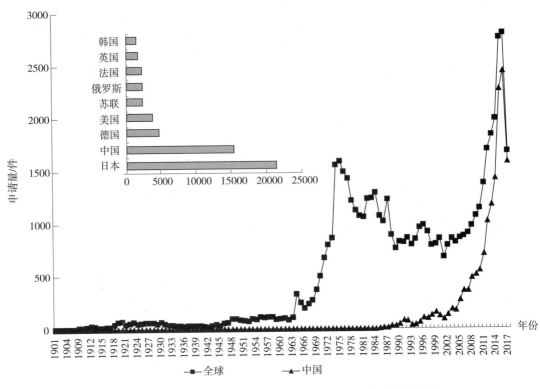

图 7 – 13　中国和全球专利申请在耕整地机械方面申请趋势对比

2. 中国各省份和中国重要申请人在耕整地机械方面的排名情况

如图 7 – 14 所示，耕整地机械专利申请在中国各省份的排名中，前 5 位分别是江苏、山东、重庆、浙江、黑龙江；江苏、山东处于第 1 梯队，重庆处于第 2 梯队，浙江、黑龙江处于第 3 梯队。由此可见，山东省在耕整地机械方面处于优势位置。在全国前 10 大申请人排名中，农业部南京农业机械化研究所、山东胜伟园林科技有限公司、中国农业大学分别位列第 1、第 2、第 3 位。排名第 1 位的农业部南京农业机械化研究所在耕整地机械方面的主要研究成果为 WG3.6 – 100FQ – Z 微耕机、WG4.0 – 110FC – Z 微耕机、WG6.3 – 135FC – Z 微耕机、WM900 微耕机。

如图 7 – 15 所示，从中国重要申请人在耕整地机械方面专利申请的法律状态可以看出，排名第 1 位的农业部南京农业机械化研究所的实用新型申请量大于发明，发明和实用新型有效量较大。排名第 3 位的中国农业大学和排名第 5 位的重庆嘉木机械有限公司的发明有效占比较大，但实用新型无效占比较大；排名第 4 位的李阳铭和排名第 10 位的李深文的实用新型申请量多于发明，且实用新型有效占比较大；排名第 6 位的王森豹和排名第 7 位、第 8 位的西北农林科技大学、东北农业大学的发明和实用新型无效占比较大。

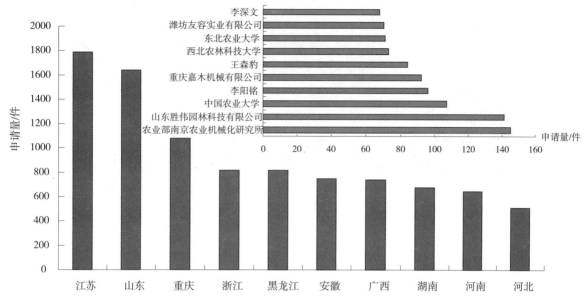

图 7－14　中国各省份和中国重要申请人在耕整地机械方面排名

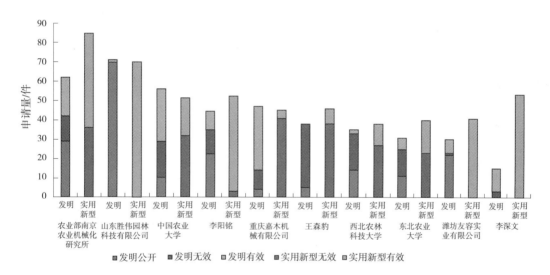

图 7－15　中国重要申请人在耕整地机械方面专利法律状态

3. 中国重要发明人在耕整地机械方面的排名情况

如图 7－16 所示，在中国的重要发明人中，王胜为潍坊友容实业有限公司的法定代表人、山东胜伟园林科技有限公司的总经理，两家公司的申请都以王胜为发明人，因此，王胜处于发明人第 1 的位置，其申请的实用新型有效的比例较高，申请多为近期申请，因此不做介绍。排名第 2 位的王森豹的发明和实用新型有效占比较小，发明有较大比例处于失效状态；排名第 4 位的邵海波的发明有效量和实用新型无效量都较大；排名后几位的朱继平、陈小兵发明有效量略少，实用新型有效占比较高；严华的发明申请公开未决状态较多，实用新型无效占比较大。

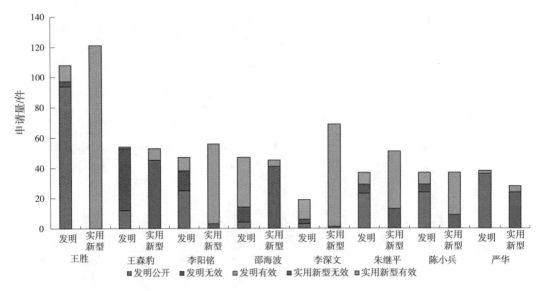

图 7-16　耕整地机械专利申请中国重要发明人排名

4. 耕整地机械的重要技术分支分析

如图 7-17 所示，通过对专利数据库的分类号进行统计后可知，联合整地机如耕整施播一体机、深松整地联合整地机的研发申请量比重为 45.19%，而且在近几年呈现连年增长且跃升至第 1 位的趋势，这充分说明耕整地机械已经由原始的手动锹、手动犁逐步向联合整地机靠拢。

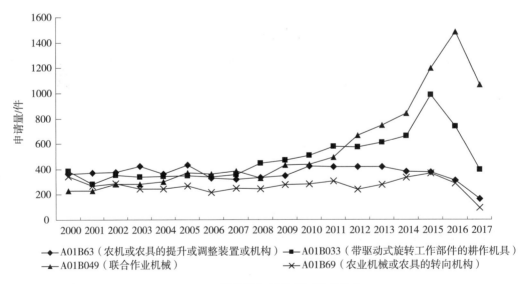

——A01B63（农机或农具的提升或调整装置或机构）——A01B033（带驱动式旋转工作部件的耕作机具）
——A01B049（联合作业机械）——A01B69（农业机械或农具的转向机构）

图 7-17　耕整地机械的重要技术分支

7.4.2　山东状况分析

1. 山东和中国在耕整地机械方面申请趋势对比

如图 7-18 所示，山东在 1985~2004 年，耕整地机械一直处于少量申请阶段，但自 2005 年起，专利申请量出现小幅跃升，特别是从 2011 年开始，专利申请量增长明显。由此可见，相比全国的申请情况而言，山东在耕整地机械方面的研究虽然开始较晚，但历年的申请量却并未出现消极之势，反而以倍数级持续增长，由此可得出山东省在耕整地机械的研发上是相当积极的。

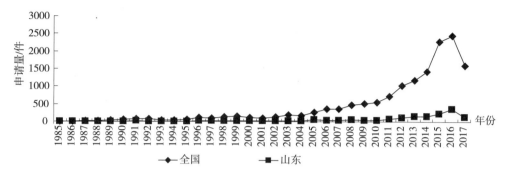

图 7 - 18　山东和中国在耕整地机械方面申请趋势对比

2. 山东重要申请人、发明人在耕整地机械方面的排名情况

如图 7 - 19 所示，山东的重要申请人以大学和企业为主，企业以山东胜伟园林科技有限公司、潍坊友容实业有限公司、昌邑市宝路达机械制造有限公司为主，大学则以山东农业大学、山东理工大学、青岛农业大学为主，体现了山东具备较强的产学研基础。排名第二位的山东省重要发明人李全堂为昌邑市宝路达机械制造有限公司的总经理，昌邑市宝路达机械制造有限公司专业生产田园管理机械、土壤耕整机械等。

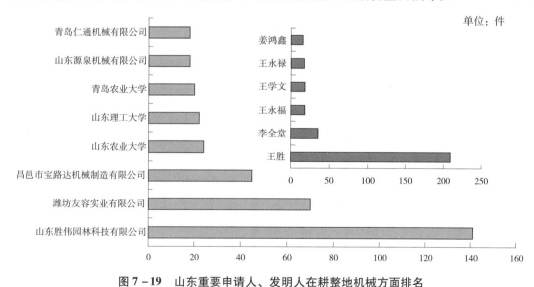

图 7 - 19　山东重要申请人、发明人在耕整地机械方面排名

3. 在耕整地机械方面山东重要地级市排名和重要申请人的地市分布状况

如图 7 - 20、图 7 - 21 所示，在山东省的重要地级市排名中，潍坊市、青岛市、济宁市、济南市、临沂市分别位列前五位，潍坊主要依托山东胜伟园林科技有限公司、潍坊友容实业有限公司、昌邑市宝路达机械制造有限公司，以公司为主要研发团队，青岛

主要依托青岛农业大学、青岛仁通机械有限公司、青岛科技大学，其除以大学为主要研发团队外，也有一部分企业支撑，展现出良好的发展态势。由上述统计可知，山东省在耕整地机械的新旧动能转换中，将以潍坊、青岛为主，济宁、济南、临沂为辅，并辅以大学和企业为支撑进行农业全程机械化转换。

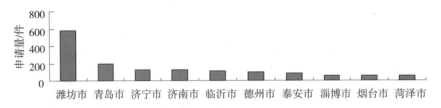

图 7－20　在耕整地机械方面山东重要地级市排名

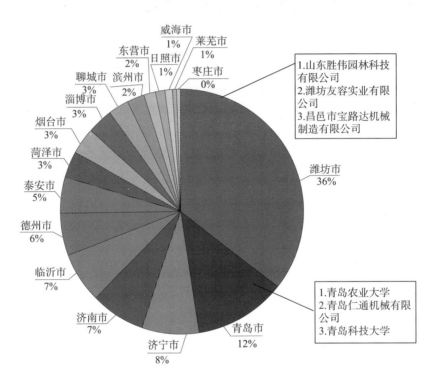

图 7－21　在耕整地机械方面山东重要申请人地市分布

7.4.3　山东、江苏在耕整地机械方面多角度对比

在耕整地机械方面，山东和江苏的专利申请量为全国前两位，因此将从以下多个角度对山东、江苏进行对比分析，以能够从中得到启示。

1. 山东、江苏在耕整地机械方面申请趋势对比

如图 7－22 所示，从山东、江苏在耕整地机械方面历年申请趋势对比可以看出，山东和江苏的历年申请量增长趋势基本相同，江苏的申请量在 2007～2015 年高于山东，但山东的申请量在 2015～2017 年高于江苏。

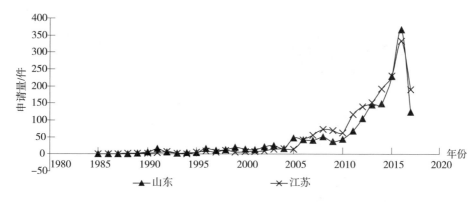

图 7 - 22　山东、江苏在耕整地机械方面申请趋势对比

2. 山东、江苏在耕整地机械方面申请人类型对比

如图 7 - 23 所示,在申请人类型中,山东的个人申请人占比较大,为 46%,而江苏的个人申请人占比则相对小一些,为 28%,山东的企业占比为 40%,江苏的企业占比则高于山东,为 50%,另外,江苏的科研院所申请人高于山东的科研院所申请人,比重为 6%。

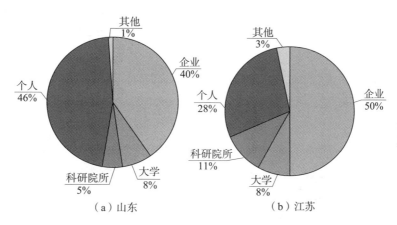

（a）山东　　　　　　　（b）江苏

图 7 - 23　山东、江苏在耕整地机械方面申请人类型对比

3. 山东、江苏在耕整地机械方面法律状态对比

如图 7 - 24 所示,江苏的发明申请占比优于山东,但实际的有效专利占比是相同的,而江苏的撤回加驳回的比例高于山东 7%。

4. 山东、江苏在耕整地机械方面地级市分布对比

如图 7 - 25 所示,山东的专利申请呈现集聚态势,潍坊、青岛的申请量明显高于其他地级市,而江苏的各地级市的申请量占比较为平均,这可从侧面看出,江苏各地级市的研发和申请较为分散,力量较为均衡,处于稳步推进态势,而山东的地级市之间差异较为明显。

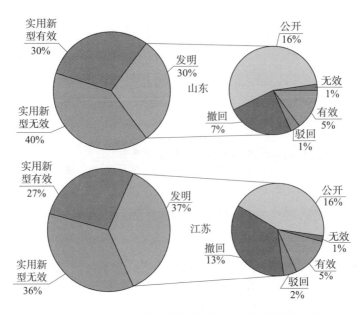

图7-24 山东、江苏在耕整地机械方面法律状态对比

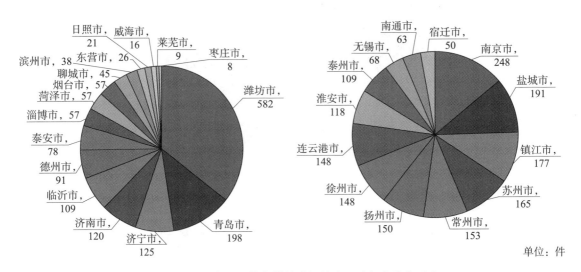

单位：件

图7-25 山东、江苏在耕整地机械方面地级市分布对比

7.4.4 高端耕整地机械·联合整地机

通过上述分析可知，在耕整地机械方面，联合整地机为研发热点，也是以后的研究主攻方向，联合整地机是与大中型拖拉机配套的复式作业机械，一次可完成灭茬、旋耕、深松、起垄、镇压等多项作业，具有作业效率高的特点。下面对高端耕整地机械·联合整地机的申请情况进行介绍。

1. 中国和全球在联合整地机方面申请趋势对比

如图7-26所示，从历年的申请量排布可以看出，全球联合整地机的专利申请起始于 1909 年, 1963 年开始出现大幅攀升, 到 1984 年出现峰值, 之后在 1985 ~ 1976 年之间出现起伏震荡趋势, 随后从 2001 年开始又出现大幅攀升, 而中国联合整地机的专利申请起始于 1985 年, 可见晚于全球 80 多年, 在 1985 ~ 2000 年间处于平稳发展阶段, 从 2001 年开始至今, 出现大幅攀升, 这也从侧面得出全球的专利申请量之所以从 2001 年开始又出现大幅攀升, 这与中国的申请量持续增长不无关系。另外, 从中国专利申请量持续紧逼全球申请量的图示也能看出, 国外申请呈现下降趋势。由此可见, 目前中国在联合整地机方面已跃升至第 1 位, 这与中国农业大国的地位息息相关。

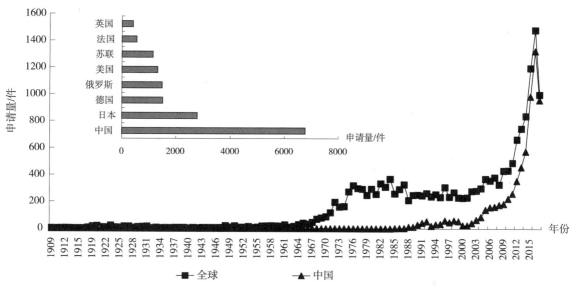

图 7 - 26　中国和全球在联合整地机方面申请趋势对比

2. 联合整地机在中国各省份的分布情况

如图 7 - 27 所示, 在联合整地机中, 山东排名第 1 位, 紧随其后的为江苏, 黑龙江、安徽、河南处于第 2 梯队, 且申请量数据也较为平均, 由此可看出山东和江苏在联合整地机的大省地位。

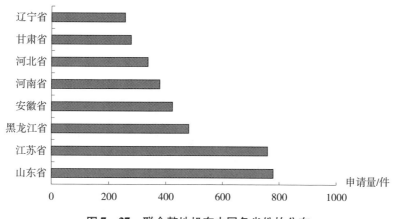

图 7 - 27　联合整地机在中国各省份的分布

3. 联合整地机的重要申请人分布情况

如图 7-28 所示，在联合整地机方面，前 10 位的重要申请人分别是农业部南京农业机械化研究所、中国农业大学、西北农林科技大学、山东胜伟园林科技有限公司、东北农业大学、华中农业大学、新疆农垦科学院、王森豹、定西市三牛农机制造有限公司、河北农业大学。并且，在对排名前 30 位的重要申请人进行统计后发现，申请人中大学和科研院所总共占比 63%，可见比重之大，企业仅占 30%。

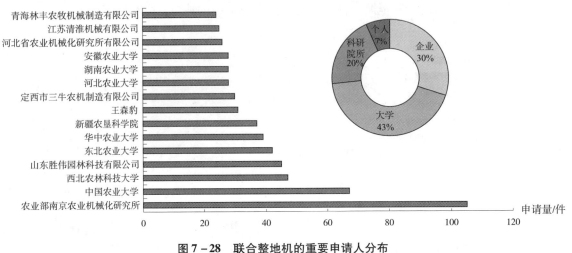

图 7-28　联合整地机的重要申请人分布

4. 联合整地机的重要发明人分布

如图 7-29 所示，排名第 1 位的发明人朱继平为农业部南京农业机械化研究所的研究员，该研究所研制的油菜精少量直播机——2BCY-3 型油菜直播机是江苏省科技攻关"精少量油菜直播机"课题成果，适合江苏及全国适宜地区的各种土壤条件的油菜直播，与手扶拖拉机配套，具有旋耕、播种和镇压功能。研究开发的异型窝眼轮排种器对种子形状和粒径适应性强，播种均匀度高，整机结构简单，工作可靠，工作效率高。另外，油菜免少耕复式作业播种机——2BKF-6 油菜免少耕复式作业播种机与中型拖拉机配套，可一次性进行浅耕、灭茬、开沟、作畦、播种、施肥、覆土、镇压等复式作业。

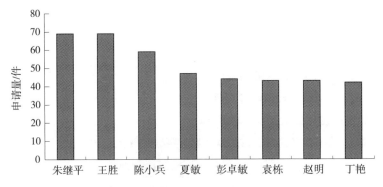

图 7-29　联合整地机的重要发明人分布

　　5. 联合整地机主要地市重要申请人分布

　　如图 7 - 30 所示，在对地级市进行排名后发现，哈尔滨市、潍坊市、南京市、青岛市位列前 4 名，石家庄市、海淀区、长春市、沈阳市、徐州市、长沙市紧随其后。哈尔滨市主要依托于个人、大学和科研院所，潍坊市主要依托于企业，南京市主要依托于大学、科研院所和企业，青岛市主要依托于企业和大学。

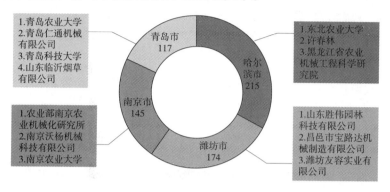

图 7 - 30　联合整地机主要地市重要申请人分布

　　6. 联合整地机的技术发展趋势

　　通过对分类号进行统计后发现，"播种或施肥用的联合整地机"将是后续的研发方向和趋势，即多功能的联合整地机将是以后不断研发的热点，而"带两件或多件不同类型的整地工作部件的联合整地机"次之，也就是说多部件的集成也是今后的一个研发趋势。

　　另外，为适用农作物耕作要求，会不断融合先进加工技术和制造工艺，向宽幅大型化、多功能复式化和高效智能化方向发展，在高效智能化方面，将积极使用田间信息快速获取技术，构建联合整地机数字化计量技术及作业状态信息技术，进行精确化作业，形成现代化联合整地机自动化控制体系，实现现代农业机械技术水平的提升。

7.5　种植施肥机械的专利状况

7.5.1　中国状况分析

　　1. 中国和全球在种植施肥机械方面申请趋势对比

　　如图 7 - 31 所示，种植施肥机械的专利申请起始于 1900 年，1964 年开始出现大幅攀升，到 1977 年出现峰值，之后在 1978 ~ 2005 年出现起伏震荡趋势，随后从 2006 年开始又出现大幅攀升，而中国种植施肥机械的专利申请起始于 1985 年，可见晚于全球 80 多年，在 1985 ~ 2005 年处于平稳发展阶段，从 2006 年开始至今，出现大幅攀升，这也从侧面得出全球的专利申请量之所以从 2006 年开始又出现大幅攀升，这与中国的申请量持续增长不无关系，另外，从中国专利申请量持续紧逼全球申请量的图示也能看出，国外申请呈现下降趋势。由此可见，中国种植施肥机械的专利申请量目前还处于稳步提高阶段，在全球的位置在逐步提高，目前已跃升至第 2 位，这与中国是农业大国的地位息息相关。

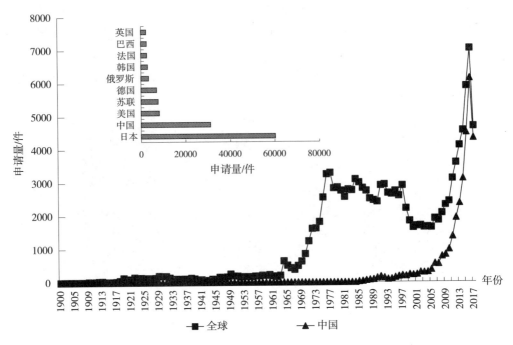

图 7-31 中国和全球在种植施肥机械方面申请趋势对比

2. 中国各省份和中国重要申请人在种植施肥机械方面的排名情况

如图 7-32 所示，种植施肥机械的专利申请排名中，前 5 位分别是山东、江苏、浙江、黑龙江、安徽；山东处于第 1 梯队，江苏、浙江处于第 2 梯队，黑龙江、安徽、河南处于第 3 梯队。由此可见，山东省在种植施肥机械方面处于领先位置。在全国前 10 大申请人排名中，浙江理工大学、东北农业大学、中国农业大学分别位列第 1 位、第 2 位、第 3 位。另外，属于日本的井关农机株式会社和久保田株式会社也在前 10 大申请人排名之列，显示出世界十强农机装备企业在中国申请的专利量也占据较大比重。

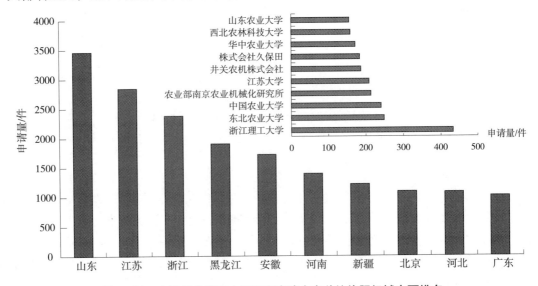

图 7-32 中国各省份和中国重要申请人在种植施肥机械方面排名

如图 7 - 33 所示，通过对中国重要申请人专利申请的法律状态进行分析后可知，浙江理工大学、东北农业大学、中国农业大学、华中农业大学发明有效占比处中上水平，发明无效和实用新型无效较多；农业部南京农业机械化研究所发明有效占比较大，实用新型有效占比高于无效；日本两大农机公司井关农机株式会社和久保田株式会社的发明有效占比都较高，实用新型有效占比处于前列；西北农林科技大学发明无效和实用新型无效占比较大。

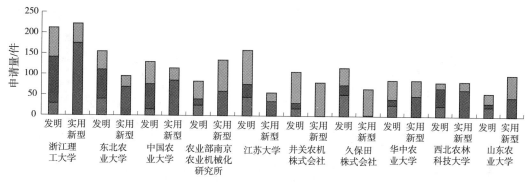

图 7 - 33　中国重要申请人在种植施肥机械方面专利法律状态

3. 中国重要发明人在种植施肥机械方面的排名情况

如图 7 - 34 所示，在中国的重要发明人中，排名第 1 位的赵匀，其发明无效和实用新型无效的比例占比较大；排名第 3 位的俞高红、孙良、赵雄、陈建能发明无效和实用新型无效的数量也较多；排名第 4 位的胡建平，其发明有效占比较大，实用新型无效占比较大。

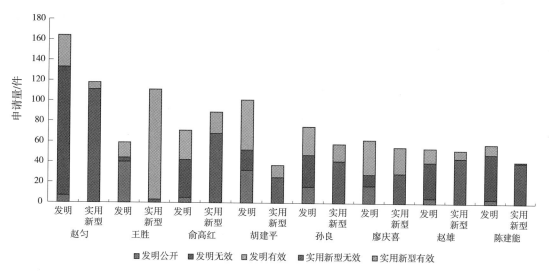

图 7 - 34　中国重要发明人在种植施肥机械方面的申请情况

4. 种植施肥机械的重要技术分支分析

如图 7 - 35 所示，通过对专利数据库的分类号进行统计后可知，播种机械的研发申请量比重为 39.83%，而且在近年间播种机械的申请量呈现逐年递增趋势，另外"与施肥装置组合的播种机""导种和播种的播种机零件"在播种机械中占比尤为明显，这充分说明播种机械已经由原始的手动撒种逐步向机械化、多功能化播种方向靠拢。

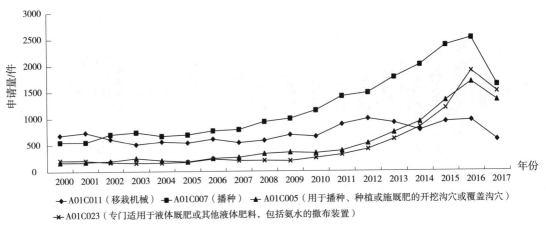

图 7 - 35　种植施肥机械的重要技术分支分析

7.5.2　山东状况分析

1. 山东和中国在种植施肥机械方面申请趋势对比

如图 7 - 36 所示，山东在 1985 ~ 2005 年间，种植施肥机械一直处于少量申请阶段，2006 年开始，专利申请量虽然有小幅的攀升，但其增长的比例明显低于全国的增长比例。

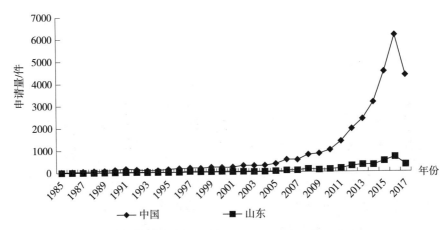

图 7 - 36　山东和中国在种植施肥机械方面申请趋势对比

2. 山东重要申请人、发明人在种植施肥机械方面的排名情况

如图 7 - 37 所示，山东省的重要申请人中，类型较为分散，以大学、企业为主，个人、科研院所为辅，体现了山东省具备较强的产学研基础。

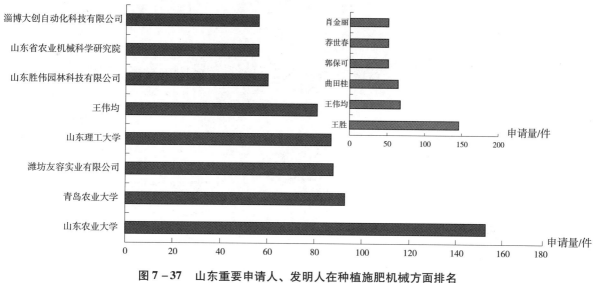

图 7 - 37　山东重要申请人、发明人在种植施肥机械方面排名

3. 在种植施肥机械方面山东重要地级市排名和重要申请人的地市分布情况

如图 7 - 38、图 7 - 39 所示，在山东省的重要地级市排名中，潍坊市、青岛市、济南市、泰安市、淄博市分别位列前 5 位，潍坊主要依托潍坊友容实业有限公司、山东胜伟园林科技有限公司、山东潍坊烟草有限公司，以公司为主要研发团队，青岛主要依托青岛农业大学、青岛嘉禾丰肥业有限公司、山东省花生研究所，其除以大学、科研院所为主要研发团队外，也有一部分企业支撑，展现出良好的发展态势，济南主要依托山东省农业机械科学研究院、济南大学、山东省农业科学院农产品研究所，以大学和科研院所为主要研发团队。由上述统计可知，山东省在种植施肥机械的新旧动能转换中，将以潍坊、青岛、济南为主，泰安、淄博、济宁为辅，并辅以大学、科研院所和企业为支撑进行农业全程机械化转换。

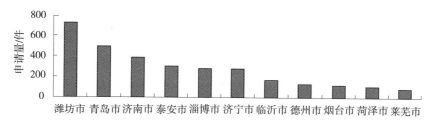

图 7 - 38　在种植施肥机械方面山东重要地级市排名情况

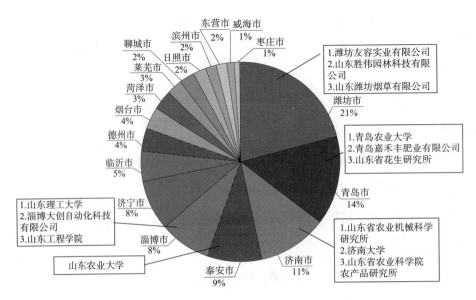

图 7-39　在种植施肥机械方面山东重要申请人的地市分布情况

7.5.3　山东、江苏在种植施肥机械方面多角度对比

在种植施肥机械方面，山东和江苏的专利申请量为全国前两位，因此将从以下多个角度对山东、江苏进行对比分析，以能够从中得到启示。

1. 山东、江苏在种植施肥机械方面历年申请趋势对比

如图 7-40 所示，从山东、江苏的历年申请量对比可以看出，山东和江苏的历年申请量增长趋势基本相同，山东的申请量在 1985~1986 年高于山东，江苏的申请量在 1987~1988 年高于山东，山东的申请量在 1989~1994 年高于江苏，江苏的申请量在 1995 年高于山东，山东的申请量在 1996~2013 年高于江苏，江苏的申请量在 2014 年高于山东，山东的申请量在 2015~2016 年高于江苏，由此可见，山东、江苏的历年申请量出现起伏增长态势，第一位拉锯战较为激烈。

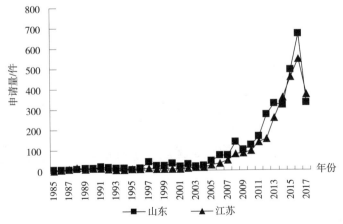

图 7-40　山东、江苏在种植施肥机械方面申请趋势对比

2. 山东、江苏在种植施肥机械方面申请人类型对比

如图7-41所示，在申请人类型中，山东的个人申请人占比较大，为48%，而江苏的个人申请人占比则相对小一些，为27%，山东的企业占比为29%，江苏的企业占比高于山东，为40%，另外，江苏的科研院所、大学的申请人高于山东的科研院所、大学申请人。

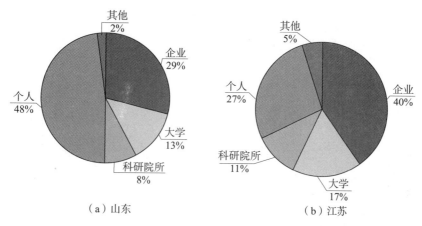

（a）山东　　　　　　　　　（b）江苏

图7-41　山东、江苏在种植施肥机械方面申请人类型对比

3. 山东、江苏在种植施肥机械方面法律状态对比

如图7-42所示，通过对山东省种植施肥机械专利申请的法律状态进行分析可知，山东省的专利申请多为实用新型，比重为69%，发明专利申请的比重仅为31%，在31%的发明专利申请中，有效发明专利比重仅占6%，撤回、驳回、无效总共占比11%。另外，江苏的发明申请占比明显优于山东，发明有效专利占比江苏也明显优于山东，江苏的撤回、驳回和无效的比例虽然高于山东，但高出的比例较少，由此可见，山东在种植施肥机械方面的申请总量虽然较高，但多为实用新型，且有效专利的比率低于江苏。

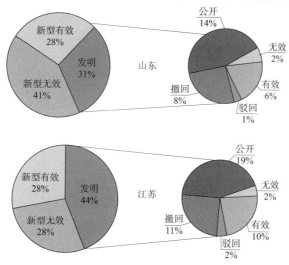

图7-42　山东、江苏在种植施肥机械方面法律状态对比

4. 山东、江苏在种植施肥机械方面地级市分布对比

如图 7 - 43 所示，山东的专利申请呈现集聚态势，潍坊、青岛、济南的申请量明显高于其他地级市，而江苏的各地级市的申请量占比较为平均，这可从侧面看出，江苏各地级市的研发和申请较为分散，力量较为均衡，处于稳步推进态势，而山东的地级市申请量差异较为明显。

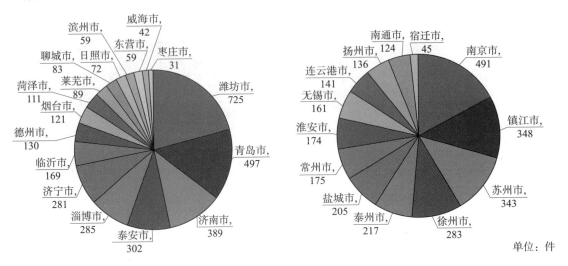

单位：件

图 7 - 43　山东、江苏在种植施肥机械方面地级市分布对比

7.5.4　高端种植施肥机械·高效播施机

通过上述分析可知，种植施肥机械中高效播施机为研发热点，也是以后的研究主攻方向，下面对高端种植施肥机械·高效播施机的申请情况进行介绍。

1. 中国和全球在高效播施机方面申请趋势对比

如图 7 - 44 所示，从历年的申请量排布可以看出，全球高效播施机的专利申请起始于 1900 年，1968 年开始出现大幅攀升，到 1977 年出现峰值，之后在 1978～2005 年出现下跌起伏震荡趋势，随后从 2006 年开始又出现大幅攀升，而中国高效播施机的专利申请起始于 1985 年，可见晚于全球八十多年，在 1985～2005 年处于平稳发展阶段，从 2006 年开始至今，出现大幅攀升，这也从侧面得出全球的专利申请量之所以从 2006 年开始又出现大幅攀升，这与中国的申请量持续增长不无关系。另外，从中国专利申请量持续紧逼全球申请量的图示也能看出，国外申请呈现下降趋势，目前中国在高效播施机方面专利申请量已跃居全球第 1 位。

2. 高效播施机在中国各省份的排布情况

如图 7 - 45 所示，在高效播施机中，山东省排名第 1 位，紧随其后的江苏省、黑龙江省，为第 2 梯队，安徽省、河北省、河南省、新疆维吾尔自治区、浙江省处于第 2 梯队，且申请量数据也较为平均，由此看出山东和江苏在高效播施机方面的大省地位。

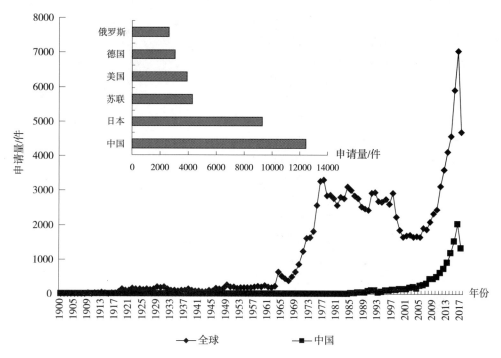

图7-44　中国和全球在高效播施机方面申请趋势对比

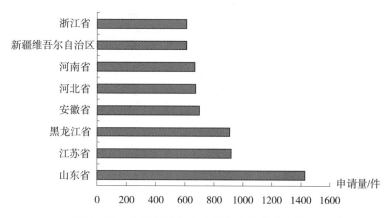

图7-45　高效播施机在中国各省份的分布情况

3. 高效播施机的重要申请人分布情况

如图7-46所示，在高效播施机方面，前10位的重要申请人分别是中国农业大学、华中农业大学、甘肃农业大学、东北农业大学、陈恒、四川农业大学、河北农业大学、华南农业大学、农业部南京农业机械化研究所、王伟均。并且，在对排名前30位的重要申请人进行统计后发现，大学和科研院所总共占比73%，可见比重之大，企业仅占17%。

217

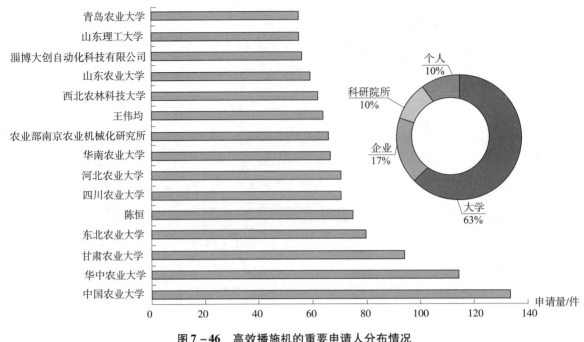

图7-46 高效播施机的重要申请人分布情况

4. 高效播施机的重要发明人分布

如图7-47所示，排名第1位的廖庆喜为华中农业大学的博士生导师，一直从事农业机械化工程、现代农业装备与计算机测控等领域的科研与教学工作。以第一完成人鉴定的科研成果包括：2BEQ-6油菜少耕精量联合直播机、2BEQ-6油菜精量联合直播机、2BFQ-4油菜精量联合直播机。排名第2位的陈恒为内蒙古巴彦淖尔市富田机械有限责任公司的总经理，其发明的气吸式铺膜精量播种机是播种机的第三代，被称为全自动"傻瓜"播种机。

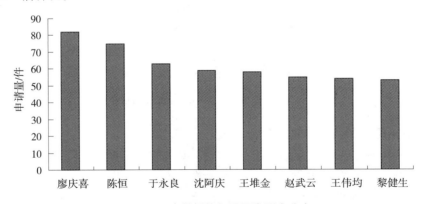

图7-47 高效播施机重要发明人分布

5. 高效播施机的重要地级市的重要申请人分布

如图7-48所示，在对地级市进行排名后发现，哈尔滨市、海淀区、青岛市、长春市、济南市位列前5名，兰州市、成都市、武汉市、石家庄市、吉林市紧随其后。哈尔滨市主要依托于大学、科研院所和企业，海淀区主要依托于大学，青岛市主要依托于大学、科研院所。

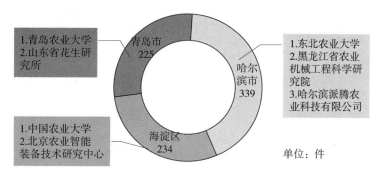

图7-48 高效播施机主要地市重要申请人分布

6. 高效播施机的技术发展趋势

通过对分类号进行统计后发现，"导种和播种的播种机零件"如宽幅精播机将是后续的研发方向和趋势，而"与施肥装置组合的播种机"如种肥同施机以及"间隔式定量播种的机械"虽然排序次之，也是后续的研发趋势。从技术发展趋势看，随着国际的学术交流、先进技术的引进以及农业现代化进程的加快，我国的高效播施机将朝着精密、高速、精准和自动化方向发展。从机型结构和功能发展趋势看，农业种植规模化、集约化的发展及大功率拖拉机的应用，为高效播施机的宽幅、高效和联合作业的发展创造了条件。同时，随着可持续农业、效益型农业和创新农业的发展，耕整播种联合作业机、免耕覆盖播种机和特色作物种植机将得到较快发展，几点一体化与自控化等新技术也将得到广泛应用。

另外，高效播施机能够根据播种期田块的土壤墒情、生产能力等条件变化，精确调控高效播施机的播种量、开沟深度、施肥量等作业参数是后续高效播施机的研发趋势，而施肥机械能够在施肥过程中，根据作物种类、土壤肥力、墒情等参数控制施肥量，提高肥料利用率也是后续不断研发的趋势。

7.6 收获机械的专利状况

7.6.1 中国状况分析

1. 中国和全球在收获机械方面申请趋势对比

如图7-49所示，全球收获机械的专利申请起始于1900年，1963年开始出现大幅攀升，到1975年出现峰值，之后在1976~2001年出现下跌震荡趋势，随后从2002年开始又出现大幅攀升，而中国收获机械的专利申请起始于1985年，可见晚于全球80多年，在1985~2001年处于平稳发展阶段，从2002年开始至今，出现大幅攀升，这也可从侧面得出，全球的专利申请量之所以从2002年开始又出现大幅攀升，这与中国的申请量持续增长不无关系。另外，从中国专利申请量持续紧逼全球申请量的图示也能看出，国外申请呈现下降趋势。由此可见，中国收获机械的专利申请量目前还处于稳步提高阶段，这与中国是农业大国的地位息息相关。

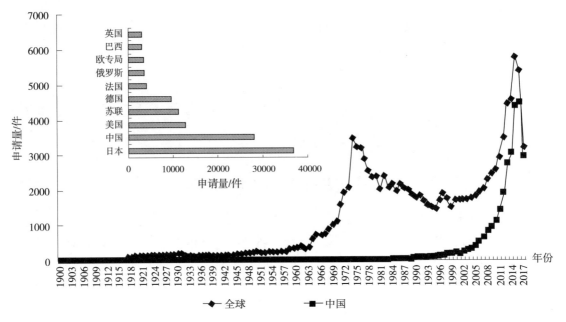

图 7-49　中国和全球在收获机械方面申请趋势对比

2. 中国各省份和中国重要申请人在收获机械方面的排名情况

如图 7-50 所示，收获机械的专利申请排名中，前 5 位分别是山东、江苏、浙江、河南、安徽，山东、江苏处于第 1 梯队，浙江、河南处于第 2 梯队，安徽、重庆、广西

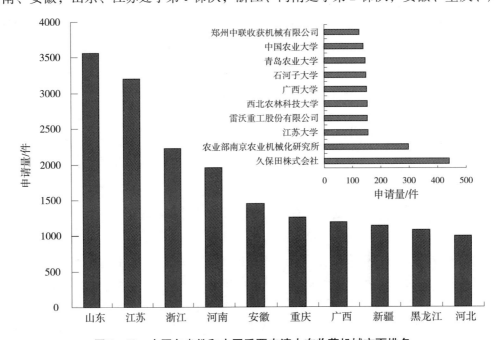

图 7-50　中国各省份和中国重要申请人在收获机械方面排名

处于第3梯队。由此可见，山东省在收获机械方面处于优势位置。在全国前10大申请人排名中，来自日本的久保田株式会社排名第1位，农业部南京农业机械化研究所、江苏大学位列第2、第3位，来自山东省的雷沃重工股份有限公司排名第4位。排名第1位的久保田株式会社的联合收割机和插秧机帮助实现了水稻栽植和收割的机械化操作，从而减少了劳动力并提高了效率。

久保田农业机械（苏州）有限公司是久保田（中国）投资有限公司的子公司，是一家集开发、制造、销售和服务于一体的综合性农机制造商，目前主要从事收割机、插秧机、拖拉机以及其他新型农业机械的研发、生产、销售和售后服务。在巩固久保田品牌的基础上，公司还根据市场需求、用户需求适时地研究、开发了多种收割机、插秧机、拖拉机等产品，曾被授予江苏省高新企业以及跨国企业研发机构等资格。久保田农业机械（苏州）有限公司的收割机代表产品包括半喂入式联合收割机和全喂入式联合收割机，半喂入式联合收割机包括的类型有 4LBZ－145（PRO488）、4LBZ－145C（PRO588－I）、4LBZ－145G（PRO588i－G）、4LBZ－172B（PRO888GM），全喂入式联合收割机包括的类型有 4LZ－2.5（PRO688Q）、4LZ－4（PRO988Q）、4LZ－4J（PRO988Q－Q）履带式、4LZ－5（PRO100）轮式、4YZB－3（PRO1408Y）、4YZB－4（PRO1408Y－4）自走式玉米收获机。

如图7－51所示，通过对中国重要申请人专利申请的法律状态进行分析后发现，久保田株式会社和农业部南京农业机械化研究所的实用新型数量大于发明，且发明和实用新型有效专利量也位于前列；江苏大学、西北农林科技大学、石河子大学、广西大学、中国农业大学发明无效和实用新型无效的比例较大；山东省有两家上榜，分别是雷沃重工股份有限公司、青岛农业大学。雷沃重工股份有限公司的申请多为实用新型，发明占比较少，但实用新型有效占比较大，青岛农业大学实用新型的无效比较大。郑州中联收获机械有限公司的实用新型数量大于发明，但实用新型无效占比高。

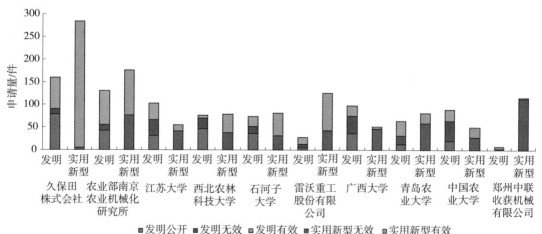

图7－51　中国重要申请人在收获机械方面专利法律状态

3. 中国重要发明人在收获机械方面的排名情况

如图7－52所示，排名第1位的南照男为日本久保田株式会社的副总经理，久保田株式会社在中国的申请，其都是发明人之一，申请多为实用新型，且都为有效状态；排名第 2 位的郭志东的申请全部为发明，发明有效量最高。排名第 3 位的尚书旗和第 4 位的李耀明的发明有效申请量较大，但实用新型无效占比较大；苏克和朱怀东的发明申请大于实用新型，但发明多数处于公开未决状态，实用新型有效占比尚可；胡志超的发明和实用新型有效占比较大。

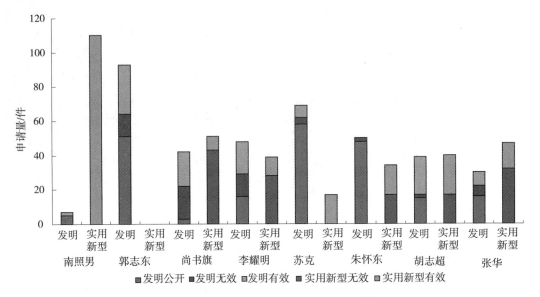

图 7-52 中国重要发明人在收获机械方面的排名情况

排名第 3 位的尚书旗现任青岛农业大学机电工程学院院长，沈阳农业大学博士研究生导师，是国内根茎类作物生产机械化技术研发的提出者、实施者、推动者和发展者，并组建了以"根茎类作物生产机械化技术"的国内高层次研发团队，取得了该领域诸多国际领先的综合技术；创新归纳出了以花生、马铃薯、胡萝卜、大蒜为代表的根茎类作物通过挖拔组合式进行收获的方法，提出、研发并应用了胡萝卜播种采取工厂化作业与种绳播种相结合的轻简化种植技术，突破了胡萝卜种植机械化技术的难题；建立起了国内花生收获机械化技术理论体系，研制的花生联合收获机是当前国内第 1 个进入国家农机推广目录的花生联合收获装备。所带领团队研发出的各种花生、马铃薯等根茎类机械与部分育种机械均已得到了良好的试验示范和推广应用，在山东、河南、江苏、辽宁、河北、吉林、内蒙古、新疆、湖北等地的农业生产中发挥了积极的作用和良好的经济效益与社会效益。

4. 收获机械的重要技术分支分析

如图 7-53 所示，通过对专利数据库的分类号进行统计后可知，排名前 3 位的分别是"水果、蔬菜、啤酒花或类似作物的采摘；振摇树木或灌木的装置""生长作物的收获""联合收割机，即与脱粒装置联合的收割机或割草机"，这充分说明收获机械已经由原始的手动收割逐步向联合收割靠拢。另外，由于山东以种植小麦、玉米、棉花为主，因此后续选取了高端收获机械联合收割机和棉花采摘机进行介绍。

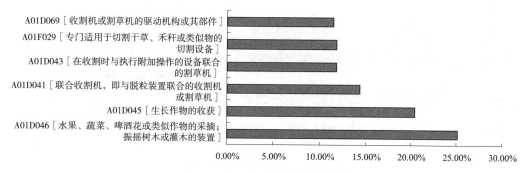

图 7－53　收获机械的重要技术分支分析

7.6.2　山东状况分析

1. 山东和中国在收获机械方面申请趋势对比

如图 7－54 所示，山东省在 1985～2010 年间，收获机械一直处于少量申请阶段，自 2011 年起，专利申请量出现小幅跃升，但相比全国的申请情况而言，山东省在收获机械方面的研究申请涨幅低于全国，且出现小幅跃升的时间也晚于全国的申请情况。

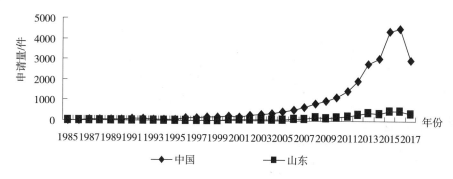

图 7－54　山东和中国在收获机械方面申请趋势对比

2. 山东重要申请人、发明人在收获机械方面的排名情况

如图 7－55、图 7－56 所示，山东省的重要申请人以大学和企业为主，企业以雷沃重工股份有限公司、山东常林农业装备股份有限公司为主，大学则以青岛农业大学、山东理工大学、山东农业大学为主，体现了山东省具备较强的产学研基础。排名第 1 位的雷沃重工股份有限公司的收割机包括雷沃谷神小麦收割机、雷沃谷神水稻收割机、雷沃谷神玉米收割机，雷沃谷神小麦收割机包括有 GE 系列、GF 系列、GK 系列，雷沃谷神水稻收割机包括有 RC 系列、RF 系列、RG 系列，雷沃谷神玉米收割机包括 CB 系列、CC 系列、CP 系列。

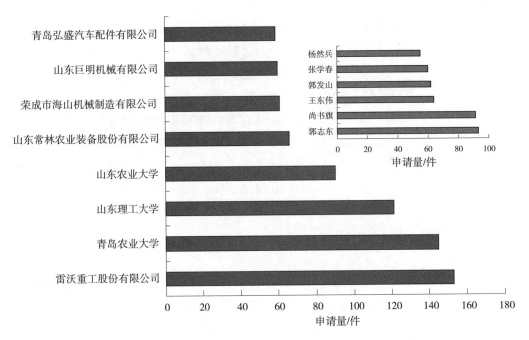

图 7 – 55　山东重要申请人、发明人在收获机械方面的排名情况

图 7 – 56　雷沃重工股份有限公司的收割机

3. 在收获机械方面山东重要地级市排名和重要申请人的地市分布情况

如图 7 – 57、图 7 – 58 所示，在山东省的重要地级市排名中，青岛市、潍坊市、济南市、淄博市、临沂市分别位列前 5 位，青岛主要依托青岛农业大学、青岛弘盛汽车配件有限公司、荣成市海山机械制造有限公司，其除以大学为主要研发团队外，也有一部分企业支撑，展现出良好的发展态势。潍坊主要依托雷沃重工股份有限公司、潍坊友容实业有限公司，以企业为主要研发团队。济南主要依托于山东省农业机械科学研究院、济南大学、山东省农业机械科学研究所，以大学、企业、科研院所为主。由上述统计可知，山东省在收获机械的新旧动能转换中，将以青岛、潍坊为主，济南、淄博、临沂为辅，并辅以大学、科研院所和企业为支撑进行农业全程机械化转换。

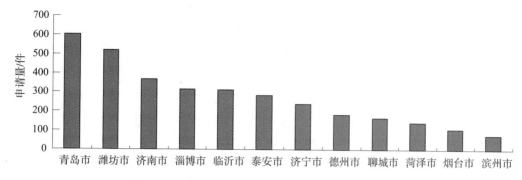

图 7-57 在收获机械方面山东重要地级市排名情况

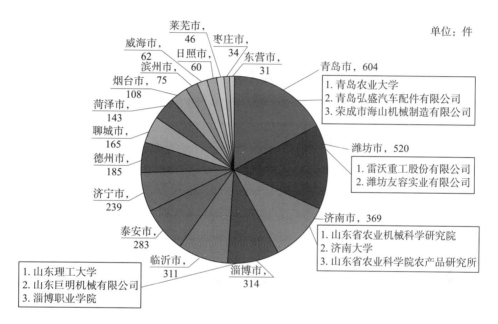

图 7-58 在收获机械方面山东重要申请人的地市分布情况

7.6.3 山东、江苏在收获机械方面多角度对比

在收获机械方面，山东和江苏的专利申请量为全国前两位，因此将从以下多个角度对山东、江苏进行对比分析，以能够从中得到启示。

1. 山东、江苏在收获机械方面历年申请趋势对比

如图 7-59 所示，从山东、江苏的历年申请量对比可以看出，山东和江苏的历年申请量增长趋势基本相同，随着曲线的起伏，山东、江苏轮流占据第 1 的位置，这种拉锯战在将来的申请中竞争也会越来越激烈。

2. 山东、江苏在收获机械方面申请人类型对比

如图 7-60 所示，在申请人类型中，山东的个人申请人占比较大，为 40%，而江苏的个人申请人占比则相对小一些，为 25%，山东的企业占比为 38%，江苏的企业占比高于山东，为 49%，另外，江苏的科研院所申请人高于山东的科研院所申请人比重为 5%。

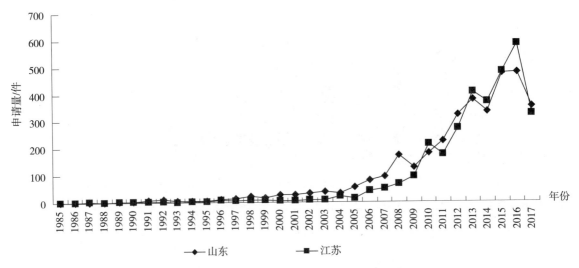

图 7 – 59 山东、江苏在收获机械方面申请趋势对比

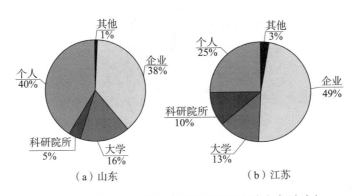

（a）山东　　　　　　　　　（b）江苏

图 7 – 60 山东、江苏在收获机械方面申请人类型对比

3. 山东、江苏在收获机械方面法律状态对比

如图 7 – 61 所示，江苏的发明申请占比明显优于山东，但江苏有效专利的比率跟山东仅差 2%，江苏的撤回、驳回和无效的比例高于山东，但高出的比例较少，由此可见，山东在收获机械方面的专利多集中在实用新型，发明占比较少。

4. 山东、江苏在收获机械方面地级市分布对比

如图 7 – 62 所示，山东省的收获机械专利申请多集中在中部，而江苏多集中在南部，说明山东和江苏具备一定的集聚特点。

通过上述分析可知，收获机械方面，"水果、蔬菜、啤酒花或类似作物的采摘；振摇树木或灌木的装置"以及"联合收割机，即与脱粒装置联合的收割机或割草机"为研发热点，也是以后的研究主攻方向，因此选取了高端收获机械中的联合收割机和棉花采摘机并对其申请情况进行介绍。

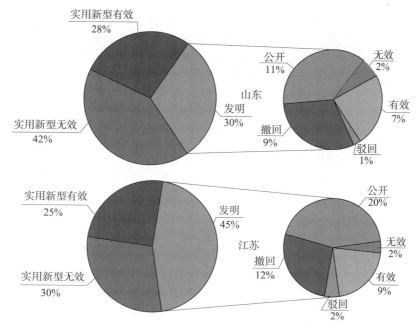

图 7-61　山东、江苏在收获机械方面法律状态对比

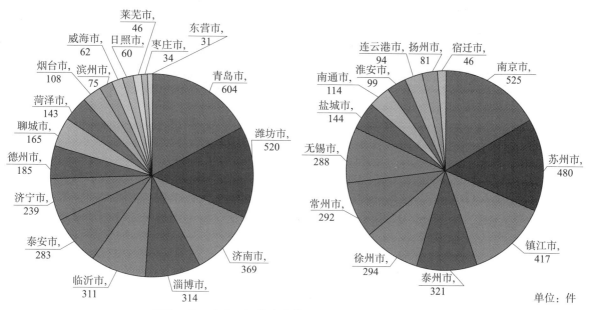

单位：件

图 7-62　山东、江苏在收获机械方面地级市分布对比

7.6.4　高端收获机械·联合收割机

1. 中国和全球在联合收割机方面申请趋势对比

如图 7-63 所示，从历年的申请量排布可以看出，全球联合收割机的专利申请起始于 1911 年，1966 年开始出现大幅攀升，到 1974 年出现峰值，之后在 1975～2003 年出现下跌起伏震荡趋势，随后从 2004 年开始又出现大幅攀升，而中国联合收割机的专利

申请起始于 1985 年，可见晚于全球 80 多年，在 1985 ~ 2003 年间处于平稳发展阶段，从 2004 年开始至今，出现大幅攀升，这也从侧面得出全球的专利申请量之所以从 2004 年开始又出现大幅攀升，这与中国的申请量持续增长不无关系。由此可见，中国联合收割机的专利申请量目前还处于稳步提高阶段。

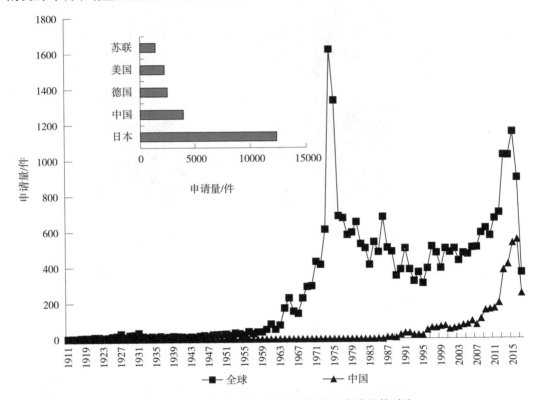

图 7 - 63　中国和全球在联合收割机方面申请趋势对比

2. 联合收割机在中国各省份的排布情况

如图 7 - 64 所示，在联合收割机中，江苏省排名第 1 位，紧随其后的为湖南省、山东省、安徽省、河南省、浙江省、四川省处于第 2 梯队，且申请量数据也较为平均，由此可看出山东在联合收割机方面与江苏省相比还存在一定的差距。

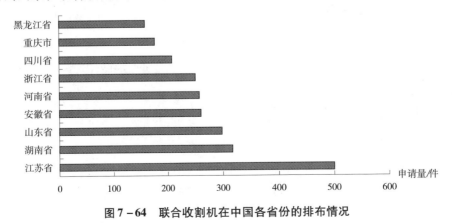

图 7 - 64　联合收割机在中国各省份的排布情况

3. 联合收割机的重要申请人分布情况

如图 7 - 65 所示，在联合收割机方面，前 10 位的重要申请人分别是久保田株式会社、井关农机株式会社、江苏大学、洋马株式会社、星光农机股份有限公司、朱怀东、雷沃重工股份有限公司、农业部南京农业机械化研究所、中联重机股份有限公司、奇瑞重工股份有限公司。在其中，来自日本的三家公司上榜，可见国外特别是日本企业在联合收割机方面已在中国进行专利申请。排名第 1 位的久保田株式会社前面已经介绍过，现在介绍一下排名第 2 位的井关农机株式会社。井关农机株式会社是日本三大农机企业之一，也是日本唯一一家专业农机公司，产品主要以收割机械、田间耕作机械（轮式拖拉机、手扶拖拉机、管理机、割草机）、栽培机械（插秧机、蔬菜移植机）、调制机械（碾米机、烘干机、计量筛选机等）等农业用机械为主。其中，其主营产品联合收割机包括 HC 系列全喂入联合收割机和 HF 系列半喂入联合收割机。

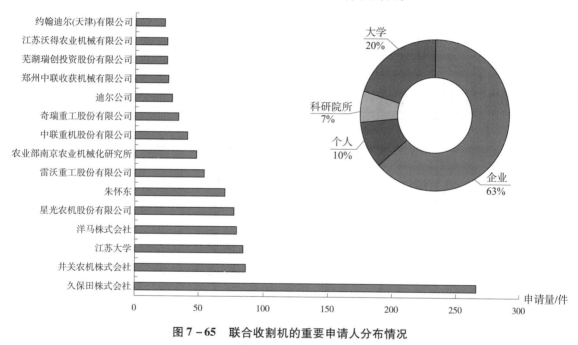

图 7 - 65　联合收割机的重要申请人分布情况

2003 年 6 月在中国江苏省设立井关农机（常州）有限公司，2011 年 8 月在中国湖北省设立东风井关农业机械（湖北）有限公司，计划在五年内引进和自主开发生产国际先进和国内适用的手扶和乘座式插秧机、全喂入和半喂入（稻麦油菜）收割机、大中小马力的节能环保拖拉机、乘座式田园管理机、移栽机等各类农机具并实现地产化和出口。

4. 联合收割机的重要发明人分布

如图 7 - 66 所示，排名第 1 位的发明人李耀明现任江苏大学农业工程研究院副院长、农业机械化工程学科带头人，机械设计及理论学科方向带头人。主要从事农业装备关键技术的基础理论及产品的开发研究工作。对种植机械中的气吸振动式精量播种机理、收获机械中的脱粒分离、清选机理及梳脱式割台的收获机理等进行了深入的理论研究，对多种农机产品进行了开发与设计，成功地开发出了直联式驱动圆盘犁、气吸振动式育苗精密播种机、收割机、脱粒机、梳脱式稻麦联合收割机等新产品。

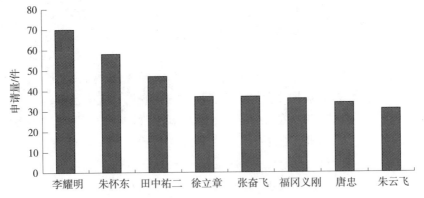

图 7-66　联合收割机的重要发明人分布

排名第 2 位的朱怀东为江苏宇成集团公司董事长，2005 年 12 月，宇成集团与农业部南京农业机械化研究所合作，专门进行高性能水稻联合收割机等现代农业装备的研究开发及制造，并组建了由国内外农机行业著名专家加盟的技术开发研究所。2008 年 5 月 6 日，泰州市现代化农业收获机械工程技术研究中心在江苏宇成动力集团有限公司揭牌成立，并正式成为泰州市工程研究中心。当日，"南京农业大学－江苏宇成集团工程技术研究中心"同时成立。双方将就农业收获机械、种植机械、秸秆综合利用三大领域的研究与开发，进行全方位合作，双方在半喂入稻麦联合收割机、插秧机两个产品方面的合作已经取得重要进展。

5. 联合收割机的重要地级市的重要申请人分布

如图 7-67 所示，在对地级市进行排名后发现，镇江市、泰州市、芜湖市、潍坊市、南京市位列前 5 名。镇江市主要依托于大学和企业，泰州市、芜湖市、潍坊市主要依托于企业。南京市主要依托于大学和科研院所。从排名第 1 位的朱怀东与农业部南京农业机械化研究所合作山东可从中获得启示，能够加大与大学和科研院所的合作，从而提升企业技术研发水平，加快新产品开发速度，在产品多元化及品质、性能等方面能够有较大提升。

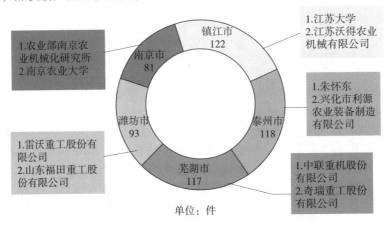

图 7-67　联合收割机的重要地级市的重要申请人分布

6. 联合收割机的技术发展趋势

联合收割机在我国农作物收割中正发挥着越来越重要的作用，近年来，联合收割机日益向大型化、技术化、自动化和智能化方向发展，联合收割机上安装的电气设备越来越多。随着全球定位系统 GPS、地理信息系统 GIS、连续数据采集传感器 CDS、遥感 RS 等技术的发展，精准农业将是后续不断研发的热点。精准农业的核心是对农田变量因素进行精确管理，为各种特异性的地块生产投入提供手段，从而潜在地降低农业生产投入成本，增加产量，并通过优化与作物生长需要相匹配的投入减少对环境的负面影响。另外，联合收割机装备有各种传感器和 GPS 定位系统，能根据不同作物种类、同一作物不同地块的作物种植疏密程度、不同地形和不同含水率等信息进行集中分析，指挥收割机做出不同反应，始终将收割机的作业效果保持在一个较高水平也将是后续不断进行研发的热点。

精准农业联合收割机的研发方向包括用于控制和测量联合收割机的智能测产、喂入量测控、脱粒质量测控、分离和清选损失测控；喂入量测控主要是通过控制联合收割机的行走速度、割幅宽度来控制；脱粒质量测控主要是通过控制滚筒转速、滚筒扭矩和谷物水分来测量，由于联合收割机上安装了诸如上述的先进检测及控制技术，机手只需要负责观察各个检测系统传送到驾驶室显示界面的信息，进行相关操作便可实现联合收割机在各种田间环境及多种作物不同参数的流畅作业，中间过程可由各系统识别操作完成。

7.6.5　高端收获机械·棉花采摘机

棉花属于劳动密集型的大规模种植生产的经济作物，从棉花地的耕作到棉花的播种、收获，所涉及的工序超过 30 道，需要的劳动力成本非常高，其中棉花收获阶段的用工量约占总用工量的 20%～30%，劳动力成本最高。而棉花是山东省最主要的经济作物，山东省的棉花生产方式较为落后，机械化程度低，特别是采棉环节劳动强度大、生产效率低、生产成本高，影响了棉农发展棉花生产的积极性，棉花生产机械化已成为山东农业机械化发展的"短腿"，制约了整体农业机械化水平的提升。加快棉花生产的机械化进程对于提高棉花生产效率，稳定棉花产量，促进经济社会发展具有重要的意义。

1. 中国和全球在棉花采摘机方面申请趋势对比

如图 7 - 68 所示，从历年的申请量排布可以看出，全球棉花采摘机的专利申请起始于 1904 年，随后的数年间专利申请量一直处于起伏波动状态，到 1989 年出现峰值，之后在 2003～2013 年间出现上升趋势，而中国棉花采摘机的专利申请起始于 1987 年，可见晚于全球八十多年，在 1987～2001 年间处于缓幅上上阶段，之后从 2002 年开始出现大幅攀升，2013 年达到峰值，随后几年至今出现下降态势。这在一定程度反映出棉花采摘机的研究处于一定的瓶颈期。

申请量排在前 3 位的国家为苏联、美国、中国，其中苏联专利申请数量为第 1 位，可以看出苏联对棉花采摘机的研究相对比较深入；排名第 2 位的美国有关棉花采摘机的研究起步较早，研究较深入，技术较成熟；而进入到 21 世纪以来，中国越来越重视农业机械化的发展，因此中国有关棉花采摘机的专利申请也得到了大幅度上涨。棉花采摘机主要申请人集中在美国和苏联，虽然近年来国内有关棉花收获机的申请量呈现井喷式增长，一方面反映出国内有关专家、学者、技术人员对其重视程度加强，另一方面，国内有关棉花收获机的研究尚处于发展阶段，技术还不够成熟，和国外成熟的技术还存在一定的差距。

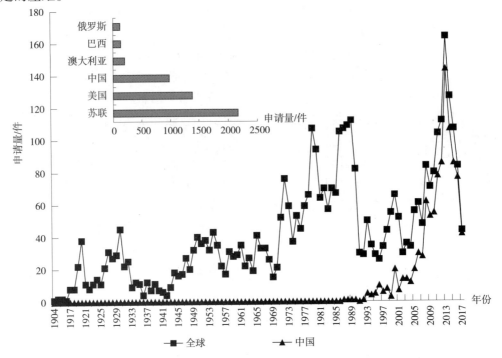

图 7-68　中国和全球在棉花采摘机方面申请趋势对比

2. 棉花采摘机在中国各省份的分布情况

如图 7-69 所示，在棉花采摘机中，新疆维吾尔自治区排名第 1 位，紧随其后的为江苏省、浙江省、山东省处于第 2 梯队，且申请量数据也较为平均，由此可看出山东在棉花采摘机方面与新疆维吾尔自治区相比还存在较大的差距。

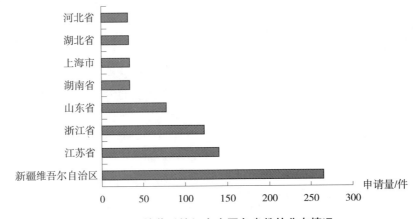

图 7-69　棉花采摘机在中国各省份的分布情况

3. 棉花采摘机的重要申请人分布情况

如图 7－70 所示，在棉花采摘机方面，前 10 位的重要申请人分别是迪尔公司、农业部南京农业机械化研究所、浙江亚特电器有限公司、石河子大学、吴乐敏、新疆钵施然农业机械科技有限公司、嘉兴亚特园林机械研究所、无锡同春新能源科技有限公司、常州市胜比特机械配件厂、田永军。

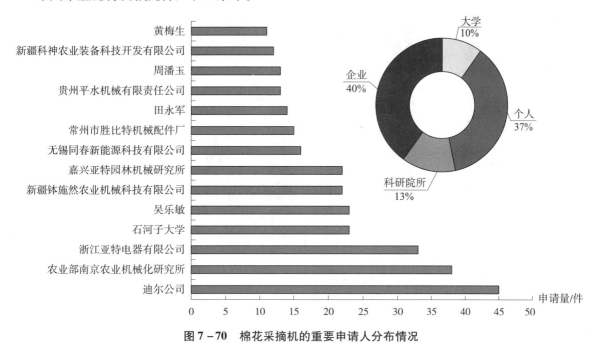

图 7－70　棉花采摘机的重要申请人分布情况

排名第 1 位的迪尔公司在 1997 年与佳木斯联合收割机厂建立了中国农机行业第一家合资企业——约翰·迪尔佳联收获机械有限公司。20 世纪 90 年代，迪尔为中国新疆地区设计生产出能采收 30～60 公分，8～68 公分，10～66 公分行距棉花的摘棉机，为新疆棉花收获机械化打下了坚实的基础。2000 年初，迪尔公司相继在中国注册成立约翰迪尔（中国）投资有限公司，约翰迪尔（天津）国际贸易有限公司，进一步加大了在中国的投资力度。迪尔公司于 2000 年 8 月与天津拖拉机制造有限公司成立了约翰·迪尔天拖有限公司。2004 年 12 月 16 日，约翰·迪尔佳联收获机械有限公司成为迪尔公司的全资公司。

4. 棉花采摘机的重要发明人分布

如图 7－71 所示，排名第 1 位的石磊为农业部南京农业机械化研究所棉花生产机械化技术装备学科方向的负责人，排名第 2 位的张玉同、排名第 3 位的陈长林为农业部南京农业机械化研究所棉花生产机械化技术装备学科方向的成员，本学科依托承担的农业部 948 项目“先进棉花收获机械化技术及关键部件的引进”项目，借鉴国外技术，针对我国西北棉区棉花的特点，开展了指杆式棉花收获机整机棉田作业适应性研究，对其配置形式进行了改进设计，并取得了一定的研发成果。“十二五”期间针对我国西北棉区、黄淮海棉区棉花的特点，重点研究任务为：①针对我国棉花高植株、高密度和高产量特点，开展复指杆式采收技术与采收台技术的研究；②开展棉花气流输送与棉桃重力分选回收技术的研究；③开展随机移动式籽棉高效清理技术和装备的研究；④开展对土壤适应性强的全自动规格化穴盘苗移栽机的研究；⑤开展适应高低不平田面和棉株不同高度的打顶机的研究；⑥开展棉花全程机械化关键技术继承与示范的研究；⑦制定指杆式棉花收获机操作技术规程。

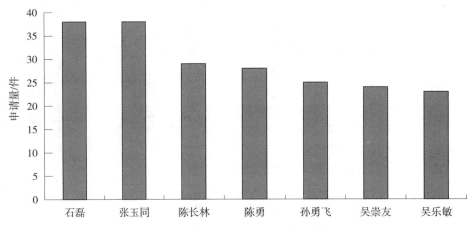

图 7 – 71　棉花采摘机的重要发明人分布

5. 棉花采摘机的重要地级市的重要申请人分布

如图 7 – 72 所示，在对地级市进行排名后发现，石河子市、乌鲁木齐市、南京市、嘉兴市、常州市位列前 5 名。石河子市主要依托于大学和企业，乌鲁木齐市主要依托于企业和科研院所，南京市主要依托于科研院所，嘉兴市主要依托于企业和科研院所。

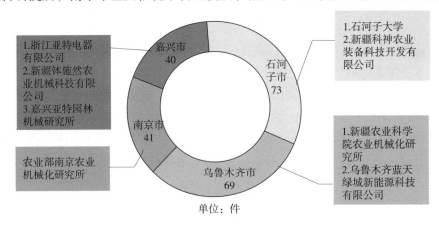

图 7 –72　棉花采摘机的重要地级市的重要申请人分布

6. 棉花采摘机的技术发展趋势

对于棉花收获机的技术研发，国外处于领先水平，尤其是美国。其研发的重点在于不断提高棉花的采净率、扩大其适用范围，降低棉花含杂率等。另外，滚筒式水平摘锭式棉花收获机由于具备较高的采净率和较高的收获效率，以及自走式棉花收获机具有较好的灵活性，有关这二者的研发日后必然成为业界研发的重点。

7.7　动力输送机械的专利状况

7.7.1　中国状况分析

1. 中国和全球在动力输送机械方面申请趋势对比

如图 7 - 73 所示，全球动力输送机械的专利申请起始于 1900 年，1913 年开始出现大幅攀升，到 1920 年出现峰值，之后在 1921 ~ 1964 年间出现下跌震荡趋势，随后从 1965 年开始又出现大幅攀升且呈震荡趋势，而中国动力输送机械的专利申请起始于 1985 年，可见晚于全球八十多年，在 1985 ~ 2005 年间处于缓幅上升阶段，之后从 2006 年开始至今，出现大幅攀升，这也可从侧面得出，中国在动力输送机械方面的研发越来越热。

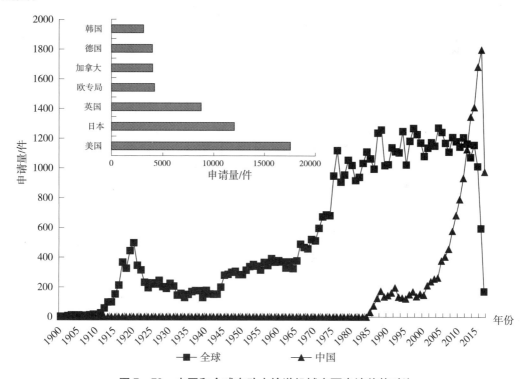

图 7 - 73　中国和全球在动力输送机械方面申请趋势对比

2. 中国各省份和中国重要申请人在动力输送机械方面的排名情况

如图 7 - 74 所示，动力输送机械的专利申请排名中，前 5 位分别是山东、河南、江苏、浙江、广东，山东处于第 1 梯队，河南、江苏处于第 2 梯队，浙江、广东、安徽处于第 3 梯队。由此可见，山东省在动力输送机械方面处于优势位置。在全国前 10 大申请人排名中，中国一拖集团有限公司、中国国际海运集装箱（集团）股份有限公司、中集车辆（集团）有限公司、芜湖中集瑞江汽车有限公司、雷沃重工股份有限公司位列前 5 位。

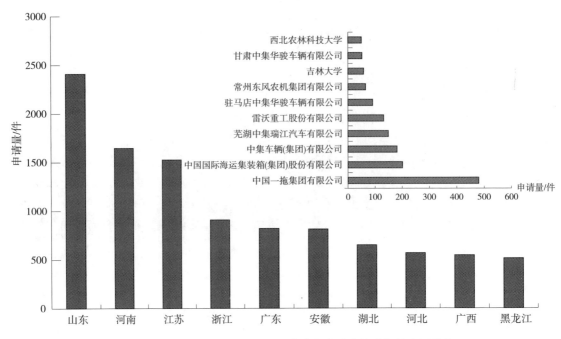

图 7-74　中国各省份和中国重要申请人在动力输送机械方面排名

　　排名第 1 位的中国一拖集团有限公司位于河南省，其前身是第一拖拉机制造厂，创建于 1955 年，经营范围包括拖拉机、收获机、农机具等农业机械产品，柴油机、自行电站、发电机组、叉车、铸锻件和备件等系列产品的设计、制造、销售与服务，以及有关拖拉机及工程机械技术开发、转让、承包、咨询服务，经营本公司自产产品及相关技术的进出口业务。公司主导产品涵盖"东方红"系列履带拖拉机、轮式拖拉机和收获机械、工程机械、柴油机共计 100 余个品种。4 个专业化拖拉机装配厂，分别生产履带拖拉机及变型产品、大中小型轮式拖拉机，拖拉机产品功率覆盖范围为 17~188 马力。

　　如图 7-75 所示，从重要申请人专利申请的法律状态进行分析后可知，中国一拖集团有限公司的实用新型申请量远大于发明，发明和实用新型有效占比较大；中国国际海运集装箱（集团）股份有限公司、中集车辆（集团）有限公司的发明和实用新型有效占比尚可；芜湖中集瑞江汽车有限公司的实用新型申请量明显大于发明，且芜湖中集瑞江汽车有限公司的实用新型无效量较大；驻马店中集华骏车辆有限公司、常州东风农机集团有限公司实用新型申请量大于发明，且发明有效占比尚可；甘肃中集华骏车辆有限公司的申请全为实用新型，但实用新型无效占比较大。山东省有一家企业上榜，为雷沃重工股份有限公司，其实用新型申请量明显大于发明，且雷沃重工股份有限公司的实用新型有效量较大。通过上述分析可知，动力输送机械的重要申请人的申请多集中在实用新型。

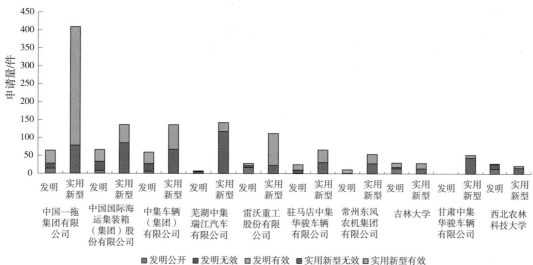

图 7 - 75　中国重要申请人在动力输送机械方面专利法律状态

3. 中国重要发明人在动力输送机械方面的排名情况

如图 7 - 76 所示，排名第 1 位的徐培为洛阳拖拉机研究所有限公司的研发人员，洛阳拖拉机研究所发动机及零部件项目部长期与一拖集团内部企业进行技术合作，与相关单位建立了良好的合作关系。洛阳拖拉机研究所是原隶属于机械工业部的一类研究所，1994 年并入中国一拖集团有限公司，1995 年和原中国一拖集团有限公司拖汽所合并组建了中国一拖集团有限公司技术中心。另外，排名后六位的发明人都为中国一拖集团有限公司的研发人员。通过对上述发明人专利申请的法律状态进行分析后发现，其申请多为实用新型，且发明有效占比和实用新型有效占比较大。

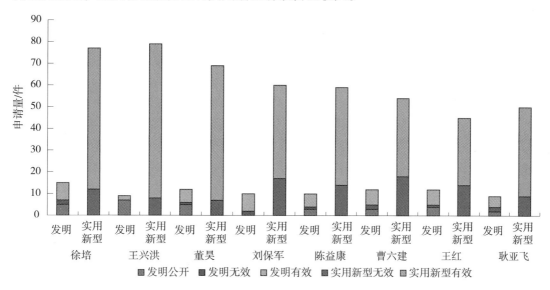

图 7 - 76　中国重要发明人在动力输送机械方面的申请情况

排名第 2 位的王兴洪为浙江奔野拖拉机制造有限公司总经理。浙江奔野拖拉机制造有限公司是一家专业研发、制造、销售非道路用农用拖拉机及零部件生产的民营企业。

4. 动力输送机械的重要技术分支分析

如图 7 - 77 所示，通过对专利数据库的分类号进行统计可知，排名前两位的分别是"车辆传动装置的布置或安装""牵引车 - 挂车组合"。

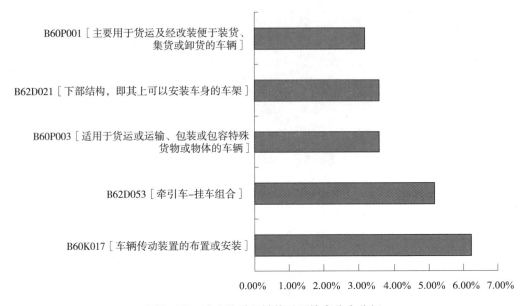

图 7 - 77　动力输送机械的重要技术分支分析

7.7.2　山东状况分析

1. 山东和中国在动力输送机械方面申请趋势对比

如图 7 - 78 所示，山东省在 1985 ~ 2004 年，动力输送机械一直处于少量申请阶段，自 2005 年起，专利申请量出现小幅跃升，但相比全国的申请情况而言，山东省在动力输送机械方面的研究申请涨幅明显低于全国，且出现小幅跃升的时间也晚于全国。

2. 山东重要申请人、发明人在动力输送机械方面的排名情况

如图 7 - 79 所示，山东省的重要申请人以企业和个人为主，企业以雷沃重工股份有限公司为主，体现了山东省具备较强的企业研发基础。排名第 1 位的雷沃重工股份有限公司的主营拖拉机产品为雷沃欧豹拖拉机，型号包括 M250 - E、M254 - E、M300 - E、M304 - E、M350 - E、M604L - E、M804 - D、M900 - D、M904 - D、M954 - D、M1000 - D、M1004 - D、M1104 - D、M1200 - D、M1504 - D、M1604 - D、M1254 - G、M1354 - G、M1454 - G 等。

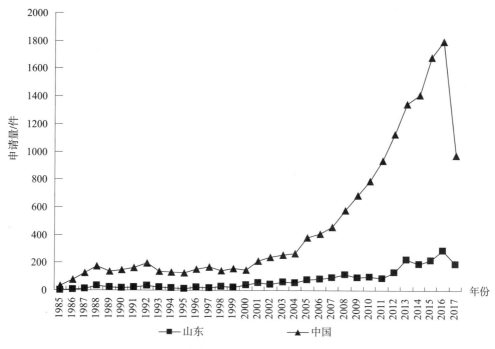

图 7 – 78　山东和中国在动力输送机械方面申请趋势对比

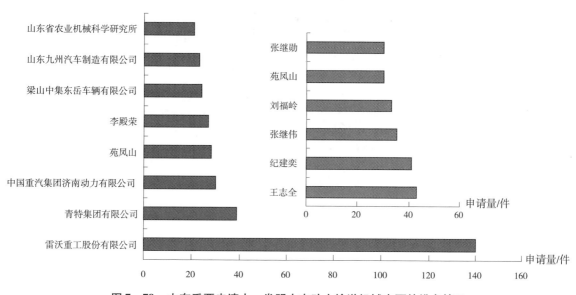

图 7 – 79　山东重要申请人、发明人在动力输送机械方面的排名情况

3. 在动力输送机械方面山东重要地级市排名和重要申请人的地市分布情况

如图 7 – 80、图 7 – 81 所示，在山东省的重要地级市排名中，潍坊市、青岛市、济宁市、济南市分别位列前 4 位，潍坊主要依托于雷沃重工股份有限公司，以企业为主；青岛主要依托青特集团有限公司，济宁主要依托梁山中集东岳车辆有限公司。由上述统计可知，山东省在动力输送机械的新旧动能转换中，将以潍坊、青岛为主，济南、济宁

为辅，并辅以科研院所和企业为支撑进行农业全程机械化转换。

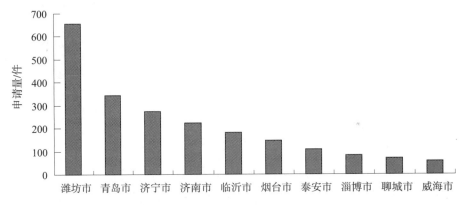

图 7-80　在动力输送机械方面山东重要地级市排名情况

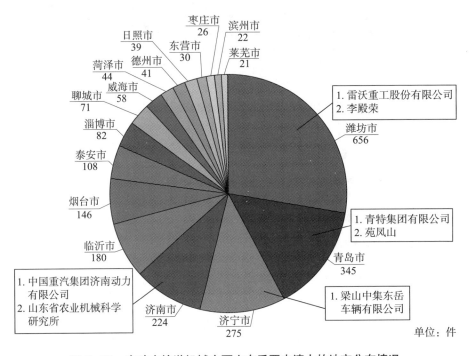

单位：件

图 7-81　在动力输送机械方面山东重要申请人的地市分布情况

7.7.3　山东、河南在动力输送机械方面多角度对比

在动力输送机械方面，山东和河南的专利申请量为全国前 2 位，因此将从以下多个角度对山东、河南进行对比分析，以能够从中得到启示。

1. 山东、河南在动力输送机械方面历年申请趋势对比

如图 7-82 所示，从山东、河南的历年申请量对比可以看出，山东和河南的历年申请量增长趋势基本相同，随着曲线的起伏，山东、河南轮流占据第 1 的位置，这种拉锯战在将来的申请中竞争也会越来越激烈。

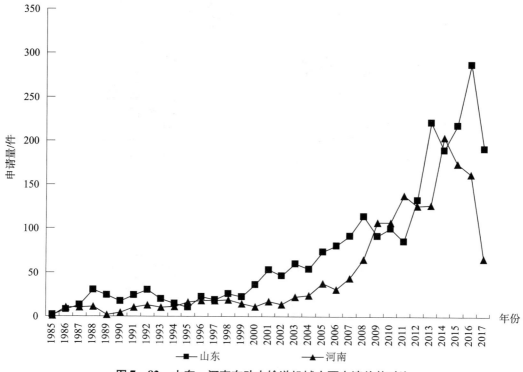

图 7-82　山东、河南在动力输送机械方面申请趋势对比

2. 山东、河南在动力输送机械方面申请人类型对比

如图 7-83 所示，在申请人类型中，山东的个人申请人占比较大，为 38%，而河南的个人申请人占比则相对小一些，为 28%；山东的企业占比为 56%，河南的企业占比高于山东，为 64%；另外，河南的科研院所、大学申请人高于山东的科研院所、大学申请人比重为 3%。由此可见，为提高山东专利申请的核心竞争力，应尽量扶持企业、大学和科研院所，加大企业和大学、科研院所的申请比重，进而提高山东专利申请的核心竞争力。

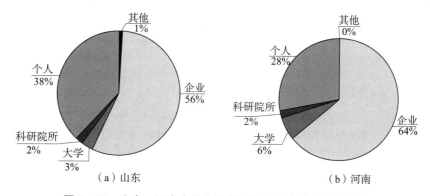

图 7-83　山东、河南在动力输送机械方面申请人类型对比

3. 山东、河南在动力输送机械方面法律状态对比

如图 7-84 所示，山东的发明申请占比明显优于河南，但河南有效专利的比率明显高于山东，且山东的撤回、驳回和无效的比例高于河南，由此可见，河南在动力输送机

械方面的专利多集中在实用新型，山东有效专利占比明显低于河南。

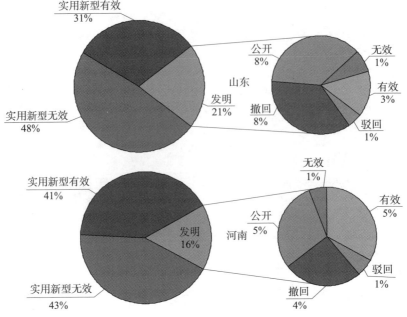

图 7 - 84　山东、河南在动力输送机械方面法律状态对比

4. 山东、河南在动力输送机械方面地级市分布对比

如图 7 - 85 所示，河南的专利申请呈现集聚态势，洛阳的申请量明显高于其他地级市，而山东的各地级市的申请量相对比较平均，这可从侧面看出，山东在动力机械方面的研发处于稳步推进态势。

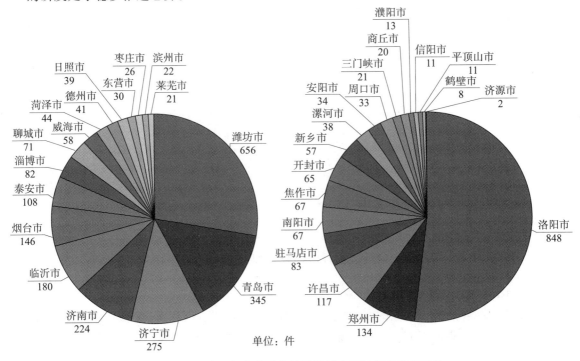

单位：件

图 7 - 85　山东、河南在动力输送机械方面地级市分布对比

7.7.4　高端动力输送机械·智能导航拖拉机

随着中国"互联网＋"行动计划的开展，基于互联网的创新，智能制造设备的大量使用，中国的各行各业开始拥抱互联网，并深刻改变着人们的生产和生活方式。其中，基于自动导航、智能设备、精准控制的"互联网＋农业"成为一大热点。中国的农业生产正在经历着科技化和智能化的变革，农业机械采用智能化、自动化的作业方式是农业发展的必然，农机导航自动驾驶系统的应用越来越多，其是精细农业的一项重要技术，拖拉机自动导航是农业现代化的重要基础，实现拖拉机自动导航可以让农业作业者降低工作强度，避免繁重的驾驶劳动，并且能显著地提高农机的作业精度，提高农田的土地利用率，降低生产成本，提高产量。

1. 中国在智能导航拖拉机方面申请趋势

如图 7 - 86 所示，从历年的申请量分布可以看出，中国智能导航拖拉机起始于 2002年，相对较晚。

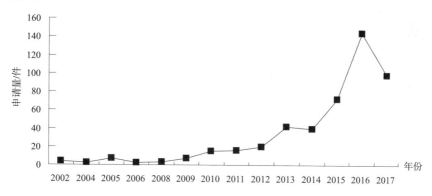

图 7 - 86　中国在智能导航拖拉机方面申请趋势

2. 智能导航拖拉机在中国各省份的分布情况

如图 7 - 87 所示，在智能导航拖拉机中，江苏省排名第 1 位，紧随其后的为北京市、山东省、上海市、安徽省、河南省、广东省、辽宁省处于第 2 梯队，且申请量数据也较为平均，由此可看出山东在智能导航拖拉机方面处于中上水平。

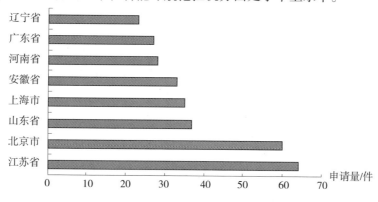

图 7 - 87　智能导航拖拉机在中国各省份的排布情况

3. 智能导航拖拉机的重要申请人分布情况

如图 7 – 88 所示，在智能导航拖拉机方面，前 15 位的重要申请人分别是安徽润谷网络科技有限公司、南京农业大学、上海雷尼威尔技术有限公司、北京农业信息技术研究中心、刘扬、西北农林科技大学、无锡卡尔曼导航技术有限公司、中国农业大学、北京农业智能装备技术研究中心、吉林大学、上海联适导航技术有限公司、交通运输部公路科学研究所、上海华测导航技术股份有限公司、中国科学院沈阳自动化研究所、扬州大学。

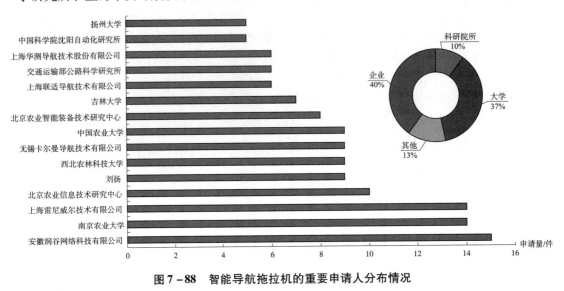

图 7 – 88　智能导航拖拉机的重要申请人分布情况

上海联适导航技术有限公司虽然排名较为落后，但其拥有自主产品，是一家集研发、生产、销售、服务为一体的高新技术企业，立足于北斗卫星导航，拓展北斗行业应用，致力于为客户提供全方位、多领域北斗高精度导航定位系统解决方案。联适导航紧随全球四大卫星导航系统发展趋势，全面申请高精度行业应用推广，全力满足不同行业的差异化应用需求，产品应用涵盖精准农业、智能交通、机械控制、形变监测、地理信息、测绘工程等多个高精度领域。

上海华测导航技术股份有限公司创建于 2003 年，是一家集高精度 GNSS 相关软硬件产品研发、生产、销售于一体的"国家火炬计划重点高新技术企业"。华测导航精准农业 NX80 农机自动导航驾驶系统，支持北斗卫星定位，同时兼容 GPS、GLONASS 等主流卫星，将北斗、GPS 卫星定位与车辆自动驾驶技术相结合，通过获取精确的车辆的位置、航向和姿态，自动控制车辆转向角度，引导车辆根据事先设定的路线，严格地沿圆周、Z 字形或者任意设定的路线行驶。从而减少作业的遗漏和重叠，极大提高土地利用率。并且可以在夜间和恶劣天气下作业，提高农机作业效率，降低对机手的技能要求和减轻劳动强度。该系统在起垄、播种、喷药、收获等农田作业时都可以使用，可提高农业作业精度，提高农产品质量，实现精准农业。

山东省雷沃重工股份有限公司虽然没有上榜，但其牵头建设的山东省智能农机装备技术创新中心，其定位便包括突破智能化农机装备的关键、核心共性技术。另外，其研发的我国首台无人驾驶拖拉机——M2404 – K 型轮式拖拉机集全球卫星定位、GPS 自动导航、电控液压自动转向、作业机具自动升降、油门开度自动调节和紧急遥控熄火等多项自动化功能于一体，实现了拖拉机自动控制精密播种、施肥、起垄、洒药等作业，大大提高了拖拉机作业的标准化水平。另外，雷沃重工拥有 AGCS‐1 型农业机械导航自动作业系统。这套作业系统具备了导航、电控液压转向等基本功能，还能通过选装相关部件使其具有作业农机具自动升降、油门开度自动调节和紧急制动等多项功能，实现了对农业机械的实时定位、定向、自动导航和自动驾驶操纵控制。

4. 智能导航拖拉机的重要发明人分布

如图 7‐89 所示，排名第 1 位的发明人汪海为安徽润谷网络科技有限公司的研发人员，拥有多项与智能导航拖拉机相关的专利。排名第 2 位的张磊为上海雷尼威尔技术有限公司的法人代表，上海雷尼威尔物联网有限公司，国内领先的 M2M 物联网解决方案供应商，致力于能源化工、危险品物流、农业机械、特种设备、环保领域的物联网技术研发，为各行业提供基于智能传感、无线通信、远程数据采集、状态监测的物联网系统解决方案。

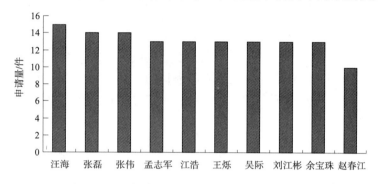

图 7‐89　智能导航拖拉机的重要发明人分布

5. 智能导航拖拉机的重要地级市的重要申请人分布

如图 7‐90 所示，在对地级市进行排名后发现，海淀区、南京市、安庆市、闵行区位列前 4 名。海淀区主要依托于大学和研究中心，南京市主要依托于大学，由此可见，排名前两位的地级市研发还主要停留在科研阶段，具体产品还有待与企业合作进行研发；安庆市、闵行区主要依托于企业，具备一定的企业研发基础。

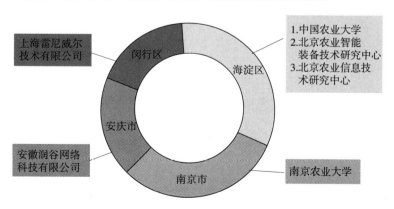

图 7‐90　智能导航拖拉机的重要地级市的重要申请人分布

6. 智能导航拖拉机的技术发展趋势

利用 GPS 自动导航、图像识别技术、计算机总线通信技术等来提高动力输送机械的操控性、机动性和人员作业舒适性；通过安装有信息显示终端的人机交互界面，操作者通过屏幕菜单可任意选择显示机组中不同部分的终端信息是后续的发展趋势。另外，目前，国内针对拖拉机智能导航技术的研究大多局限于使用单一的导航传感器，而各类传感器的实用都存在一定的局限性，而多传感器联合导航可使得传感器之间能达到取长补短、相辅相成的效果，从而大大提高导航系统的可靠性和稳定性，因此，多传感器联合导航将是后续的研发热点。

7.8 山东省农业机械产业总结

下面对山东省农业机械做如下总结。

1. 山东在各技术分支的分布上相对比较集中

如图 7 - 91 所示，从山东重要申请人各技术分支的分布情况可以看出，山东农业大学、青岛农业大学、山东理工大学、山东省农业机械科学研究院的技术研发多集中在种植施肥机械和收获机械，雷沃重工股份有限公司的研发技术多集中在收获机械和动力输送机械，济南大学、山东五征集团有限公司、山东常林农业装备股份有限公司的技术研发主要集中在收获机械。

单位：件

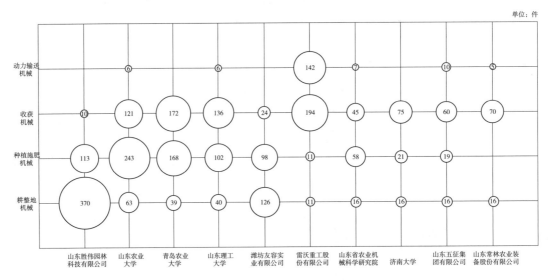

图 7 - 91 山东重要申请人各技术分支分布

如图 7 - 92 所示，从中国重要申请人各技术分支的分布情况可以看出，农业部南京农业机械化研究所、中国农业大学、西北农林科技大学、东北农业大学、石河子大学、山东农业大学的技术研发多集中在耕整地机械、种植施肥机械、收获机械，排名第 2 位的久保田株式会社和排名第 7 位的江苏大学的技术研发多集中在种植施肥机械和收获机械。

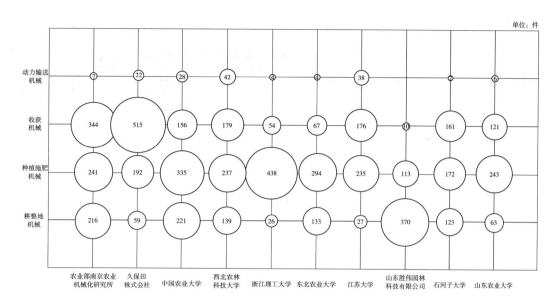

图 7 - 92　中国重要申请人各技术分支分布

如图 7 - 93 所示，从全球重要申请人各技术分支的分布情况可以看出，除亚马逊人 - 威尔克在收获机械方面略显不足外，其他公司在上述 4 个技术分支上都占据较大比重，由此可见，国外重要申请人在技术研发上相比中国重要申请人更为全面。

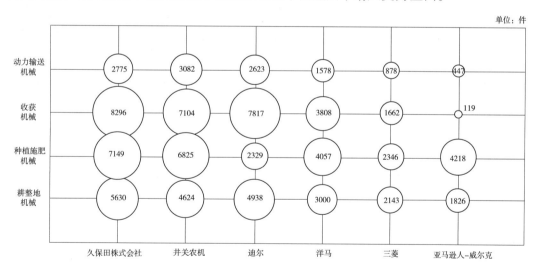

图 7 - 93　全球重要申请人各技术分支分布

2. 中国在农业机械领域具有较强的实力，山东总体发展较为迅速，申请总量处全国首位

如表 7 - 2 所示，在收获机械、动力输送机械、耕整地机械、种植施肥机械 4 个方面，中国均处于世界第 2 的位置，由此可见，虽然中国在农业机械方面起步晚于全球八十多年，但近些年呈现大幅增长趋势。在如此背景下，山东省的专利申请量除在耕整地机械方面排名第 2 外，其他 3 个方面都排名第 1 位，由此足见山东省是农业大省也是农

业机械创新大省的位置。

表7-2 农业机械各技术分支全球和中国排名情况

技术分支	收获机械	动力输送机械	耕整地机械	种植施肥机械
全球专利分布排名	日本、中国（第2位）、美国、苏联、德国、法国、俄罗斯、欧专局、巴西、英国	美国、中国（第2位）、日本、英国、欧专局、加拿大、德国、韩国	日本、中国（第2位）、德国、美国、苏联、俄罗斯、法国、英国、韩国	日本、中国（第2位）、美国、苏联、德国、俄罗斯、韩国、法国、巴西、英国
各省申请量排名	山东（第1位）、江苏、浙江、河南、安徽、重庆、广西、新疆、黑龙江、河北	山东（第1位）、河南、江苏、浙江、广东、安徽、湖北、河北、广西、黑龙江	江苏、山东（第2位）、重庆、浙江、黑龙江、安徽、广西、湖南、河南、河北	山东（第1位）、江苏、浙江、黑龙江、安徽、河南、新疆、北京、河北、广东

3. 山东重要申请人在全国排名稍显落后，企业研发实力有待进一步提高

如表7-3所示，相对于山东省的申请量排名一直处于第1位、第2位不同的是，山东省重要企业和院校在全国的排名只能说是相对比较靠前，在全国申请量前10的申请人中，除在收获机械方面，山东省有两家企业上榜，分别是雷沃重工股份有限公司（第4位）、青岛农业大学（第8位）。在种植施肥机械和动力输送机械方面，山东省均仅有一家企业和山东农业大学，分别为山东农业大学（第10位）及雷沃重工股份有限公司（第5位）。耕整地机械方面前10名无山东省重要企业或院校。由此可见，山东省的重要申请人在全国的排名稍显落后，且呈现集聚态势，除几所大学外，仅有雷沃重工股份有限公司处于相对靠前位置。

表7-3 农业机械各技术分支国内重要申请人排名情况

技术分支	收获机械	动力输送机械	耕整地机械	种植施肥机械
国内重要申请人排名	久保田株式会社、农业部南京农业机械化研究所、江苏大学、雷沃重工股份有限公司（第4位）、西北农林科技大学、广西大学、石河子大学、青岛农业大学（第8位）、中国农业大学、郑州中联收获机械有限公司	中国一拖集团有限公司、中国国际海运集装箱（集团）股份有限公司、中集车辆（集团）有限公司、芜湖中集瑞江汽车有限公司、雷沃重工股份有限公司（第5位）	农业部南京农业机械化研究所、中国农业大学、重庆嘉木机械有限公司、西北农林科技大学、东北农业大学	浙江理工大学、东北农业大学、中国农业大学、农业部南京农业机械化研究所、江苏大学、井关农机株式会社、久保田株式会社、华中农业大学、西北农林科技大学、山东农业大学（第10位）

4. 山东省内各地级市之间差异较为明显

如图7-94所示，从山东地级市各技术分支的分布情况可以看出，在耕整地机械、动力输送机械方面，山东省各地级市呈现集聚态势，潍坊、青岛的申请量稳居前两位，且潍坊、青岛的申请量明显高于其他地级市，可见山东的地级市之间在耕整地机械、动力输送机械方面差异较为明显。在收获机械、种植施肥机械方面，各地级市分布相对更均匀，多集中在中部，差异性相对耕整地机械、动力输送机械缩小，但还是存在一定的差异性。

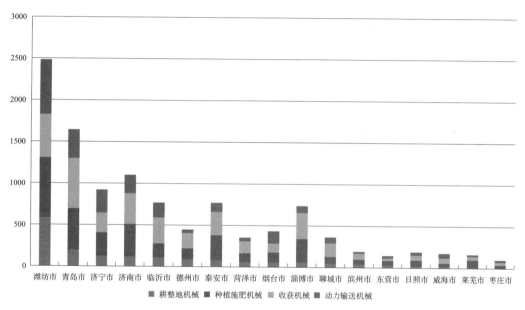

图7-94 山东地级市各技术分支的分布情况

5. 山东与竞争省份之间的差距仍存在

如图7-95、图7-96所示，在竞争省份的申请人类型对比中，山东省的个人申请人比例明显高于河南或江苏，企业申请人比例则明显低于河南或江苏，这也是山东省重要企业申请量在全国排名优势不明显，而山东省总体申请量较高的一个原因。山东省科研院所、大学的申请比重则相对比较均衡。

在与竞争省份专利申请的法律状态对比中，除在动力输送机械方面，山东省的发明申请占比高于河南外，其他3个方面都低于江苏。

6. 高端农机有待进一步提升研发实力

如表7-4所示，在高端农机的各省排名中，除联合整地机、高效播施机山东位列第1位外，在联合收割机方面山东位居第3位，棉花采摘机山东位居第4位，智能导航拖拉机山东位居第3位，相对于山东省农机的整体排名有所下降，在高端农机的重要申请人前10大排名中，山东省则相对落后，联合收割机中，上榜的为雷沃重工股份有限公司（第7位），棉花采摘机、智能导航拖拉机无一家企业上榜。

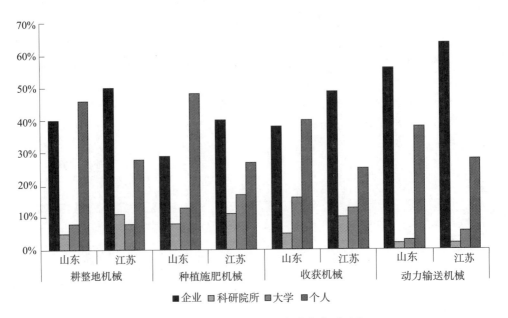

图7-95　山东与竞争省份申请人类型对比

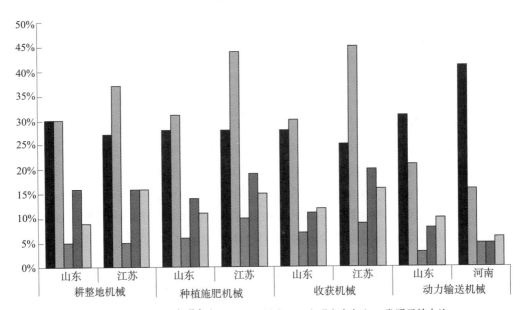

图7-96　山东与竞争省份申请人法律状态对比

表 7 - 4　高端农机国内、国外主要申请人

联合整地机	
国内主要申请人	农业部南京农业机械化研究所
	中国农业大学
	西北农林科技大学
	东北农业大学
	华中农业大学
	新疆农垦科学院
高效播施机	
国内主要申请人	中国农业大学
	华中农业大学
	甘肃农业大学
	东北农业大学
联合收割机	
国内主要申请人	江苏大学
	星光农机股份有限公司
	朱怀东
	雷沃重工股份有限公司
	农业部南京农业机械化研究所
国外主要申请人	久保田株式会社
	井关农机株式会社
	洋马株式会社
	迪尔公司
棉花采摘机	
国内主要申请人	农业部南京农业机械化研究所
	浙江亚特电器有限公司
	石河子大学
	新疆钵施然农业机械科技有限公司
国外主要申请人	迪尔公司
智能导航拖拉机	
国内主要申请人	安徽润谷网络科技有限公司
	南京农业大学
	上海雷尼威尔技术有限公司
	北京农业信息技术研究中心

第8章 山东省高端装备制造产业总结

8.1 山东省高端装备制造产业专利整体水平

山东省高端装备制造产业的专利申请量总体上呈现快速增长的态势，特别是近几年，得益于创新引领发展共识的落实，传统产业转型升级的推进，以及新经济模式的迅速建立、逐渐成熟，带动全省专利申请量进入高速上行区。伴随着山东省新旧动能转换重大工程的实施，可以预期在未来几年将迎来专利申请量的进一步高速增长。

图8-1为山东与江苏、广东在前述6个领域2000年以后的专利申请量对比，表8-1为3省相关产业在全国省市的排名。可见山东省在农业机械、发动机、数控机床和轨道交通4个方面的专利申请量在国内具有相对优势，特别是在农业机械方面专利申请量领先各省市，位列全国第1。但与在高端装备制造产业的6个产业专利申请量均位列前茅的江苏省相比，山东省在处于高端装备核心的数控机床和机器人产业上还存在相当的技术投入和专利产出空间。广东省与山东省的优势产业具有互补性，在农业机械、发动机和轨道交通方面与山东有较大差距，而在机器人和通用航空领域表现突出。

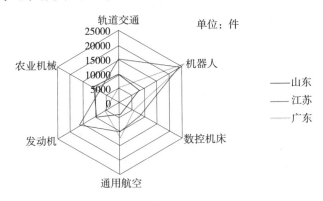

图8-1 山东省、江苏省及广东省高端装备制造各产业申请量比较

表8-1 山东省、江苏省及广东省高端装备制造各产业全国排名　　单位：件

	轨道交通	机器人	数控机床	通用航空	发动机	农业机械
山东	4	6	4	8	3	1
江苏	1	2	1	3	1	2
广东	9	1	2	2	8	11

8.2 山东省高端装备制造产业专利量地市分布

山东省高端装备制造产业重要城市优势地位突出。图8-2是对山东省高端装备制

造产业中六个产业 2000 年以后专利申请总量的地市分析。可以看出，青岛（10729）、济南（7990）和潍坊（6433）3 个城市的申请量遥遥领先，在省内具有绝对优势；烟台（2345）、淄博（2013）、济宁（1924）、泰安（1657）和临沂（1518）5 个城市位于第 2 梯队，其他城市位于第 3 梯队，第 2 梯队和第 3 梯队之间的差距并不十分明显。省内已形成以青岛、济南为主的装备制造东西两极，并在济青一线部分形成集聚带动效应，而省内其他区域产业布局还暂待完善，产业市场有拓宽空间。

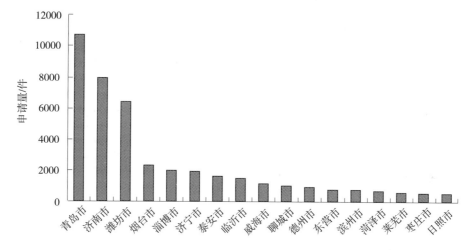

图 8-2　山东省高端装备制造产业地市专利申请量分布

山东省内各地市产业聚集化明显，图 8-3～图 8-8 对山东省 6 个产业 2000 年以后的申请量分别进行了地市分析。可见，轨道交通装备产业聚集化程度最高，青岛的申请量远远领先其他城市，申请量是位于第 2 的济南的 3 倍多，而济南的申请量是位于第 3 位的淄博的近 3 倍，其他城市的申请量都相对较少。机器人方面青岛和济南的申请量是第 3 位的潍坊的近 4 倍。高档数控机床方面，济南、青岛、潍坊及烟台具有优势，通用航空方面，青岛、济南、烟台和威海具有优势，发动机和农业机械方面潍坊、济南和青岛申请量较为突出。

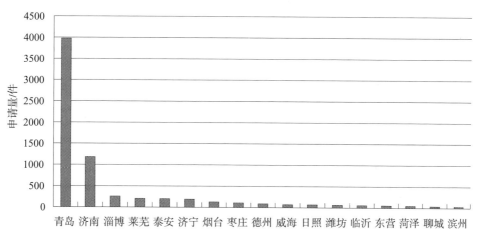

图 8-3　山东省轨道交通申请量地市分布

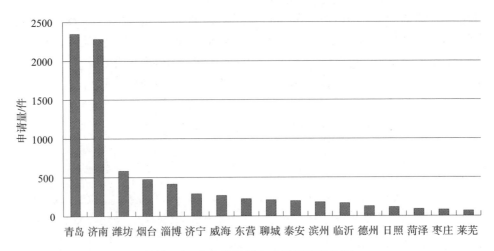

图8-4 山东省机器人申请量地市分布

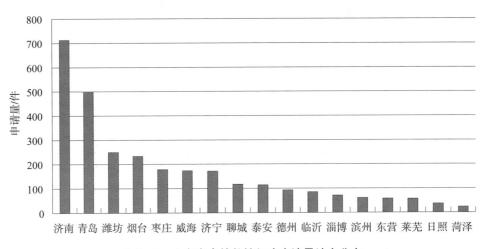

图8-5 山东省高档数控机床申请量地市分布

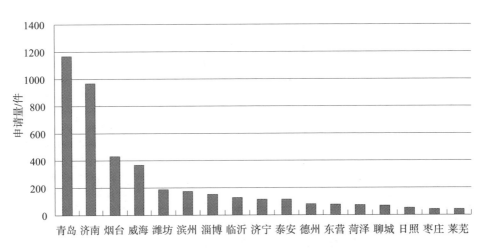

图8-6 山东省通用航空申请量地市分布

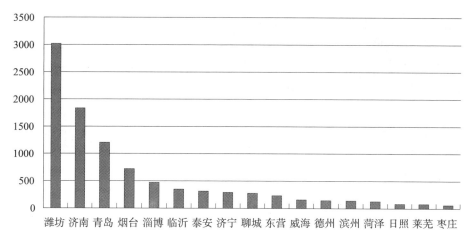

图 8 - 7　山东省发动机申请量地市分布

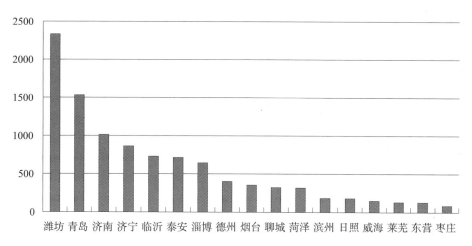

图 8 - 8　山东省农业机械申请量地市分布

8.3　山东省高端装备制造 6 大产业发展特点

　　本书第 2 章至第 7 章对高端装备制造产业中轨道交通装备、机器人、高档数控机床、通用航空、发动机、农业机械 6 个子产业进行了详细分析，可以看出山东省在这 6 个产业各具特点。

　　轨道交通装备：山东省轨道交通装备行业近年来发展迅猛，始终保持较高增长率。从申请人分布来看，山东省在轨道交通装备方面拥有行业领军企业——中车青岛四方机车车辆股份有限公司，此外，中车四方车辆研究所、中车山东机车车辆、中车四方车辆、青岛四方庞巴迪、青岛威奥轨道等也均是山东省轨道交通装备的优势企业。但山东省内大学的相关研究能力有待提升，与处于第 1 梯队的西南交通大学、北京交通大学相比存在较大差距。从技术优势与短板来看，山东省在车体、转向架这两类关键技术上在国内排名靠前，具备相当强劲的整车制备能力，这两类关键技术是山东省的优势技术；而山东省在牵引传动与控制技术、列车网络控制技术这两方面在国内排名相对靠后,属于技术短板,有较大提升空间;对于制动技术,全球申请人中克诺尔(德国)与西屋电气(美国)申请量远高于其他申请人,制动技术是整个中国轨道交通装备行业技术领域的短板。

机器人:山东省在机器人方面的优势主要体现在服务机器人上,可立足于电力巡线机器人的现有基础,并利用海尔、海信等大型家电企业的优势,逐步提高在包括医疗康复、清洁、家庭陪护等服务机器人领域的领先地位,另外借助于浪潮、歌尔等大型信息化企业的技术优势,补足利用图像、声音等进行信息获取、交互等方面的研究空档,加大移动平台、人机交互模组、夹持紧固、专用工具等配件的研发投入力度,进一步获得技术和市场上的主动权。

高档数控机床:山东省拥有一批有悠久历史的机床企业,比如济南一机床、济南二机床、山东鲁南机床等,具备一定的产业规模。进入 2000 年之后,伴随国家加大高档数控机床研发的政策引导,山东涌现了一批新生企业,比较著名的是威海华东数控和山东永华机械。但是综合来看,山东省内的企业在高档数控机床领域方面与国内、国外的主要企业之间仍有一定的差距。而在技术热点方面,山东的主要企业集中在机床机械部件方面,而在程序控制以及控制算法这一影响高档数控机床功能性和精确性的重要因素方面,仍有较大的提升空间。在转型升级过程中,山东除了增强数控机床的高端核心零部件的研发和投入外,可以在高档数控机床的程序控制系统以及控制算法方面寻求进一步的突破。

通用航空:山东省通用航空产业整体上在全国处于第 2 梯队,与第 1 梯队的北京、广东、江苏等省市仍存在一定的差距,但近年来发展迅速,并且申请量保持了较高的增长率,发展势头良好。就地市分布来看,山东省东部地区的发展整体上优于中西部地区,东部地区主要有青岛、烟台和威海,而中部地区仅有济南,整体上山东省地域差异较为明显。就技术分布看,山东省通用航空专利申请比较突出的两个领域分别为无人机领域和地面服务领域,而无人机领域又以农业植保和电力巡线为首,农业植保无人机的企业主要包括了青岛锐擎航空科技和山东卫士植保机械,电力巡线无人机的企业主要包括了国家电网和山东鲁能智能;而地面服务领域则以威海广泰空港设备为龙头的机场服务类车辆领域,以及山东太古飞机工程为首的地面飞机安装维修领域为发展重点。

发动机:山东省发动机产业已经建立起门类齐全、独立完整的研发、制造体系,并且形成了潍坊、济南等高端动力产业基地和产业园区,产业集群及相关配套企业迅速成长起来,产业链不断完善,促进了优势企业、先进技术、高端人才及资金的集聚和发展,形成了诸如"潍柴动力""中国重汽"等有特色的发动机装备区域品牌。山东省发动机产业专利申请量排在全国前列,但实用新型居多,从全国和全球技术集中度来看,国外在发动机控制方面具有明显优势,省内的潍柴动力在发动机控制方面,相对于国内其他企业申请量较多,技术积累雄厚。从全国和全球技术活跃度来看,国外技术活跃度分布较为均衡,在燃料的供给、发动机的控制、气流消音或排气以及活塞式内燃机等方面都有持续且较大的申请量,省内申请量自 2010 年后虽有较快增长,但分布不均,与国外主要企业如丰田汽车等相比,仍有较大的提升空间。同时,山东大学等国内高校在新能源气体发动机等方面研究水平较高,可以考虑加强科技成果的转化。

农业机械:山东省农业机械的专利申请量全国排名处于第 1 梯队,近年来的申请量保持较高增速。耕整地机械逐步向宽幅大型化、多功能复式化和高效智能化方向发展，比较典型的高端农具代表为联合整地机；种植施肥机械逐步向精密、高速、精准、自动化、多功能化方向发展，比较典型的高端农具代表为高效播施机，目前山东省在高效播施机方面的重要申请人主要以大学为主；收获机械逐步向大型化、技术化、自动化和智能化方向发展，比较典型的高端农具代表为联合收获机和棉花采摘机，目前山东省在联合收割机方面的重要申请人为雷沃重工股份有限公司；动力输送机械通过利用 GPS 自动导航、图像识别技术、计算机总线通信技术逐步向智能性、操控性、机动性和人员作业舒适性方向发展，比较典型的高端农具代表为智能导航拖拉机，目前山东省在智能导航拖拉机方面的重要申请人为雷沃重工股份有限公司。基于此，山东省农业机械可以将潍坊、青岛、济南作为重要发展的地级市，并辅以省内重要公司、大学、科研院所，如雷沃重工股份有限公司、青岛农业大学、山东省农业机械科学研究院、山东农业大学、山东理工大学等，不断巩固自身在农业机械方面的领先地位。在高端农机方面，可以借助于省外重要公司、大学、科研院所如农业部南京农业机械化研究所、安徽润谷网络科技有限公司等补齐在棉花采摘机、智能导航拖拉机方面的短板，并通过扶持省内重要公司、大学、科研院所，如雷沃重工股份有限公司、山东农业大学、山东理工大学加大在联合整地机、高效播施机、联合收割机方面的研发比重，巩固山东省在农业机械方面的领先地位。

　　表 8-2 汇总了高端装备制造 6 大产业山东省优势领域或创新热点领域信息，该表展示了山东省在这些领域的重要企业，以及国内和全球的重要企业。

表 8-2　山东省高端装备 6 大产业优势领域或创新热点领域

产业	优势领域或创新热点	省内重要申请人	国内、全球重要申请人
轨道交通	车体技术	中车青岛四方机车车辆； 中车山东机车车辆； 青岛威奥轨道； 青岛四方庞巴迪铁路运输设备	日立； 西门子； 庞巴迪； 阿尔斯通； 川崎重工
	转向架技术	中车青岛四方机车车辆； 中车山东机车车辆； 中车青岛四方车辆研究所； 青岛思锐科技	西门子； 日立； 安施德工业； 庞巴迪； 阿尔斯通； 川崎重工
机器人	巡线机器人	山东鲁能智能； 山东大学	深圳朗驰欣创； 南方电网
	医疗康复、清洁、家庭陪护等服务机器人	海尔； 海信	三星电子； 松下； 科沃斯
	信息获取、信息处理	歌尔； 浪潮	瑞声电子； 科大讯飞； 阿里

产业	优势领域或创新热点	省内重要申请人	国内、全球重要申请人
高档数控机床	机床结构部件	山东永华机械； 威海华东数控； 济南一机床； 济南二机床； 山东鲁南机床	沈阳机床、三菱、发那科、日立、天田、东芝、大隈、西门子、通快、山崎马扎克、牧野、德马吉
	控制、算法	威海华东数控	华中数控； 发那科； 三菱； 西门子
通用航空	电力巡线无人机	山东鲁能智能	国家电网； 中国南方电网； 广东容祺智能科技
	农业植保无人机	青岛锐擎航空科技； 山东卫士植保机械	重庆金泰航空工业； 江西兴航智控航空工业； 华南农业大学； 芜湖元一航空科技； 天津玉敏机械科技
	机场服务类车辆	威海广泰空港设备	中国民航大学； 深圳市达航科技； 上海航福机场设备
	飞机安装维修	山东太古飞机工程	中国航空工业； 哈尔滨飞机工业； 沈阳黎明航空发动机； 沈阳飞机工业
发动机	新能源气体发动机	潍柴动力西港新能源发动机； 中国重汽； 山东大学	哈尔滨工程大学； 广西玉柴； 东风汽车； 丰田
	催化反应器	潍柴动力； 中国重汽	天纳克（苏州）排放系统有限公司； 丰田
	燃料发动机的电气控制	潍柴动力； 山东大学	丰田

续表

产业	优势领域或创新热点	省内重要申请人	国内、全球重要申请人
农业机械	联合整地机		农业部南京农业机械化研究所； 中国农业大学； 西北农林科技大学
	高效播施机	山东农业大学； 山东理工大学	中国农业大学； 华中农业大学； 甘肃农业大学
	联合收割机	雷沃重工股份有限公司	江苏大学； 星光农机股份有限公司； 朱怀东； 农业部南京农业机械化研究所
			久保田株式会社； 井关农机株式会社； 洋马株式会社； 迪尔公司
	棉花采摘机		农业部南京农业机械化研究所； 浙江亚特电器有限公司
			迪尔公司
	智能导航拖拉机	雷沃重工股份有限公司	安徽润谷网络科技有限公司； 南京农业大学； 上海雷尼威尔技术有限公司

8.4 山东省各城市的高端装备制造产业发展特色

山东省各城市的高端装备制造产业发展各具特色，图8-9为山东省各地市高端装备制造产业专利申请量分布，由该图可以清楚地看出各城市的产业分布特点。青岛轨道交通装备的申请量占有非常高的比重（占比37%），除数控机床外，其他产业的申请量也相对较大。济南在各产业的专利申请量分布相对均匀，申请量最高的为机器人领域（占比28%）具有较好的研发基础。潍坊的产业特色非常明显，发动机（占比47%）和农业机械（占比36%）的优势最为明显，其他产业的专利申请量都比较有限。烟台与潍坊相比，除轨道交通，各产业均有一定量的专利申请，最大的优势也在发动机（占比36%）。农业机械专利申请量占比最大的城市有9个：淄博、济宁、泰安、临沂、聊城、德州、滨州、菏泽、日照，可见农业机械是山东省一半城市的重要专利申请领域。威海在通用航空和机器人领域有一定的优势，东营在发动机和机器人领域的申请量占比较大，莱芜在轨道交通、枣庄在数控机床方面分别有相对多的申请量。各地可充分发挥自身的产业优势，努力培育优势企业，在新旧动能转换重大工程中找准定位，力求突破式发展。

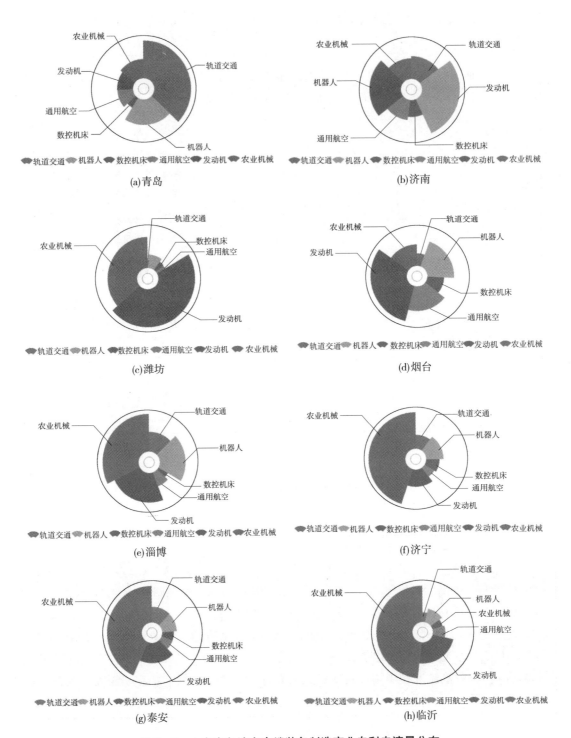

图 8-9　山东省各地市高端装备制造产业专利申请量分布

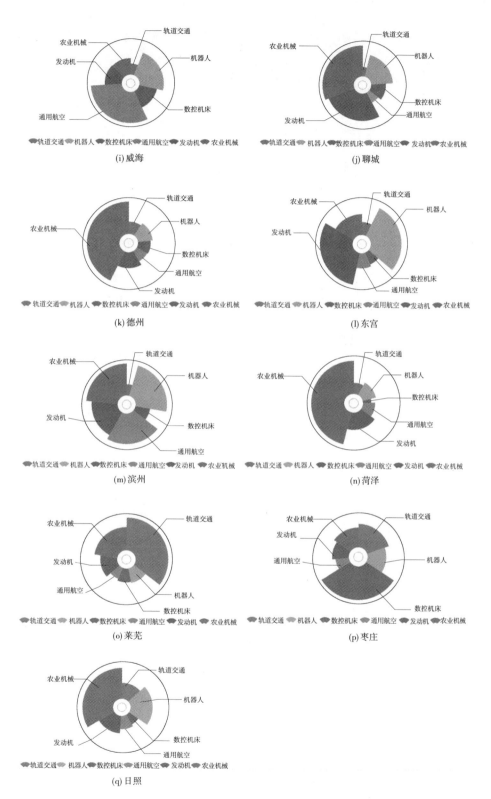

图8-9 山东省各地市高端装备制造产业专利申请量分布（续）

参考文献

［1］田红旗. 列车空气动力性能与流线型头部外形［J］. 中国铁道科学，2006，27（3）.

［2］李强，金新灿. 动车组设计［M］. 北京：中国铁道出版社，2008.

［3］宋雷鸣. 动车组传动与控制［M］. 北京：中国铁道出版社，2009.

［4］常振臣. 高速列车网络控制系统原理与应用［M］. 北京：中国铁道出版社，2016.

［5］严隽耄. 车辆工程［M］. 北京：中国铁道出版社，1992.

［6］刘大炜. 国产高档数控机床的发展现状及展望［J］. 航空制造技术，2014，447（3）.

［7］赵万华. 国产数控机床的技术现状与对策［J］. 航空制造技术，2016，59（9）.

［8］周龙宝，刘忠长，高忠英. 内燃机学.［M］. 3版. 北京：机械工业出版社，2011.

［9］陈家瑞. 汽车构造［M］. 北京：机械工业出版社，2011.

［10］潘晓峰. 山东省农业机械化发展研究［D］. 泰安：山东农业大学，2017.

［11］刘忠泽. 国外农业机械化发展现状及支持政策［J］. 农业科技与装备，2012（12）.